智囊图书·建筑书系

全国土木工程类实用创新型规划教材

建筑装饰工程概预算

JIANZHU ZHUANGSHI GONGCHENG GAIYUSUAN

主　审　胡兴福

主　编　党　斌

副主编　陆红梅　刘　霞　赵　薇
　　　　朴红梅　张丽娟　聂　瑞

编　者　陈　蓉　王知玉　赵　聪

哈爾濱工業大學出版社

HITP

内容简介

本书是紧扣2013版《建设工程工程量清单计价规范》的应用型工程管理专业系列教材之一。

本书内容包括12个模块:绪论、工程造价构成、工程造价计价依据、工程造价计价的编制、建筑面积的计算、分部分项工程项目清单工程量计算及组价、措施项目清单工程量计算及组价、投资估算的编制、设计概算的编制、施工图预算编制、工程结算及工程造价软件的应用。

本书主要以工程管理、工程造价专业学生为对象,也照顾到土木工程、经济学类等其他专业学生学习工程概预算的需要,同时也可作为建筑工程管理、建筑施工技术等专业的学生教材及造价人员和广大工程造价爱好者的入门参考书。

图书在版编目(CIP)数据

建筑装饰工程概预算/党斌主编. —哈尔滨:哈尔滨工业大学出版社,2014.5

ISBN 978-7-5603-4678-6

Ⅰ.①建… Ⅱ.①党… Ⅲ.①建筑装饰-建筑概算定额-高等学校-教材②建筑装饰-建筑预算定额-高等学校-教材 Ⅳ.①TU723.3

中国版本图书馆CIP数据核字(2014)第087011号

责任编辑 刘 瑶
出版发行 哈尔滨工业大学出版社
社 址 哈尔滨市南岗区复华四道街10号 邮编150006
传 真 0451-86414749
网 址 http://hitpress.hit.edu.cn
印 刷 天津市蓟县宏图印务有限公司
开 本 850mm×1168mm 1/16 印张17.5 字数573千字
版 次 2014年7月第1版 2014年7月第1次印刷
书 号 ISBN 978-7-5603-4678-6
定 价 38.00元

Preface 前言

我国建筑业的繁荣发展促进了工程造价体制的改革，市场经济的快速发展呼唤更加健全的法律法规，来规范建设工程项目参与主体，包括政府部门、业主方、承包方、工程咨询方等各方的工程造价计价行为。2013 年 7 月 1 日强制实施的国家最新 2013 版《建设工程工程量清单计价规范》应势而生，标志着中国工程造价改革步入深水区，新规范不但从宏观上规范了政府造价管理行为，更重要的是从微观上规范了发、承包双方的工程造价计价行为，使我国工程造价进入了全过程精细化管理的新时代。

本书是紧扣 2013 版《建设工程工程量清单计价规范》的应用型工程管理专业系列教材之一。“建筑装饰工程概预算”作为高等院校工程管理专业的专业课，其基本任务是使学习者通晓建筑装饰工程概预算的基本原理与方法，掌握建筑装饰工程计量与计价工作的基本操作技能和建筑装饰工程概预算编制的基本程序，从而形成初步的工程造价理论和运用所学基础知识解决实际问题的能力，为进一步从事社会实践奠定较为扎实的基础。

本书的体系结构与内容安排在体现其基本原理与方法相对稳定的同时，也适应了与时俱进、反映特定环境的需要，即充分体现了理念创新、体系创新、内容创新和国际趋势特点的最新 2013 版《建设工程工程量清单计价规范》的要求。我国工程造价管理体系的不断发展与完善，对工程造价人员及相关人员的工程造价知识水平、业务技能及素质提出了更高的要求，也为培养学生提出了新的目标。因此，为适应新规范的变化，进行教学内容的更新，作者在长期从事工程造价理论和工程造价实务教学与研究的基础上，以工程造价基本理论为基石，积极吸收工程造价研究的最新成果，同时充分借鉴国内外同类教材的成功经验，以《建设工程工程量清单计价规范》(GB 50500—2013)《房屋建筑与装饰工程工程量计算规范》(GB 50854－2013)《建筑安装工程费用项目组成》(建标〔2013〕44号)和《建设工程施工合同(示范文本)》(GF－2013－0201)及其应用指南为依据编写而成。

本书的特点在于：结合工程建设项目的特点，结合国家最新公布的文件、规定，针对当前建筑领域工程造价的实际需求编写；着眼于工程造价专业的知识构成需要，突出对建设项目费用构成、工程计价依据、工程量清单编制、工程量清单计价、投资估算、设计概算、施工图预算、工程结算等工程造价实践应用方面的阐述，针对性较强，附录部分配有完整的工程实例，可供读者参考；在论述上以建筑装饰工程概预算的基本原理与方法为主体，在内容上将基本原理阐述与工程造价实务有机的结合，在体例安排上既注重内容的严谨性与教学上的方便性，又注重教材的活泼性与可读性，在编写时考虑到学生的思维方式和学习习惯，将工程造价管理理论知识与实际建筑领域应用相结合，有一定的实用性和可操作性；每个模块都包括模块概述、知识目标、技能目标、课时建议、工程导入、重点串联、拓展与实训和职业能力训练，为提高学生分析问题、处理问题的能力奠定了基础。

本书主要以工程管理、工程造价专业学生为对象，也顾及到土木工程、经济学类等其他专业学生学习工程概预算的需要，同时也可作为施工管理人员教材及造价人员和广大工程造价爱好者的入门参考书。本书在编写过程中，参阅了大量的有关教材及科研成果，在此向这些参考文献的作者表示感谢。

由于编者水平有限，书中疏漏和不足之处在所难免，敬请广大读者批评指正。

编　者

编审委员会

本书学习导航

简要介绍本模块与整个工程项目的联系，在工程项目中的意义，或者与工程建设之间的关系等。

模块概述

包括知识目标和技能目标，列出了学生应了解与掌握的知识点。

学习目标

课时建议

建议课时，供教师参考。

模块 1

绪　论

【模块概述】

本模块主要介绍工程概预算相关的基础知识，具体任务是掌握工程概预算的概念、作用和分类，熟悉工程造价的相关概念；了解影响工程概预算的因素；培养学生正确认识建筑工程概预算在建设项目的建设工程中的地位和作用，使学生对从事建设工程造价工作的性质有一个初步了解。

【知识目标】

1. 了解概预算与基本建设的关系。
2. 熟悉工程造价的含义。
3. 掌握基本建设项目的划分方法，熟悉并理解基本建设程序。
4. 掌握设计概算、施工图预算和施工预算的概念。

【技能目标】

分析建设项目划分及概预算与建设程序的关系。

【课时建议】

5 课时

各模块开篇前导入实际工程，简要介绍工程项目中与本模块有关的知识和它与整个工程项目的联系及在工程项目中的意义，或者课程内容与工程需求的关系等。

工程导入

建筑装饰工程概预算

某大学新校区建设项目规模为总建筑面积 290 800 m²，[illegible]

问题：1. 建设项目投资需要哪些费用？

2. 建设项目具体有哪些工作环节或工作阶段？

1.1 工程造价概述

1.1.1 工程造价的基本概念

1. 工程造价的含义

工程造价就是工程的建造价格，它具有两种含义。

[illegible]

【知识拓展】

[illegible]

2

技术提示

言简易赅地总结实际工作中容易犯的错误或者难点、要点等。

建筑装饰工程概预算

8.2 投资估算的编制

8.2.1 投资估算编制的依据

估算依据：

(1) 项目的建议书、可行性研究报告及项目内各阶段工程的建设内容及工程量。
(2) 投资估算指标、概算指标及技术经济指标。
(3) 专门机构发布的同类项目建设工程造价及费用构成、估算指标、计算方法以及其他有关估算工程造价的文件。
(4) 建设标准、技术、设备和工程方案。
(5) 设计参数，包括各种建筑面积指标、能源消耗指标等。
(6) 资金来源与项目投资设备、材料的市场价格。
(7) 影响建设工程的动态因素，如汇率、税率等。

8.2.2 投资估算的编制

[illegible]

1. 静态投资的估算

(1) 生产能力指数法。

[illegible]

$$C_2=C_1\left(\frac{Q_2}{Q_1}\right)^x\times f$$

[illegible]

技术提示

[illegible]

170

重点串联

用结构图将整个模块的重点内容贯穿起来，给学生完整的模块概念和思路，便于复习总结。

建筑装饰工程概预算

【重点串联】

[illegible]

拓展与实训

职业能力训练

一、简考题

1. 工程造价有哪些含义？
2. 简述工程造价管理的含义及基本内容。
3. 工程建设各阶段的造价文件及作用有哪些？
4. 简述基本建设程序。
5. 简述建筑工程概预算的分类。

二、单选题

1. [illegible]

18

拓展与实训

包括基础训练、工程模拟训练两部分，从不同角度考核学生对知识的掌握程度。

目录 Contents

模块4 工程造价计价的编制

模块5 建筑面积的计算

模块6 分部分项工程项目清单工程量计算及组价

模块10 施工图预算编制

模块11 工程结算

模块12 工程造价软件的应用

模块 1

绪　论

【模块概述】

本模块主要介绍工程概预算相关的基础知识。具体任务是掌握工程概预算的概念、作用和分类；熟悉工程造价的相关概念；了解影响工程概预算的因素；培养学生正确认识建筑工程概预算在建设项目的建设工程中的地位和作用，使学生对从事建设工程造价工作的性质有一个初步了解。

【知识目标】

1. 了解概预算与基本建设的关系。
2. 熟悉工程造价的含义。
3. 掌握基本建设项目的划分方法，熟悉并理解基本建设程序。
4. 掌握设计概算、施工图预算和施工预算的概念。

【技能目标】

分析建设项目划分及概预算与建设程序的关系。

【课时建议】

6 课时

工程导入

某大学新校区建设项目规模为总建筑面积 290 800 m²。建设工程项目分为教学、行政及生活服务区楼群设计，单体内容包括：图书信息中心、院系教学楼群、音乐美术楼、科技实验楼、行政办公楼、大学生活动中心、生活服务中心、食堂、动力中心、健康中心、体育馆、体育场、南校门及西校门。

问题：1. 建设项目投资需要哪些费用？

2. 建设项目具体有哪些工作环节或工作阶段？

1.1 工程造价概述

1.1.1 工程造价的基本概念

1. 工程造价的含义

工程造价就是工程的建造价格，它具有两种含义。

第一种含义：工程造价是指建设一项工程预期开支或实际开支的全部固定资产投资费，包括：设备及工、器具购置费用，建筑安装工程费用，工程建设其他费用，预备费，建设期贷款利息、固定资产投资方向调节税。如果是生产性建设项目，还包括流动资产投资费用（即流动资金）。显然，这一含义是从投资者——业主的角度来定义的。在投资活动中所支付的全部费用形成了固定资产和无形资产。所有这些开支就构成了工程造价。投资者选定一个项目后，就要通过项目评估进行决策，然后进行设计招标、工程招标，直到竣工验收等一系列投资管理活动。从这个意义上说，工程造价就是工程投资费用，建设项目工程造价就是建设项目固定资产投资。

第二种含义：工程造价是指为建成一项工程，预计或实际在建筑市场各类交易活动中所形成的工程各类价格和建设工程的总价格。例如，土地市场、设备市场、技术劳务市场、承包市场等交易活动中所形成的土地价格、设备价格、技术劳务价格、工程承包价格和工程总价格。其中，工程承包价格在工程总价格中所占比例最大，所以往往把工程造价的第二种含义理解为是工程承发包价格，也称为建筑安装工程费用。

显然，工程造价的第二种含义是以社会主义商品经济和市场经济为前提。它以工程这种特定的商品形成作为交换对象，通过招投标、承发包或其他交易形成，在进行多次性预估的基础上，最终由市场形成的价格。通常把工程造价的第二种含义认定为工程承发包价格。

工程造价的两种含义是从不同角度把握同一事物的本质。

对于建设工程投资者来说，面对市场经济条件下的工程造价就是项目投资，是“购买”工程项目要付出的价格。

对于承包商来说，工程造价是他们作为市场供给主体出售商品和劳务的价格总和，或是特指范围的工程造价，如建筑安装工程造价。

【知识拓展】

在工程施工发包和施工过程中的两个主要市场主体——项目业主和施工企业。在招标发包中，业主被称为招标人，施工企业被称为投标人；在施工实施过程中，业主被称为发包人，施工企业被称为承包人。

工程造价的两种含义既共生于一个统一体，又相互区别。其最主要的区别在于需求主体和供给主体在市场中追求的经济利益不同，因而管理的性质和目标也不同。从管理性质看，前者属于投资管理范畴，后者属于价格管理范畴，但二者又相互交叉。从管理目标看，作为工程项目投资（费用），投资者在项目决策和实施中，首先追求的是决策的正确性，其次是降低工程造价是投资者始终如一的追求。作为工程价格，承包商所关注的是利润，为此，追求的是较高的工程造价。因此，不同的管理目标反映了它们不同的经济利益。

表 1.1 为我国现阶段投资构成。从表 1.1 可以看出，建设项目总投资包括固定资产投资和流动资产投资两部分，而工程造价就是建设项目总投资中固定资产投资部分。其中，建筑安装工程费用也称建安工程造价，一般情况下，若没有特别说明，工程造价是指建筑安装工程造价。

表 1.1 我国现阶段投资构成

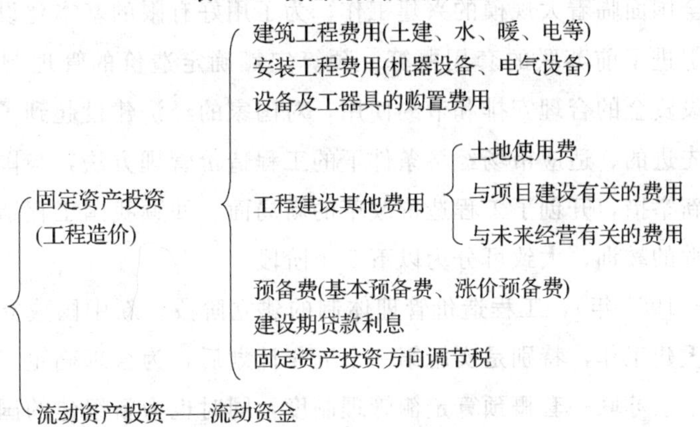

从定性的角度说，工程造价的确定是一个合同问题，是承发包人经过利害权衡、竞价磋商等方式所达成的特定的交易价格，具有明显的契约性；从定量的角度说，是一个技术问题，是承发包人双方根据合同约定条件，就具体工程价款的计算达成一致的结果，具有明显的专业性。

2. 工程造价管理的概念

工程造价管理是针对建设项目建设中，全过程、全方位、多层次地运用技术、经济及法律等手段，解决工程建设中的造价预测、控制、监督、分析等实际问题，以达到资源的优化配置和获得最大的投资效益。

工程造价有两种含义，工程造价管理也有两种含义：一是建设工程投资费用管理，二是建设工程价格管理。

建设工程的投资费用管理属于投资管理范畴。更明确地说，它属于工程建设投资范畴，是为了达到预期的效果，在拟订的规划、设计方案的条件下，预测、计算、确定和监控工程造价及其变动的系统活动。

作为建设工程造价第二种含义的管理，即工程价格管理，属于价格管理范畴。在社会主义市场经济条件下，价格管理分为两个层次。在微观层次上，是生产企业在掌握市场价格信息的基础上，为实现管理目标而进行的成本控制、计价、定价和竞价的系统活动；在宏观层次上，是政府根据社会经济发展的要求，利用法律手段、经济手段和行政手段对价格进行管理和调控，以及通过市场管理，规范市场主体价格行为的系统活动。

上述两种工程造价管理的目的，不仅在于控制工程项目投资不超过批准的造价限额，更积极的意义在于合理地使用人力、物力、财力，以取得最大的投资效益。工程建设关系国计民生，如何将有限的物力、财力资源得到最有效、最合理的利用，切实发挥投资经济效益和社会效益是人们关注的首要问题。

1.1.2 工程造价管理制度的形成与发展

1. 我国建筑工程定额的发展历程

我国建筑工程定额是在新中国成立后逐渐建立和日趋完善的。新中国成立初期，吸取和借鉴了前苏联建筑工程定额的经验，20 世纪 70 年代后又参考了欧、美、日等国家有关定额方面的管理科学内容，经历了分散—集中—分散—集中统一领导与分散管理相结合的发展历程。在各个时期，结合我国工程建设施工的实际情况，编制了适合我国工程建设的不同定额。

2. 我国工程造价管理的发展阶段

新中国成立后，全国面临着大规模的兴建工作。为了用好有限的基本建设资金，合理地确定工程造价，我国学习、引进了前苏联的套用概算、预算定额确定造价的管理制度。概预算制度的建立，有效地促进了建设资金的合理安排和节约使用，对国家的经济建设起到了积极作用。改革开放以后，又学习国际上先进的、适应市场经济条件下的工程造价管理方法，与国际惯例接轨，推出了工程造价管理改革的新举措，开创了工程造价改革的新局面。回顾我国工程造价管理的历程，既有成功的经验，又有失败的教训，大致可分为以下 5 个阶段。

第一阶段（1950～1957 年），工程造价管理体制的建立阶段。新中国成立后，百废待兴，全国面临着大规模的恢复重建工作，特别是实施第一个五年计划后，为合理确定工程造价，用好有限的基本建设资金，引进了前苏联一套概预算定额管理制度，同时也为新组建的国营建筑施工企业建立了企业管理制度。1952 年调整和组建了土木工程类院校和中专，并设置了“建筑工程定额原理”课程。1956 年国家建筑工程管理局颁发了《建筑工程预算定额》等。1957 年颁布的《关于编制工业与民用建设预算的若干规定》，规定了各不同设计阶段都应编制概算和预算，明确了概预算的作用。在这之前，国务院和国家建设委员会还先后颁布了《基本建设工程设计和预算文件审核批准暂行办法》《工业与民用建设设计及预算编制暂行办法》《工业与民用建设预算编制暂行细则》等。这些规定的颁布，建立健全了概预算工作制度，确立了概预算在基本建设工作中的地位，同时对概预算的编制原则、内容、方法、审批、修正办法、程序等做了规定，确立了对概预算编制依据实行集中管理为主的分级管理原则。为加强概预算的管理工作，先后成立了标准定额司（处），1956 年又单独成立了建筑经济局。同时，各地分支定额管理机构也相继成立。

第二阶段（1958～1966 年），是工程造价管理逐渐被削弱的阶段。自 1958 年开始，“左”的错误指导思想统治了国家政治、经济生活，在中央放权的背景下，概预算与定额管理权限也全部下放。1958 年 6 月，基本建设预算编制办法、建筑安装工程预算定额和间接费用定额交各省、自治区、直辖市负责管理，其中有关专业性的定额由中央各部负责修订、补充和管理，造成全国工程量计量规则和定额项目在各地区不统一的现象。各级基建管理机构的概预算部门被精简，设计单位概预算人员减少，概预算控制投资作用被削弱，吃大锅饭、投资大撒手之风逐渐滋长。尽管在短时期内也有过重整定额管理的迹象，但总的趋势并未改变。

第三阶段（1967～1975 年），是工程造价管理工作遭到严重破坏的阶段。概预算和定额管理机构被撤销，预算人员改行，大量基础资料被销毁，定额被说成是“管、卡、压”的工具，造成设计无概算、施工无预算、竣工无决算、投资大敞口、吃大锅饭的局面。1967 年，建工部直属企业实行经常费制度。工程完工后向建设单位实报实销，从而使施工企业变成了行政事业单位。这一制度实行了 6 年，于 1973 年 1 月 1 日被迫停止，恢复了建设单位与施工单位施工图预算结算制度。1973

年制定了《关于基本建设概算管理办法》，但并未能施行。

第四阶段（1976～2003年），工程造价管理恢复发展阶段。自1976年，随着国家经济中心的转移，为恢复与重建造价管理制度提供了良好的条件。从1977年起，国家恢复重建造价管理机构，1983年8月成立了基本建设标准定额局，组织制定工程建设概预算定额、费用标准及工作制度。概预算定额统一归口，1988年划归建设部，成立标准定额司，各省市、各部委建立了定额管理站，全国颁布一系列推动概预算管理和定额管理发展的文件，并颁布几十项预算定额、概算定额、估算指标等，特别是在80年代后期，中国建设工程造价管理协会成立，全过程工程造价管理概念逐渐为广大造价管理人员所接受，对推动建筑业改革起到了促进作用。

1981年国家建委印发了《建筑工程预算定额》，1986年颁发了《全国统一安装工程预算定额》（共15册），1992年颁发了《建筑装饰工程预算定额》等。1992年后提出了“量价分离”的改革方针与原则，即“控制量、指导价、竞争费”的改革设想和实施办法。1995年建设部颁发了《全国统一建筑工程基础定额》，2001年颁发了《建筑工程施工发包与承包计价管理办法》。

第五阶段（2003年至今），工程造价管理深化改革阶段。建设部于2003年2月17日发布第119号公告，批准国家标准《建设工程工程量清单计价规范》（GB 50500—2003）自2003年7月1日起实施。这是我国工程造价改革由计划经济模式向市场经济模式转变的重要标志。在2003年版的基础上，2008年住房和城乡建设部发布了《建设工程工程量清单计价规范》（GB 50500—2008）（以下简称“08规范”），从2008年12月1日起实施。“08规范”的颁布实施，是适应工程招投标市场深入发展、规范工程建设参与各方计价行为和合同意识的重要举措。为及时总结我国实施工程量清单计价以来的实践经验和最新理论研究成果，顺应市场要求，结合建设工程行业特点，在新时期统一建设工程工程量清单的编制和计价行为，实现“政府宏观调控、部门动态监管、企业自主报价、市场形成价格”的宏伟目标，住房和城乡建设部及时对《建设工程工程量清单计价规范》（GB 50500—2008）进行全方位修改、补充和完善。修订后的《建设工程工程量清单计价规范》（GB 50500—2013）于2013年7月1日起实施。

1.2 基本建设

1.2.1 基本建设的概念及分类

1. 基本建设的概念

基本建设就是形成固定资产的广义的生产过程，即建造、购置、安装固定资产的活动及与之相联系的其他工作。

基本建设可以简单地理解为一个过程和一个结果。一个过程，即所谓生产过程，是指建造、购置、安装固定资产的活动及与之相联系的其他工作。一个结果，即所谓固定资产，是指可供长期使用，并在其使用过程中保持其原有物质形态的劳动手段。

（1）固定资产划分标准。

①企业使用年限在1年以上的房屋、构筑物、机器设备、器具、工具等生产经营性资产应作为固定资产。

②不属于生产经营主要设备的物品，单位价值在2 000元以上，且使用期限超过2年的，也应作为固定资产。

（2）基本建设的主要内容。

①建筑工程：土建、安装（如水、暖、电等）。

②安装工程：机械设备等（固定资产）的安装。

③固定资产的购置：达到固定资产标准的设备工器具的购置（包括生产家具）。

④其他工作：征地、拆迁、青苗补偿、勘察设计、科研培训等。

2. 基本建设的分类

（1）按用途分类，分为生产性建设项目和非生产性建设项目。

（2）按性质分类，分为新建项目、扩建项目、改建项目、恢复项目及迁建项目。

（3）按投资大小分类，分为大、中、小型项目。

（4）按投资来源分类，分为国家投资或国有资金为主的建设项目、银行信用筹资的建设项目、自筹资金的建设项目、引进外资的建设项目、资金市场筹资的建设项目。

【知识拓展】

资金的运用过程

（1）固定资产投资→运用→资产→收入－成本→利润。

筹资（融资）有两大渠道：

①资本金（自己的钱），有4种方式：国家投资、自筹资金、发行股票及外资。

②负债（别人的钱），有4种方式：银行贷款、发行债券、租赁及借用外资。

（2）流动资金→原材料、燃料→工资→在产品→产成品→商品。

1.2.2 基本建设程序

基本建设程序是基本建设项目在整个建设过程中，各项工作必须遵循的先后顺序。

基本建设程序共有8个步骤。

1. 项目建议书

项目建议书是对拟建项目的设想。通过项目建议书的形式向国家推荐项目。它是确定建设项目和建设方案的重要文件，也是编制设计文件的依据。

2. 可行性研究

可行性研究是对建设项目在技术上是否可行、经济上是否合理、环境评估是否满足要求等进行科学分析和论证的一种方法，多用于新建、扩建以及技术改造项目。可行性研究报告是项目最终决策立项、进行初步设计的重要依据。

3. 设计工作

可行性研究报告批准以后，工程建设进入设计阶段。设计阶段一般是采用两个阶段设计（初步设计或扩大初步设计→施工图设计），重大项目和特殊项目实行3个阶段设计（初步设计→技术设计→施工图设计）。

注意，各个设计阶段的概预算工作包括设计概算、修正概算及施工图预算。

4. 列入年度固定资产投资计划

建设项目要报请国家有关部门列入国家年度固定资产投资计划，是准备资金的依据。

5. 设备订货和施工准备

大型设备、材料的采购，三通一平，招投标，签订各种协议、合同。

注意，这个阶段的概预算工作包括清单的编制、标底（招标控制价）和报价的计价工作、报价策略、中标价和合同价。

6. 施工阶段

施工是设计意图的实现，也是投资意图的实现阶段，还是预算的执行阶段。

注意，这个阶段的概预算工作主要是统计和结算工作。

7. 生产准备

人员培训、组织原材料、筹建生产管理机构等。

8. 竣工验收，交付使用

竣工验收是建设项目建设全过程的最后一个程序，是投资成果转入生产或使用的标志。

注意，这个阶段的概预算工作包括竣工结算、审计和决算工作。

1.2.3 工程概预算与基本建设的关系

从实质上讲，工程概预算是建设工程项目计划价格（或工程项目预算造价）的广义概念。从广义上讲，建设工程造价与工程概预算具有类同的含义。目前，也有不少人将建设项目总投资与建设项目工程造价（或设计总概算）混为一谈。简单地区别建设项目总投资至少应包括项目建成后试生产或投产中基本的生产投入费用，如启动生产的流动资金及其利息等；建设项目工程造价（或设计总概算）只包括完成一个建设项目的总投资，即从项目准备到建设实施阶段完成项目建设的总投资。工程概预算是以建设项目为前提，是围绕建设项目分层次的工程价格构成体系，是由建设项目总概（预）算（建设项目总造价或修正概算）、单项工程综合概（预）算（即单项工程造价）、单位工程施工图预算（或单位工程工程量清单计价预算价），或单位工程造价、工程量清单分项综合单价等构成的计划价格体系。因此，工程概预算造价是一个不同工程类型的造价体系。设计总概算（或称建设预算）是基本建设（包括技术改造）项目计划文件的重要组成部分，也是国家对基本建设实行科学管理和监督，有效控制投资总额，提高投资综合效益的重要手段之一。

建设项目是一种特殊的产品，耗资额巨大，其投资目标的实现是一个复杂的综合管理过程，贯穿于建设项目实施的全过程，必须严格遵循基本建设的制度、法规和程序，按照概预算发生的各个阶段，使“编”“管”结合，实行各实施阶段的全面管理与控制。工程概预算与基本建设的关系如图 1.1 所示。

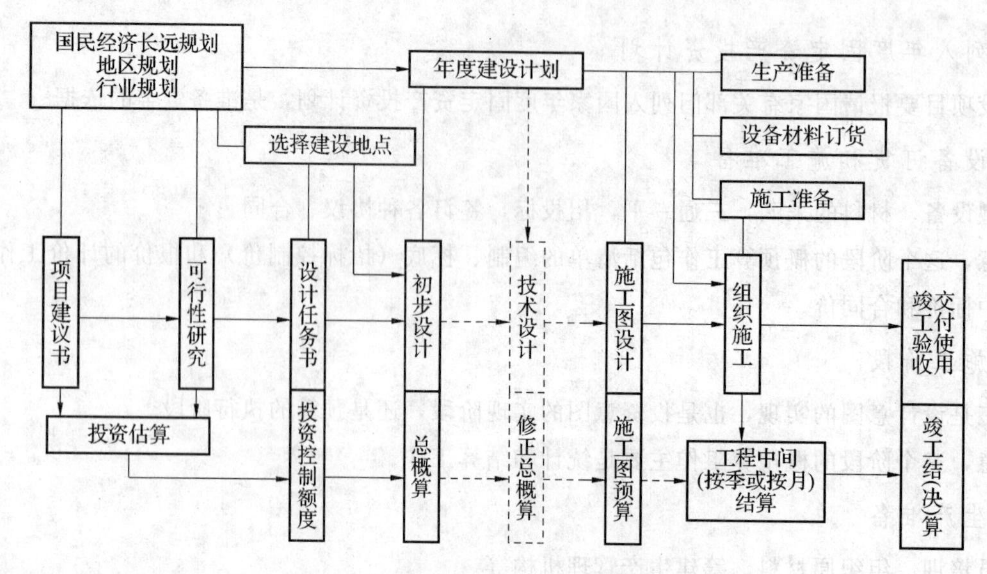

图 1.1　工程概预算与基本建设的关系

1.2.4 建设项目的划分

为了分级管理，满足工程项目设计、建造以及工程造价的确定和控制，按照工程项目管理应对建设项目进行划分。

国家统一规定将基本建设工程分为建设项目、单项工程 、单位工程、分部工程及分项工程。

1. 建设项目

建设项目是指建设单位在一个场地或几个场地上，按照总体设计进行建设的各个工程项目的总和。建设项目也称建设单位。

通常以一个企业、事业行政单位或一个独立工程作为一个建设项目，一般是指群体。例如，建设一个工厂、一所学校、一所医院等。

注意：

①分期分批进行建设的项目不能分开。

②不能按区域或施工单位不同分开。

特点：

①由一个或几个工程项目构成，有总体设计。

②具有独立的行政组织。

③经济上实行独立核算，可对外直接进行经济往来。

初步设计阶段以建设项目为对象编制总概算（投资）。

2. 单项工程（工程项目）

单项工程是指在一个建设项目中，具有独立的设计文件，竣工后可以独立发挥生产能力或效益的工程。几个单项工程组成一个建设项目。

例如，工厂中的某个车间、办公楼、住宅楼等；学校中的教学楼、食堂、学生公寓、图书馆、操场等。

以单项工程为对象编制单项工程综合概预算。

3. 单位工程

单位工程是单项工程的组成部分（几个单位工程组成单项工程）。

特点：有独立的设计文件，能独立进行施工，但建成后不能独立进行生产或发挥效益的工程。

例如，一栋住宅楼的建造包括一般土建工程、电气工程、给排水工程、采暖工程等专业，即单位工程。

以单位工程为对象编制施工图预算，目的是能够区分出不同设计专业的工程造价。单位工程主要包括建筑工程和设备安装工程（电气、管道）。

4. 分部工程

分部工程是单位工程的组成部分，是按照工程部位、施工方式、工序、材料设备种类不同而划分的工程。它形成建筑的中间产品。

例如，一般土建工程可分为土方工程、砖石工程、混凝土及钢筋混凝土工程、楼地面工程、屋面工程等。

分部工程是编制定额（《建设工程工程量清单计价规范》）分章的依据，也是编制预算（清单）的中间层次。

5. 分项工程

分项工程是分部工程的组成部分，是分部工程的再分解。

分项工程指经过简单的综合施工过程就能生产出来、可以用计量单位计算的产品（即各种实物量）。

分项工程是建设项目最基本的组成体，是编制定额子目或《建设工程工程量清单计价规范》项目的依据，也是编制预算或清单划分项目（列项）的依据。

例如，土方工程可分为人工平整场地、挖土、填土、运土等。砖石工程可以分为砖基础、砖内墙、砖外墙等分项工程。

综上所述，一个建设项目由若干个单项工程组成；一个单项工程由若干个单位工程组成；一个单位工程由若干个分部工程组成；一个分部工程由若干个分项工程组成。以某学校食堂工程为例，说明建设项目的分解及工程造价形成过程，如图 1.2 所示。

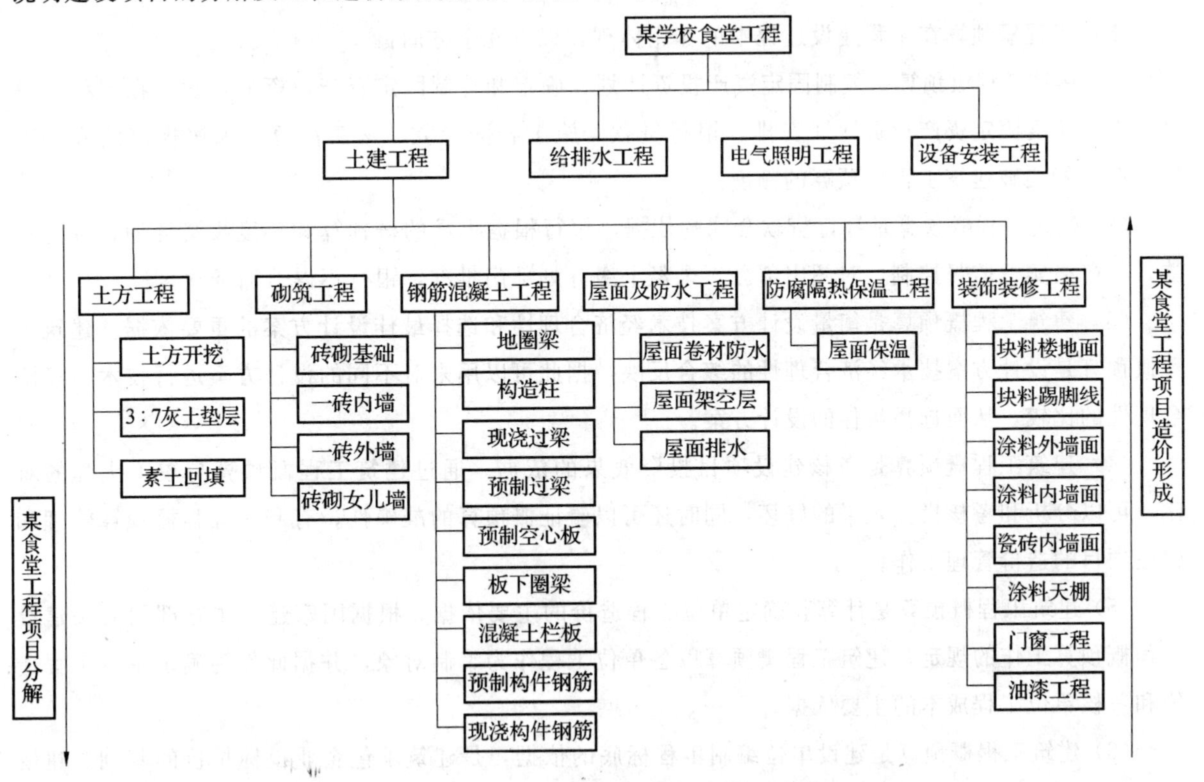

图 1.2 某学校食堂工程建设项目分解及造价形成树形图

建设项目的分解具有很重要的意义。概预算造价的形成（或计算分析）过程是在确定项目划分的基础上进行的，具体计算工作是从分项工程开始，并以造价主管部门颁布的《概预算定额》中相应的分项工程基价为依据，按分项工程、单位工程、单项工程、建设项目的顺序计算和编制形成相应产品的工程造价。

1.3 建筑工程概预算的作用及分类

建设项目的实施必须按照建设程序办事，其中很重要的一条就是：设计必须有概算，施工必须有预算，竣工必须有决算。一般来说，概算确定投资，预算确定造价，决算确定新增资产价值。建设工程概算与预算的确定及控制是建设管理的重要组成部分。

1.3.1 建筑装饰工程预算的作用

1. 建筑工程概预算的概念

建筑工程概预算，是以货币指标确定建设项目从筹建到正式建成投产或竣工验收所需的全部建设费用的经济文件。根据拟建工程的设计文件、建筑工程概预算定额、费用定额、建筑材料的预算价格以及与其配套使用的有关文件等，预先计算和确定每个建设项目、单项工程或单位工程的建设费用，这个建设费用就是相应建设项目、单项工程、单位工程的计划价格。

建筑工程概预算包括设计概算和施工图预算，它们是建设项目在不同实施阶段的技术经济文件，在实际工作中通常称之为工程预算造价。

2. 建筑工程概预算的作用

建筑工程概预算在工程建设过程中的作用体现在以下几个方面：

(1) 建筑工程概预算是编制固定资产投资计划、确定和控制固定资产投资的依据。在工程建设过程中，年度固定资产投资计划安排、银行贷款、施工合同价款、竣工决算，未按规定的程序审批，都不能突破建筑工程概预算的额度。

(2) 建筑工程概预算是签订贷款合同的依据，银行根据批准的概预算和年度投资计划，进行贷款，并严格实行监督控制，对超出部分，未经上级计划部门批准，银行不得追加贷款。

(3) 建筑工程概预算是衡量设计方案技术经济合理性和选择最佳设计方案的重要依据。建筑工程概预算是设计方案技术经济合理性的综合反映，据此可以用来对不同的设计方案进行技术与经济合理性的比较，从而选择最佳的设计方案。

(4) 建筑工程概预算是考核建设项目投资效果的依据。通过建筑工程概预算与竣工决算的对比，可以分析和考核投资效果的好坏，同时还可以验证概预算的准确性，有利于加强概预算管理和建设项目的造价管理工作。

(5) 建筑工程概预算是计算和确定单位工程造价的主要依据。根据国家建设主管部门有关建设工程概预算工作的规定，建筑工程概预算以各单位工程作为编制对象，并据此作为确定单位工程造价和考核单位工程成本的主要依据。

(6) 建筑工程概预算是建设单位编制工程标底的依据，是建筑承包企业投标报价的基础。建设单位进行建筑安装工程招标的标底金额，一般按建筑工程概预算确定，完成正确的工程概预算是确定招标工程标底的依据。对积极参与投标的施工企业而言，在竞争激烈的建筑市场，根据建筑工程概预算确定投标报价，制定出投标策略，是关系到企业生存与发展的重大课题。

（7）建筑工程概预算是双方办理工程结算和竣工决算的依据。

1.3.2 建筑工程概预算的分类

1. 按工程建设阶段分类

（1）投资估算。

投资估算是指在投资决策过程中，建设单位或建设单位委托的咨询机构根据现有的资料，采用一定的方法，对建设项目未来发生的全部费用进行预测和估算。

（2）设计概算。

设计概算是指在初步设计阶段，在投资估算的控制下，由设计单位根据初步设计或扩大初步设计图纸及说明、概算定额或概算指标、设备材料价格等资料，编制确定的建设项目从筹建至竣工交付生产或使用所需全部费用的经济文件。

（3）修正概算。

建设项目采用三阶段设计，在技术设计阶段，随着对建设规模、结构性质、设备类型等方面进行的修改、变动，初步设计概算也应做相应的调整和变动，变动后的设计概算即编制修正概算。

（4）施工图预算和施工预算。

施工图预算又称设计预算，是在施工图设计完成后，工程开工前，由设计院或承包单位根据已审定的施工图和拟定的施工方案、预算定额、费用定额等预先计算确定建设费用的技术经济文件。

施工预算是指施工阶段施工单位根据施工图预算的分项工程量、施工定额、单位工程施工组织设计等资料，通过工料分析计算和确定拟建工程所需的人工、材料、机械台班消耗量及其相应费用的技术经济文件。

（5）工程结算。

工程结算是指承包商按照合同约定和规定的程序，向建设单位（业主）办理已完工程价款清算的经济文件。工程结算分为工程中间结算、年终结算和竣工结算。

竣工结算是指一个单位工程或单项工程完工后，经组织验收合格，由施工单位根据承包合同条款和计价的规定，结合工程施工中的设计变更等引起的工程建设费用增加或减少的具体情况编制的，并经建设单位或其委托单位签字确认，用以表达该工程最终实际造价为主要内容的，作为结算工程价款依据的经济文件。

（6）竣工决算。

竣工决算是指整个建设项目全部完工并验收合格后，编制的该项目实际造价的经济文件，即竣工决算计算的是整个项目从立项到竣工验收、交付使用全过程中的实际花费，它是整个建设工程的最终价格，用以核定新增资产和考核投资效果。

以上对于建筑工程的计价过程是一个从粗到细、由浅入深的过程，而且各计价过程之间是相互联系、相互补充、相互制约的关系，前者制约后者，后者补充前者。

2. 按工程对象分类

（1）单位工程概预算。

单位工程概预算是根据设计图纸所计算的工程量和概预算定额（或指标）、设备预算价格以及有关取费标准等编制的。

(2) 工程建设其他费用概预算。

工程建设其他费用是根据有关规定应在建设投资中支付的，除建筑安装工程费用、设备购置费用、工器具及生产家具购置费用和预备费用以外的一些费用。例如，土地征用青苗补偿费用、安置补助费用、建设单位管理费用、生产企业职工培训费用等。工程建设其他费用概预算指标是根据设计文件和国家、地方主管部门规定的取费标准进行编制的。工程建设其他费用概预算以独立的项目列入综合概预算或总概预算中。

(3) 单项工程综合概预算。

单项工程综合概预算是确定单项工程建设费用的综合文件。它是由该单项工程内各个单位工程概预算汇编而成的。当工程不编总概预算时，工程建设其他费用概预算和预备费应列入单项工程的综合预算中。

(4) 建设项目总概预算。

建设项目总概算是确定建设项目从筹建到竣工验收全部建设费用的文件。它是由该建设项目的各个单项工程的综合概预算、工程建设其他费用概预算和预备费汇编综合而成的。

综上所述，一个建设项目的全部建设费用是由总概预算确定和反映的。在编制建设预算时，应首先编制单位工程的概预算，然后编制单项工程综合概预算，最后编制建设项目的总概预算。

3. 按工程承包合同结算方式分类

(1) 固定总价合同概预算。

固定总价合同是在合同中确定工程的总造价，在施工过程中，除合同内容外结算价款不再增加。固定总价合同概预算是指以投资估算、设计图纸和工程说明书为依据计算和确定的工程总造价。工程总造价的精确程度，取决于设计图纸和工程说明书的精细程度。

(2) 单价合同概预算。

单价合同是施工单位在投标报价时按照投标文件分部所列出的分项工程工程量表确定各分部分项工程费用的合同类型。单价合同概预算是先确定分部分项工程的单价，再根据施工图纸计算工程量，结合已规定的单价确定工程造价。这种合同在执行中有利于风险的合理分摊，并且能够鼓励施工单位通过提高工效等手段从成本节约中提高利润，但要注意双方对单价和工程量计算方法的确认。

(3) 成本加酬金合同概预算。

成本加酬金合同是建设单位向施工单位支付建设工程的实际成本，并按事先约定的某一种方式支付酬金的合同类型。成本加酬金合同概预算，是指按合同规定的直接成本加上双方商定的总管理费用和利润来确定工程概预算总造价。合同执行中，建设单位需承担项目实际发生的一切费用，因此也就承担了项目的全部风险；而施工单位由于无风险，其报酬往往较低。

1.4 影响建筑工程概预算的因素

由于建设工程产品本身的生产周期长，影响工程概预算费用的因素很多，因此编制工程概预算是一项政策性和技术性很强的技术工作。

影响建筑工程概预算费用或建设项目投资的因素很多，主要有以下几个方面。

1. 政策法规性因素

在整个基本建设过程中，国家和地方主管部门对于基本建设项目的审查、基本建设程序、投资费用的构成及计取都有严格而明确的规定，具有强制的政策法规性。因此，概预算的编制必须严格遵循国家及地方主管部门的有关政策、法规和制度，按规定的程序进行。

2. 地区性与市场性因素

存在于不同地域空间的建筑产品，其产品价格必然受到所在地区的时间、空间、自然条件和市场环境的影响。建筑产品的价值是人工、材料、机具、资金和技术投入的结果。不同的区域和市场条件，对上述投入条件和工程造价的形式都会带来直接的影响，如当地技术协作、物资供应、交通运输、市场价格和现场施工等建设条件，以及当地的定额水平，都将会反映到概预算价格之中。此外，由于地物地貌、地质与水文地质条件的不同，也会给概预算费用带来较大的影响，即使是同一设计图纸的建筑物或构筑物，也可能会在现场条件处理和基础工程费用上产生较大差异。

3. 设计因素

编制概预算的基本依据之一是设计图纸，因此，影响建设项目投资的关键就在于设计。设计图纸是在建设项目决策之后的实施全过程中，影响建设投资的最关键性因素，且影响的投资差额巨大，特别是初步设计阶段，如对地理位置、占地面积、建设标准、建设规模、工艺设备水平以及建筑结构选型和装饰标准等的确定。可见，设计是否经济、合理，对概预算造价有很大影响。

4. 施工因素

就我国目前所采取的概预算编制方法而言，在节约投资方面，施工因素虽然没有设计因素对其的影响那样突出，但是施工组织设计（或施工方案）和施工技术措施等，也同施工图一样，是编制工程概预算的重要依据之一。它不仅对概预算的编制有较大的影响，而且通过加强施工阶段的工程造价管理（或投资控制)，对控制概预算定额、保证建设项目预定目标的实现等，有着重要的现实意义。因此，在施工中合理布置施工现场，减少运输总量，采用先进的施工技术，合理运用新的施工工艺，采用新技术、新材料等，对节约投资有显著的作用。

5. 编制人员素质因素

工程概预算的编制和管理，是一项十分复杂而细致的工作。要想编制一份准确的概预算，除了熟练掌握概预算定额、费用定额、计价规范等使用方法外，还要熟悉有关概预算编制的政策、法规、制度和与定额、计价规范有关的动态信息。在工作中稍有疏忽就会错算、漏算或重算，因此要求工作人员：①有强烈的责任感，始终把节约投资、不断提高经济效益放在首位；②政策观念强，知识面宽，不但应具有建筑经济学、投资经济学、价格学、市场学等理论知识，而且要有较全面的专业理论与业务知识，如工程识图、建筑构造、建筑结构、建筑施工、建筑设备、建筑材料、建筑技术经济与建筑经济管理等理论知识以及相应的实际经验；③必须充分熟悉有关概预算编制的政策、法规、制度、定额标准和与其相关的动态信息等。只有如此，才能准确无误地编制好工程概预算，防止错算、漏算、冒算问题的出现。编制概预算要本着公平、公正、实事求是的原则，不能为了某一方利益，高估冒算，要严格遵守行业道德规范。

通过对影响因素的分析，说明建筑工程概预算的编制和管理，具有与其他工业产品定价不同的个性特征，如政策法规性、计划与市场的统一性、单个产品产价性、多次定价性和动态性等。

1.5 本课程的内容及学习方法

1.5.1 研究对象和任务

1. 课程性质

本课程是工程造价、工程管理专业的一门专业主干课，是加强学生经济概念的一门重要课程。其目的是使学生懂得建筑工程投资的构成及土建各分项工程成本计算及控制，掌握具体建筑工程概预算的方法及文件编制。

2. 研究对象

建筑工程概预算以建筑工程为研究对象，目的是通过编制工程概预算确定建筑工程造价。随着市场经济的繁荣，人们对经济效益越来越关注，无论是建设方、承包方还是设计方，都非常重视工程造价的确定。

要确定建筑产品的价格，必须知道这种产品的消耗。建筑产品的生产消耗虽然受诸多因素的影响，但在一定生产力水平条件下，生产一定质量的合格建筑产品与所消耗的人力、物力、财力之间，存在着一种必然的以质量为基础的定量关系。认识和利用建筑产品生产成果与生产消耗之间的内在定量关系，正确、合理地确定建筑工程造价。

3. 主要任务

通过本课程的学习，学生应能掌握工程造价的组成、工程量计算、工程造价管理的现状与发展趋势。核心任务是帮助学生建立现代科学工程造价管理的思维观念和方法，具有工程造价管理的初步能力。

1.5.2 学习内容

(1) 了解建筑工程项目投资构成，了解建筑工程及相关费用的构成与确定方法。

(2) 理解建筑工程定额及单价确定的原理，了解有关计算方法。

(3) 掌握建筑工程造价文件的编制，熟练掌握建筑工程量的计算及概预算的实际计算。通过学习，要求学生在老师的指导下能够编制工程施工图预算。

本课程的研究内容是通过定额和预算这两个对象来表达的。

对象一：定额即规定的额度，在建筑工程中是指在正常的施工条件下，生产一定计量单位质量合格的建筑产品所需消耗的人工、材料和机械台班的数量标准。本部分内容主要学习建筑工程定额的种类、作用及性质，了解定额的编制水平、原则、编制程序和方法，重点掌握建筑工程定额的应用。

对象二：预算即建筑产品的计划价格，它是以定额消耗量为基准，用货币这种指标形式，来确定完成一定计量单位质量合格的建筑产品所需的费用。本部分内容主要以一般土建工程施工图预算的编制为重点，学习建筑安装工程预算费用的构成，编制施工图预算的一般原则、方法和步骤，学习目前工程造价领域里并行的两种计价模式，即定额计价和清单计价模式，重点掌握工程量计算规则和计算方法。

建筑产品的计划价格就是建筑产品价值的货币表现。研究建筑产品的价格组成因素和计算方法就是预算的主要内容。

学好概预算的 3 个关键点：

(1) 正确地应用定额。

(2) 熟练地计算工程量。

(3) 合理地确定工程造价。

1.5.3 学习方法

1. 与前期所学课程有机结合

本课程是一门技术性、专业性、综合性很强的专业课程，以“建筑识图”“房屋构造”“建筑施工技术”“建筑材料”“施工组织与管理”“建筑结构”以及其他工程技术课程等有关知识为基础，必须注意学好其他专业课知识。

2. 学习与实践相结合

本课程的实践性和操作性很强，学习不能只满足于懂原理，必须结合实际工程动手练习，平时多看定额，熟练使用定额，在实践中发现问题、解决问题，从而加深对知识的理解。

1.5.4 相关执业资格

1. 造价员

全国建设工程造价员（以下简称造价员)，是指按照《全国建设工程造价员管理办法》通过造价员资格考试，取得《全国建设工程造价员资格证书》(以下简称资格证书)，并经登记注册取得从业印章，从事工程造价活动的专业人员。资格证书和从业印章是造价员从事工程造价活动的资格证明和工作经历证明，资格证书在全国有效。

凡中华人民共和国公民，遵纪守法，具备下列条件之一者，均可申请参加造价员资格考试。

(1) 普通高等学校工程造价专业、工程或工程经济类专业在校生。

(2) 工程造价专业、工程或工程经济类专业中专及以上学历。

(3) 其他专业，中专及以上学历，从事工程造价活动满 1 年。

2. 注册造价工程师

注册造价工程师，是指通过全国造价工程师执业资格统一考试或者资格认定、资格互认，取得中华人民共和国造价工程师执业资格（以下简称执业资格)，并按照本办法注册，取得中华人民共和国造价工程师注册执业证书（以下简称注册证书）和执业印章，从事工程造价活动的专业人员。未取得注册证书和执业印章的人员，不得以注册造价工程师的名义从事工程造价活动。

报考条件：

(1) 工程造价专业大专毕业后，从事工程造价业务工作满 5 年；工程或工程经济类大专毕业后，从事工程造价业务工程满 6 年。

(2) 工程造价专业本科毕业后，从事工程造价业务工作满 4 年；工程或工程经济类本科毕业后，从事工程造价业务工作满 5 年。

(3) 获上述专业第二学士学位或研究生班毕业和获硕士学位后，从事工程造价业务工作满 3 年。

(4) 获上述专业博士学位后，从事工程造价业务工作满 2 年。

考试科目：“建设工程造价管理”“建设工程计价”“建设工程技术与计量”和“建设工程造价案例分析”。

【重点串联】

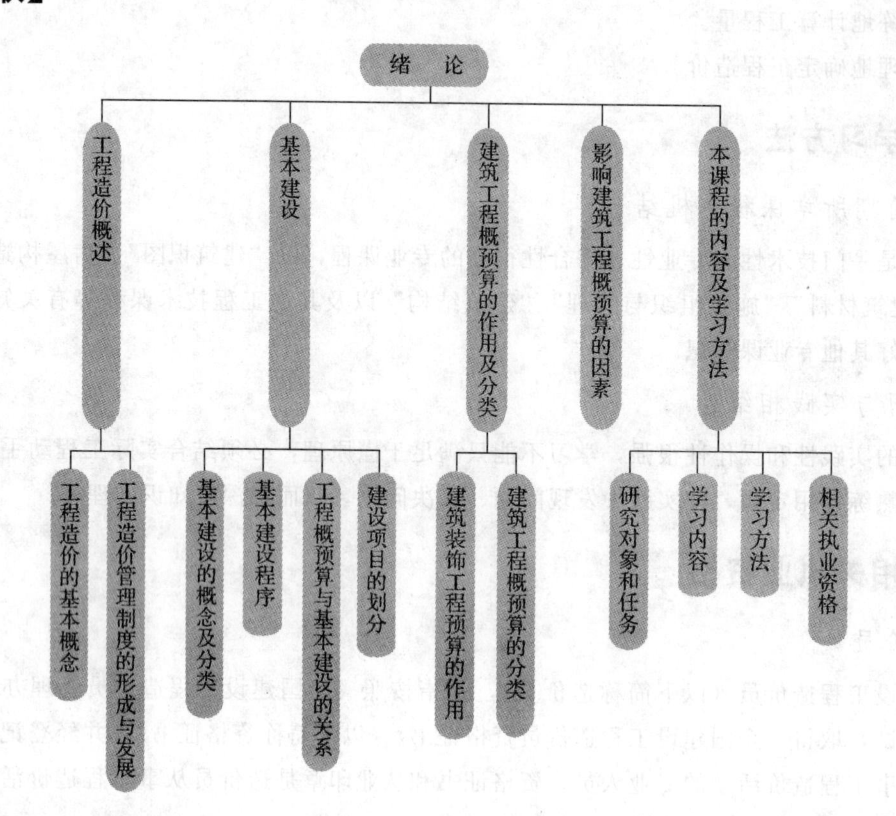

拓展与实训

职业能力训练

一、思考题

1. 工程造价有哪些含义？
2. 简述工程造价管理的含义及基本内容。
3. 工程建设各阶段的造价文件及作用有哪些？
4. 简述基本建设程序。
5. 简述建筑工程概预算的分类。

二、单选题

1. 工程造价通常是指工程的建造价格，其含义有两种。下列关于工程造价的表述中正确的是（　　）。

   A. 从投资者——业主的角度而言，工程造价是指为建设一项工程预期开支或实际开支的全部投资费用

   B. 从市场交易的角度而言，工程造价是指为建设一项工程，预计或实际在交易活动中所形成的建筑安装工程价格和建设工程总价格

   C. 对于分部分项工程，没有工程造价的提法

   D. 工程造价中较为典型的价格交易形式是结算造价

2. 从投资者——业主的角度而言，工程造价是指建设一项工程预期开支或实际开支的（ ）费用。

A. 全部投资　　B. 部分投资
C. 固定资产和流动资产　　D. 全部固定资产投资

3. 在建设项目中，凡具有独立的设计文件，竣工后可以独立发挥生产能力或投资效益的工程，称为（ ）。

A. 建设项目　　B. 单项工程　　C. 单位工程　　D. 分部工程

4. 混凝土及钢筋混凝土工程属于（ ）。

A. 单项工程　　B. 分项工程　　C. 单位工程　　D. 分部工程

5. 造价工程师是一种（ ）。

A. 执业资格　　B. 技术职称　　C. 技术职务　　D. 执业职责

6. 预算造价是在（ ）阶段编制的。

A. 初步设计　　B. 技术设计
C. 施工图设计　　D. 招投标

7. 概算造价是指在初步设计阶段，根据设计意图，通过编制工程概预算文件而预先测算和确定的工程造价，主要受到（ ）的控制。

A. 投资估算　　B. 合同价
C. 修正概算　　D. 实际造价

8. 工程造价的两种管理是指（ ）。

A. 建设工程投资费用管理和工程造价计价依据管理
B. 建设工程投资费用管理和工程价格管理
C. 工程价格管理和工程造价专业队伍建设管理
D. 工程造价管理和工程造价计价依据管理

三、多选题

1. 在有关工程造价基本概念中，下列说法正确的有（ ）。

A. 工程造价的两种含义表明，需求主体和供给主体追求的经济利益相同
B. 工程造价在建设过程中是不确定的，直至竣工决算后才能确定工程的实际造价
C. 实现工程造价职能的最主要条件是形成市场竞争机制
D. 生产性项目总投资包括其总造价和流动资产投资两部分
E. 建设工程项目各阶段依次形成的工程造价之间的关系是前者制约后者，后者补充前者

2. 工程价格是指建设一项工程预计或实际在土地市场、设备和技术劳务市场、承包市场等交易活动中形成的（ ）。

A. 综合价格　　B. 商品和劳务价格
C. 建筑安装工程价格　　D. 流通领域商品价格
E. 建设工程总价格

模块 2

工程造价构成

【模块概述】

本模块主要介绍工程造价的含义及其构成。其具体任务是掌握设备及工器具购置费、建筑安装工程费、工程建设其他费、预备费、建设期贷款利息的组成内容和计算。

【知识目标】

1. 熟悉建设工程造价的构成。
2. 掌握设备及工器具购置费、建筑安装工程费和工程建设其他费用的构成与计算。
3. 掌握预备费、固定资产投资方向调节税、建设期贷款利息及流动资金的内容。
4. 了解世界银行建设项目费用和国外建筑安装工程费用的构成。

【技能目标】

具备对工程项目各类费用构成的分析能力。

【课时建议】

8 课时

工程导入

已知某新建工厂，拟建 3 个生产车间，造价为 1 000 万元，一栋办公楼造价为 160 万元，一栋宿舍楼造价为 140 万元，一座食堂造价为 120 万元，厂区两条道路造价为 80 万元，一座中心花园造价为 40 万元，围墙造价为 8 万元，一栋大门传达室造价为 10 万元。为了车间生产需购置一些生产设备，购置费为 3 500 万元，其中有一部分需要安装，安装费为 800 万元。另外，办公楼内也需要购置办公用具，共计 100 万元，该项目占用农田 50 亩，发生征地费、联合运转费、建设单位管理费等其他工程费用，共计 750 万元。假设预备费率为 10%，问该工厂建设全部费用是多少？

2.1 概　　述

2.1.1 工程造价的计价特点

工程计价是指工程造价的计算与确定。工程计价有别于一般商品的计价，其计价特征是由工程造价的特点和基本建设的程序决定的，了解这些特征，对工程造价的确定与控制是非常必要的。

工程造价的计价具有动态性和阶段性（多次性）的特点。工程建设项目从决策到交付使用，都有一个较长的建设期，在整个建设期内，构成工程造价的任何因素发生变化都必然会影响工程造价的变动，不能一次确定可靠的价格，要到竣工决算后才能最终确定工程造价，因此需对建设程序的各个阶段进行计价（如估算、概算、预算、招标标底、控制价、报价、合同价、竣工结算价、决算价等），以保证工程造价确定和控制的科学性。

(1) 单件性计价。

工程项目的特点决定了工程造价的单件性计价特点。

建筑产品，是根据基本建设计划和设计要求在指定地点进行建造的建筑物与构筑物。而每个产品结构形态各异，施工中劳动力与物资消耗都不相同，并且施工地点经常变动，施工周期比较长，同时受气候条件的影响，在项目建设周期的不同阶段构成产品价格的各种要素差异较大，最终导致工程造价的千差万别。因此，建筑产品不可能像一般商品那样确定一个统一的价格，只能就各个项目，通过特殊的程序和方法单件计价，因而必须根据设计文件，对建筑工程事先从经济上加以计算，即建筑产品的个体差别性决定了每项工程都必须单独计算造价。

(2) 多次性计价。

由于基本建设程序要分阶段进行，相应的也要在不同的阶段多次计价，以保证工程造价确定和控制的科学性，多次计价是一个逐步深化、逐步细化和逐步接近实际造价的过程。工程多次计价示意图如图 2.1 所示。

(3) 组合性计价。

组合性计价的特征与建设项目的划分有关，一个建设项目是一个工程综合体。综上所述，一个建设项目是由若干个单项工程组成的，一个单项工程是由若干个单位工程组成的，一个单位工程是由若干个分部工程组成的，一个分部工程可以划分为若干个分项工程。

由于建设项目的这种组合性决定了计价的过程是一个逐步组合的过程，这一特征在计算概算造价和预算造价时尤为明显，其计算过程和顺序如下：

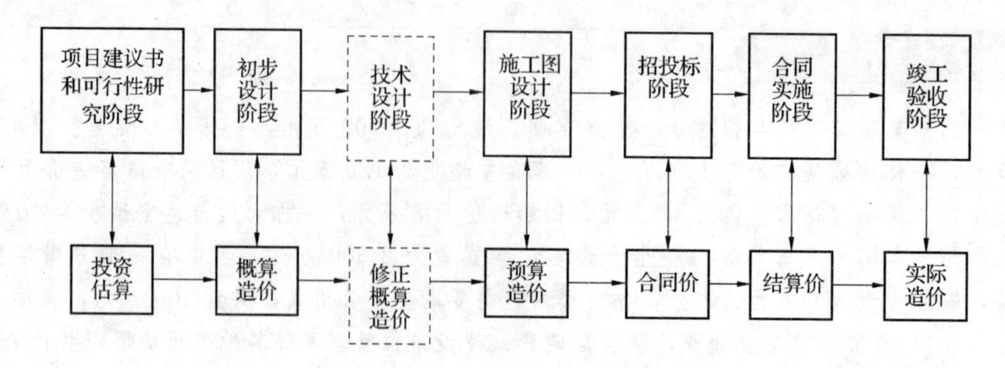

图 2.1　工程多次计价示意图

（注：竖向的双向箭头表示对应关系，横向的单向箭头表示多次计价流程及逐步深化过程）

分项工程单价→分部工程单价→单位工程造价（分专业）→单项工程造价（工程造价）→建设项目总造价（概算造价）。

(4) 计价方法的多样性。

由于工程造价具有多次计价的特点，每次计价中有不同的计价依据和精度要求，这就造成了计价方法的多样性特征。

例如，估算时有设备系数法、生产能力指数法；概算时有单价法、实物法；预算时有单价法、实物法、工程量清单计价法等。

(5) 计价依据的复杂性。

影响工程造价的因素很多，计价依据复杂。例如，工程量的计算、消耗量的确定、要素单价的确定、有关费用的计算、政府的税金和规费、物价指数等。

2.1.2 工程造价的构成

1. 我国现行建设项目总投资的构成和工程造价的构成

建设项目投资是指在工程项目建设阶段所需要的全部费用的总和。生产性建设项目总投资包括建设投资、建设期利息和流动资金 3 部分；非生产性建设项目总投资包括建设投资和建设期利息两部分。其中，建设投资和建设期利息之和对应于固定资产投资，固定资产投资与建设项目的工程造价在量上相等。由于工程造价具有大额性、动态性、兼容性等特点，要有效管理工程造价，必须按照一定的标准对工程造价的费用构成进行分解。一般可以按建设资金支出的性质、途径等方式来进行分解。

工程造价的基本构成包括用于购买工程项目所含各种设备的费用，用于建筑施工和安装施工所需支出的费用，用于委托工程勘察设计应支付的费用，用于购置土地所需的费用，也包括用于建设单位自身进行项目筹建和项目管理所花费的费用等。总之，工程造价是按照确定的建设内容、建设规模、建设标准、功能要求和使用要求等将工程项目全部建设并验收合格交付使用所需的全部费用。

工程造价的主要构成部分是建设投资，根据国家发改委和建设部已发布的《建设项目经济评价方法与参数（第三版）》（发改投资〔2006〕1325 号）的规定，建设投资包括工程费用（建筑工程费、设备购置费、安装工程费）、工程建设其他费用和预备费 3 部分。工程费用是指直接构成固定资产实体的各种费用，可以分为建筑安装工程费和设备及工器具购置费；工程建设其他费用是指根据国家有关规定应在投资中支付，并列入建设项目总造价或单项工程造价的费用。预备费是为了保证工程项目的顺利实施，避免在难以预料的情况下造成投资不足而预先安排的一笔费用。建设项目总投资的构成见表 2.1。

表 2.1 建设项目总投资的构成

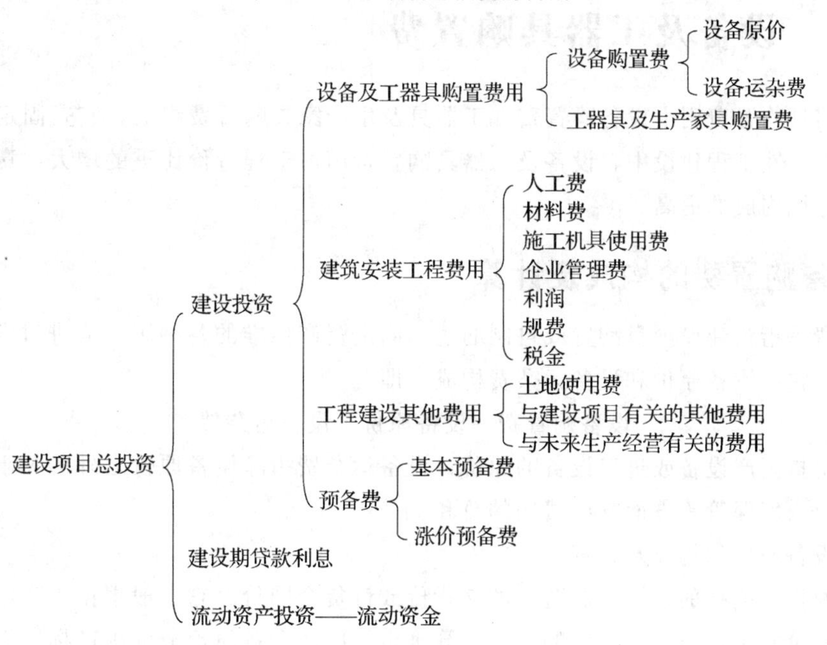

2. 世界银行工程造价的构成

世界银行工程造价由直接建设成本、间接建设成本、应急费和建设成本上升费构成。

(1) 直接建设成本。直接建设费用中除建筑安装工程费和设备工器具购置费外，还包括土地使用费、场内外设施费以及杂项开支等杂项费用。

(2) 间接建设成本。间接建设成本中除包括施工项目管理费外，还包括业主的行政性费用、建设前期的科研费、勘察设计费、保险费、开工试车费等。

(3) 应急费。应急费包括未明确项目的预备金和不可预见的预备金。

①未明确项目预备金。此项预备金一般情况下满足：

a. 不是用来支付工作范围以外可能增加的项目的费用。

b. 不是用来应付天灾、人祸等客观因素造成的费用。

c. 不是用来补偿投资估算中的误差。

此预备金是用来支付那些几乎必定要发生的费用。它们是在估算时无法明确的潜在项目（即项目已经明确，只是暂时无法估算出费用）。

②不可预见费。此部分预备金是用于由于物质、社会和经济的变化导致的估算增加。此费用可能发生，也可能不发生，建设过程中可能不动用。

(4) 建设成本上升费。相当于我国的涨价预备费。

【例 2.1】 根据世界银行工程造价构成的规定，项目直接建设成本中不包括（　　）。

A. 设备安装费　　B. 工艺建筑费

C. 服务性建筑费用　　D. 开工试车费

【答案】D

【解题要点】该题考核世界银行工程造价构成的规定。本题各选项中除开工试车费外，均属于项目直接建设成本的内容。

通常，估算中使用的构成工资率、材料和设备价格基础的截止日期就是估算日。必须对该日期或已知成本基础进行调整，以补偿直至工程结束时的未知价格增长。

工程的各个主要组成部分（国内劳务和相关成本、本国材料、外国材料、本国设备、外国设备、项目管理机构）的细目划分决定以后，便可确定每个主要组成部分的增长率。

2.2 设备及工器具购置费

设备及工器具购置费用由设备购置费、工器具及生产家具购置费组成，它是固定资产投资中的积极部分。在生产性工程建设中，设备及工器具购置费用占工程造价比重的增大，意味着生产技术的进步和资本有机构成的提高。

2.2.1 设备购置费的构成及计算

设备购置费是指为建设项目购置或自制的达到固定资产标准的各种国产或进口设备、工具、器具的购置费用。它由设备原价和设备运杂费构成，即

设备购置费＝设备原价＋设备运杂费

式中，设备原价指国产设备或进口设备的原价；设备运杂费指除设备原价之外的关于设备采购、运输、途中包装及仓库保管等方面支出费用的总和。

(1) 国产设备原价的构成及计算。

国产设备原价一般指的是设备制造厂的交货价或订货合同价。它一般根据生产厂或供应商的询价、报价、合同价确定，或采用一定的方法计算确定。国产设备原价分为国产标准设备原价和国产非标准设备原价。

计算方法：国标准设备一般有成熟的技术标准体系及交易市场，因此可通过查询相关交易市场价格或向设备生产厂家询价即可得到设备原价。而国产非标准设备是指国家尚无定型标准，各生产厂不可能在工艺过程中批量生产，只能按订货要求并根据具体的设计图纸制造的设备，所以无法获取市场交易价格，此类设备可采用成本估价法、系列设备插入估价法、分部组合估价法、定额估价法等方式来计算。常用的是成本计算估价法。

国产标准设备的原价有两种：带有备件的原价和不带备件的原价。计算时，一般应采用带有备件的原价。

国产非标准设备的原价由以下费用构成。

①材料费＝材料净重（1＋加工损耗系数）×每吨材料的综合价。

②加工费＝设备总质量×每吨设备的加工费。

③辅助材料费＝设备总重×辅助材料费指标。

④专用工具费＝（①＋②＋③）×专用工具费占比例。

⑤废品损失费＝（①＋②＋③＋④）×废品损失占比例。

⑥外购配套件费＝外购配套件的价格＋外购配套件的运杂费。

⑦包装费＝（①＋②＋③＋④＋⑤＋⑥）×包装费占比例。

⑧利润＝（①＋②＋③＋④＋⑤＋⑦）×利润率。

⑨税金＝当期销项税额－进项税额，其中，当期销项税额＝销售额×适用增值税率（式中，销售额为①～⑧项之和）；进项税额是指外购配套件、外购材料的税额。

⑩非标准设备的设计费。按国家规定计取。

单台非标准设备原价＝{[（材料费＋加工费＋辅材费）（1＋专用工具费率）（1＋费品损失费率）＋外购配套件费]（1＋包装费率）－外购配套件费}（1＋利润率）＋销项税金＋设计费＋外购配套件费

(2) 进口设备的原价计算。

进口设备的原价是指进口设备的抵岸价，也就是抵达进口国边境港口或边境车站，交完关税、外贸手续费和银行财务费以后形成的价格。它与进口设备交货的方式有关，通常由进口设备到岸价

(CIF) 和进口从属费构成。进口设备的到岸价，即抵达买方边境港口或边境车站的价格。在国际贸易中，交易双方所使用的交货类别不同，则交易价格的构成内容也有所差异。进口从属费用包括银行财务费、外贸手续费、进口关税、消费税、进口环节增值税等，进口车辆还需缴纳车辆购置税。

进口设备到岸价（CIF）＝离岸价格（FOB）＋国际运费＋运输保险费＝运费在内价（CFR）＋运输保险费

进口从属费＝银行财务费＋外贸手续费＋关税＋消费税＋进口环节增值税＋车辆购置税

①进口设备的交货方式。

进口设备的交货方式有内陆港交货、目的地交货和装运港交货 3 种。

a. 内陆港交货。卖方在出口国内陆某个地点交货，买方承担接货后的一切费用和风险，并自行办理出口手续装运出口。

b. 目的地交货。卖方在进口国的某个港口或内地交货。卖方承担交货前的一切费用和风险，办理出口手续装运出口。

目的地交货方式又分为目的港船上交货价、目的港船边交货价（FOS)、目的港码头交货价(关税已付）及完税后交货价（进口国的指定地点）等。它们的特点是：买卖双方承担的责任、费用和风险是以目的地约定交货点为分界线，只有当卖方在交货点将货物置于买方控制下才算交货，才能向买方收取货款。这种交货类别对卖方来说承担的风险较大，在国际贸易中卖方一般不愿采用。

c. 装运港交货。卖方在出口国装运港交货。这是我国进口设备最多的一种交货方式。卖方按规定时间将设备装上买方指定的出口国港口和指定的船只上交货，卖方负责装船前的一切费用和风险，并办理出口手续，提供出口国政府的有关证件；买方负责装船后的一切费用和风险，并办理进口手续，上交各种税收。

②进口设备抵岸价的计算。

进口设备抵岸价＝货价＋国际运费＋国际运输保险费＋银行财务费＋外贸手续费＋关税＋消费税＋增值税＋海关监管手续费＋车辆购置附加费

如果进口货物不是车辆，则不计取消费税和车辆购置附加费；如果进口的是货物，不减免关税，则不计取海关监管手续费。

a. 货价。货价指进口设备的硬、软件的货价，有原币货价和人民币货价两种。

人民币货价＝原币货价×兑汇的中间价

b. 国际运费＝货价（硬件）×运输费率（或国际运费）＝运量×单位运价。

c. 国际运输保险费$=\dfrac{\text{货价}+\text{国际运输费}}{1-\text{国际运输保险费率}}\times$国际运输保险费率。

以上 3 项费用之和为进口设备的到岸价 CIF，即

到岸价＝货价＋国际运费＋国际运输保险费

以上 3 项费用为原币，折算成人民币后才能与后面 6 项费用相加。

d. 银行财务费＝硬、软件的人民币货价×银行财务费率（一般为 0.4%～0.5%）。

e. 外贸手续费＝（货价＋国际运费＋国际运输保险费）×外贸手续费率（一般为 1.5%）。

f. 关税＝到岸价×关税税率。

税率有两种：优惠税率，适用于与我国签订有关税互惠条款贸易条约或协定的国家；普通税率，适用于与我国未签订关税互惠条款贸易条约或协定的国家。

g. 增值税＝（到岸价＋关税＋消费税）×增值税率。式中，消费税$=\dfrac{\text{到岸价}+\text{关税}}{1-\text{消费税率}}\times$消费税率，进口车辆才计取此项费用。

h. 海关监管手续费＝减免关税货物的到岸价×海关监管手续费率。

i. 车辆购置附加费=（车辆到岸价+关税+消费税+增值税）×附加费率。

(3) 设备的运杂费构成及计算。

设备的运杂费通常由下列各项构成：

①运费和装卸费。国产设备由设备制造厂交货地点起至工地仓库（或施工组织设计指定的需要安装设备的堆放地点）止所发生的运费和装卸费；进口设备则由我国到岸港口或边境车站起至工地仓库（或施工组织设计指定的需要安装设备的堆放地点）止所发生的运费和装卸费用。

②包装费。在设备原价中没有包含的，为运输而进行的包装支出的各种费用。

③设备供销部门的手续费。按有关部门规定的统一费率计算。

④采购与仓库保管费。采购与仓库保管费指采购、验收、保管和收发设备所发生的各种费用，包括设备采购人员、保管人员和管理人员的工资、工资附加费、办公费、差旅交通费，设备供应部门办公和仓库所占固定资产使用费、工具用具使用费、劳动保护费、检验试验费等。这些费用可按主管部门规定的采购与保管费费率计算。

设备运杂费按设备原价乘以设备运杂费率计算，其计算公式为

设备运杂费=设备原价×设备运杂费率

式中，设备运杂费率按各部门及省、市有关规定计取。

【例 2.2】下列关于设备及工器具购置费的描述中，正确的是（　　）。

A. 设备购置费由设备原价、设备运杂费、采购保管费组成

B. 国产标准设备带有备件时，其原价按不带备件的价值计算，备件价值计入工程器具购置费中

C. 国产设备的运费和装卸费是指由设备制造厂交货地点起至工地仓库止所产生的运费和装卸费

D. 进口设备采用装运港船上交货价时，其运费和装卸费是指设备由装运港港口起到工地仓库止所发生的运费和装卸费

E. 工器具及生产家具购置费一般以设备购置费为计算基数，乘以部门或行业规定的费率计算

【答案】CE

【解题思路】本题考核的是设备及工器具购置费的内容。对于答案 A，采购与保管费包含在设备运杂费中，重复列项，错误；对于答案 B，国产设备原价是按带备件的价值计算，因此是错误的；答案 C 是正确的，国产设备的运杂费指交货地到工地仓库止所发生的费用；答案 E 是正确的。

2.2.2 工器具及生产家具购置费的构成及计算

工器具及生产家具购置费，是指新建或扩建项目初步设计规定的，保证初期正常生产必须购置的没有达到固定资产标准的设备、仪器、工卡模具、器具、生产家具和备品备件等的购置费用。一般以设备购置费为计算基数，按照部门或行业规定的费率计算。其计算公式为

工器具及生产家具购置费=设备购置费×定额费率

2.3 建筑安装工程费的构成

2.3.1 建筑安装工程费的组成

根据住房与城乡建设部、财政部关于印发《建筑安装工程费用项目组成》（建标〔2013〕44 号）的通知，建筑安装工程费用项目组成有以下两种分类方法。

1. 按费用构成要素划分

建筑安装工程费按照费用构成要素划分，由人工费、材料（包含工程设备，下同）费、施工机

具使用费、企业管理费、利润、规费和税金组成。其中人工费、材料费、施工机具使用费、企业管理费和利润包含在分部分项工程费、措施项目费及其他项目费中（表 2.2）。

表 2.2 建筑安装工程费用项目组成表（按费用构成要素划分）

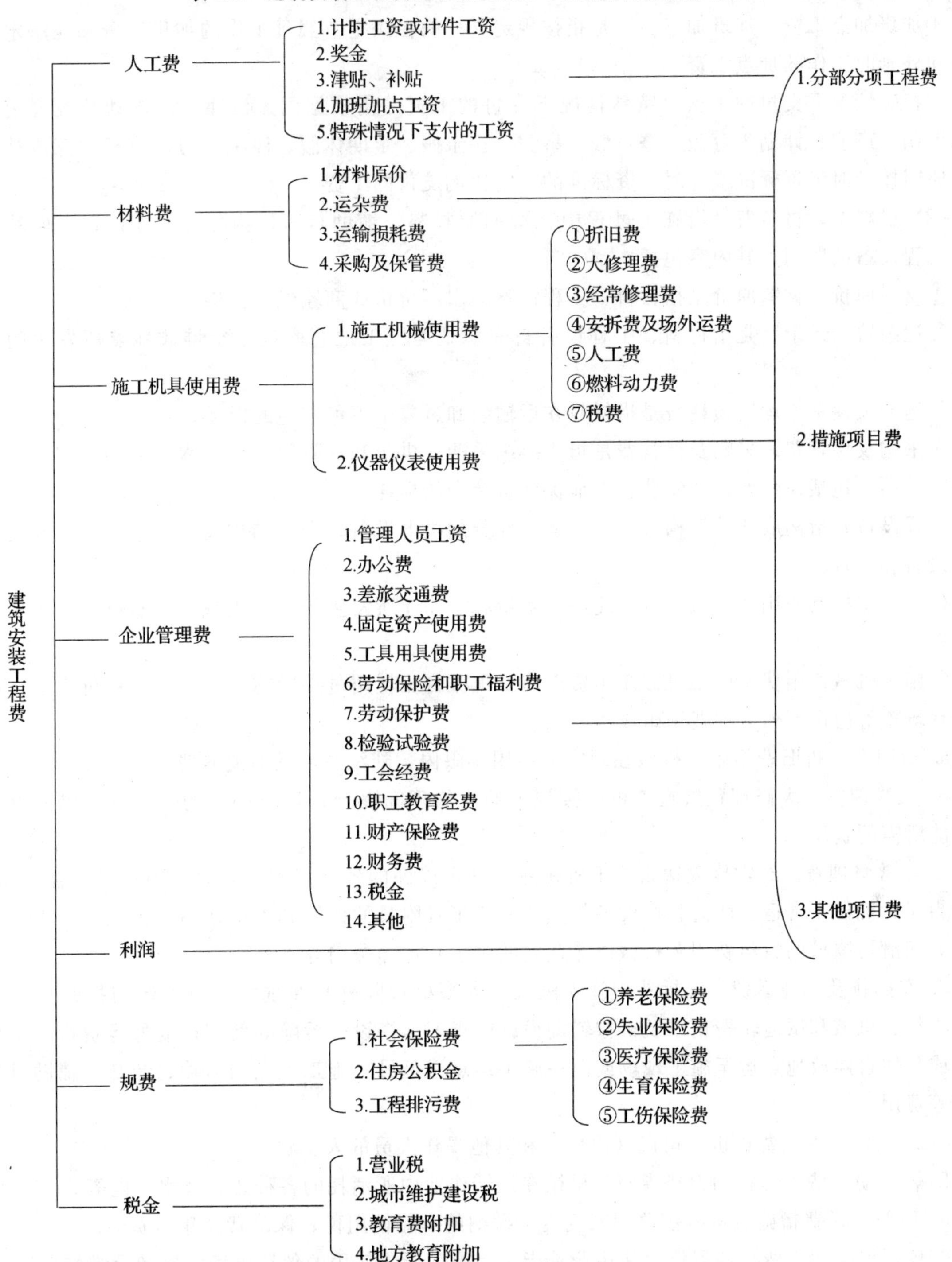

（1）人工费。人工费是指按工资总额构成规定，支付给从事建筑安装工程施工的生产工人和附属生产单位工人的各项费用。其内容包括：

①计时工资或计件工资。计时工资或计件工资是指按计时工资标准和工作时间或对已做工作按计件单价支付给个人的劳动报酬。

②奖金。奖金是指对超额劳动和增收节支支付给个人的劳动报酬。例如，节约奖、劳动竞赛奖等。

③津贴补贴。津贴补贴是指为了补偿职工特殊或额外的劳动消耗和因其他特殊原因支付给个人的津贴，以及为了保证职工工资水平不受物价影响支付给个人的物价补贴。例如，流动施工津贴、特殊地区施工津贴、高温（寒）作业临时津贴、高空津贴等。

④加班加点工资。加班加点工资是指按规定支付的在法定节假日工作的加班工资和在法定日工作时间外延时工作的加点工资。

⑤特殊情况下支付的工资。特殊情况下支付的工资是指根据国家法律、法规和政策规定，因病、工伤、产假、计划生育假、婚丧假、事假、探亲假、定期休假、停工学习、执行国家或社会义务等原因按计时工资标准或计时工资标准的一定比例支付的工资。

（2）材料费。材料费是指施工过程中耗费的原材料、辅助材料、构配件、零件、半成品或成品、工程设备的费用。其内容包括：

①材料原价。材料原价是指材料、工程设备的出厂价格或商家供应价格。

②运杂费。运杂费是指材料、工程设备自来源地运至工地仓库或指定堆放地点所发生的全部费用。

③运输损耗费。运输损耗费是指材料在运输装卸过程中不可避免的损耗。

④采购及保管费。采购及保管费是指为组织采购、供应和保管材料、工程设备的过程中所需要的各项费用，包括采购费、仓储费、工地保管费及仓储损耗。

工程设备是指构成或计划构成永久工程一部分的机电设备、金属结构设备、仪器装置及其他类似的设备和装置。

（3）施工机具使用费。施工机具使用费是指施工作业所发生的施工机械、仪器仪表使用费或其租赁费。

①施工机械使用费。施工机械使用费以施工机械台班耗用量乘以施工机械台班单价表示，施工机械台班单价应由下列 7 项费用组成。

a. 折旧费。折旧费指施工机械在规定的使用年限内，陆续收回其原值的费用。

b. 大修理费。大修理费指施工机械按规定的大修理间隔台班进行必要的大修理，以恢复其正常功能所需的费用。

c. 经常修理费。经常修理费指施工机械除大修理以外的各级保养和临时故障排除所需的费用，包括为保障机械正常运转所需替换设备与随机配备工具附具的摊销和维护费用，机械运转中日常保养所需润滑与擦拭的材料费用及机械停滞期间的维护和保养费用等。

d. 安拆费及场外运费。安拆费指施工机械（大型机械除外）在现场进行安装与拆卸所需的人工、材料、机械和试运转费用以及机械辅助设施的折旧、搭设、拆除等费用；场外运费指施工机械整体或分体自停放地点运至施工现场或由一施工地点运至另一施工地点的运输、装卸、辅助材料及架线等费用。

e. 人工费。人工费指机上司机（司炉）和其他操作人员的人工费。

f. 燃料动力费。燃料动力费指施工机械在运转作业中所消耗的各种燃料及水、电等。

g. 税费。税费指施工机械按照国家规定应缴纳的车船使用税、保险费及年检费等。

②仪器仪表使用费。仪器仪表使用费是指工程施工所需使用的仪器仪表的摊销及维修费用。

（4）企业管理费。企业管理费是指建筑安装企业组织施工生产和经营管理所需的费用。其内容包括：

①管理人员工资。管理人员工资是指按规定支付给管理人员的计时工资、奖金、津贴补贴、加班加点工资及特殊情况下支付的工资等。

②办公费。办公费是指企业管理办公用的文具、纸张、账表、印刷、邮电、书报、办公软件、现场监控、会议、水电、烧水和集体取暖降温（包括现场临时宿舍取暖降温）等费用。

③差旅交通费。差旅交通费是指职工因公出差、调动工作的差旅费，住勤补助费，市内交通费

和误餐补助费，职工探亲路费，劳动力招募费，职工退休、退职一次性路费，工伤人员就医路费，工地转移费以及管理部门使用的交通工具的油料、燃料等费用。

④固定资产使用费。固定资产使用费是指管理和试验部门及附属生产单位使用的属于固定资产的房屋、设备、仪器等的折旧、大修、维修或租赁费。

⑤工具用具使用费。工具用具使用费是指企业施工生产和管理使用的不属于固定资产的工具、器具、家具、交通工具和检验、试验、测绘、消防用具等的购置、维修和摊销费。

⑥劳动保险和职工福利费。劳动保险和职工福利费是指由企业支付的职工退职金、按规定支付给离休干部的经费、集体福利费、夏季防暑降温、冬季取暖补贴、上下班交通补贴等。

⑦劳动保护费。劳动保护费是企业按规定发放的劳动保护用品的支出。例如，工作服、手套、防暑降温饮料以及在有碍身体健康的环境中施工的保健费用等。

⑧检验试验费。检验试验费是指施工企业按照有关标准规定，对建筑以及材料、构件和建筑安装物进行一般鉴定、检查所发生的费用，包括自设试验室进行试验所耗用的材料等费用；不包括新结构、新材料的试验费，对构件做破坏性试验及其他特殊要求检验试验的费用和建设单位委托检测机构进行检测的费用，对此类检测发生的费用，由建设单位在工程建设其他费用中列支。但对施工企业提供的具有合格证明的材料进行检测不合格的，该检测费用由施工企业支付。

⑨工会经费。工会经费是指企业按《工会法》规定的全部职工工资总额比例计提的工会经费。

⑩职工教育经费。职工教育经费是指按职工工资总额的规定比例计提，企业为职工进行专业技术和职业技能培训，专业技术人员继续教育、职工职业技能鉴定、职业资格认定以及根据需要对职工进行各类文化教育所发生的费用。

⑪财产保险费。财产保险费是指施工管理用财产、车辆等的保险费用。

⑫财务费。财务费是指企业为施工生产筹集资金或提供预付款担保、履约担保、职工工资支付担保等所发生的各种费用。

⑬税金。税金是指企业按规定缴纳的房产税、车船使用税、土地使用税、印花税等。

⑭其他。包括技术转让费、技术开发费、投标费、业务招待费、绿化费、广告费、公证费、法律顾问费、审计费、咨询费、保险费等。

(5) 利润。利润是指施工企业完成所承包工程获得的盈利。

(6) 规费。规费是指按国家法律、法规规定，由省级政府和省级有关权力部门规定必须缴纳或计取的费用。其内容包括：

①社会保险费。

a. 养老保险费。养老保险费是指企业按照规定标准为职工缴纳的基本养老保险费。

b. 失业保险费。失业保险费是指企业按照规定标准为职工缴纳的失业保险费。

c. 医疗保险费。医疗保险费是指企业按照规定标准为职工缴纳的基本医疗保险费。

d. 生育保险费。生育保险费是指企业按照规定标准为职工缴纳的生育保险费。

e. 工伤保险费。工伤保险费是指企业按照规定标准为职工缴纳的工伤保险费。

②住房公积金。住房公积金是指企业按规定标准为职工缴纳的住房公积金。

③工程排污费。工程排污费是指企业按规定缴纳的施工现场工程排污费。

其他应列而未列入的规费，按实际发生计取。

(7) 税金。税金是指国家税法规定的应计入建筑安装工程造价内的营业税、城市维护建设税、教育费附加以及地方教育附加。

2. 按造价形成划分

建筑安装工程费按照工程造价形成由分部分项工程费、措施项目费、其他项目费、规费、税金组成，分部分项工程费、措施项目费、其他项目费包含人工费、材料费、施工机具使用费、企业管理费和利润（表 2.3）。

表 2.3　建筑安装工程费用项目组成表（按造价形成划分）

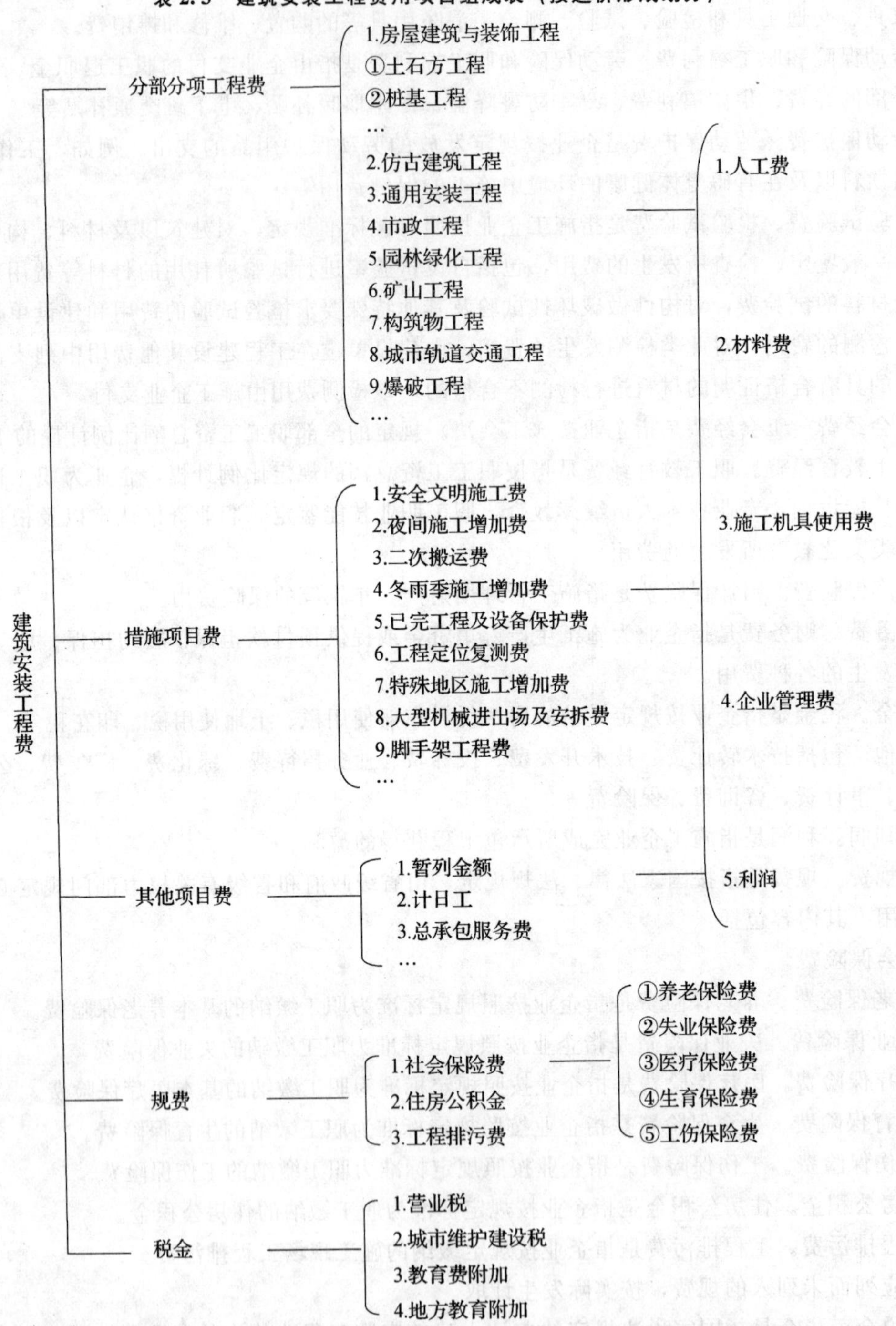

(1) 分部分项工程费。分部分项工程费是指各专业工程的分部分项工程应予列支的各项费用。

①专业工程。专业工程是指按现行国家计量规范划分的房屋建筑与装饰工程、仿古建筑工程、通用安装工程、市政工程、园林绿化工程、矿山工程、构筑物工程、城市轨道交通工程、爆破工程等各类工程。

②分部分项工程。分部分项工程指按现行国家计量规范对各专业工程划分的项目。例如，房屋

建筑与装饰工程划分的土石方工程、地基处理与桩基工程、砌筑工程、钢筋及钢筋混凝土工程等。

各类专业工程的分部分项工程划分见现行国家或行业计量规范。

（2）措施项目费。

措施项目费是指为完成建设工程施工，发生于该工程施工前和施工过程中的技术、生活、安全、环境保护等方面的费用。其内容包括：

①安全文明施工费。

a. 环境保护费。环境保护费是指施工现场为达到环保部门要求所需要的各项费用。

b. 文明施工费。文明施工费是指施工现场文明施工所需要的各项费用。

c. 安全施工费。安全施工费是指施工现场安全施工所需要的各项费用。

d. 临时设施费。临时设施费是指施工企业为进行建设工程施工所必须搭设的生活和生产用的临时建筑物、构筑物和其他临时设施费用，包括临时设施的搭设、维修、拆除、清理费或摊销费等。

②夜间施工增加费。夜间施工增加费是指因夜间施工所发生的夜班补助费、夜间施工降效、夜间施工照明设备摊销及照明用电等费用。

③二次搬运费。二次搬运费是指因施工场地条件限制而发生的材料、构配件、半成品等一次运输不能到达堆放地点，必须进行二次或多次搬运所发生的费用。

④冬雨季施工增加费。冬雨季施工增加费是指在冬季或雨季施工需增加的临时设施、防滑、排除雨雪、人工及施工机械效率降低等费用。

⑤已完工程及设备保护费。已完工程及设备保护费是指竣工验收前，对已完工程及设备采取的必要保护措施所发生的费用。

⑥工程定位复测费。工程定位复测费是指工程施工过程中进行全部施工测量放线和复测工作的费用。

⑦特殊地区施工增加费。特殊地区施工增加费是指工程在沙漠或其边缘地区、高海拔、高寒、原始森林等特殊地区施工所增加的费用。

⑧大型机械设备进出场及安拆费。大型机械设备进出场及安拆费是指机械整体或分体自停放场地运至施工现场或由一个施工地点运至另一个施工地点，所发生的机械进出场运输和转移费用，以及机械在施工现场进行安装、拆卸所需的人工费、材料费、机械费、试运转费和安装所需的辅助设施的费用。

⑨脚手架工程费。脚手架工程费是指施工需要的各种脚手架搭、拆、运输费用以及脚手架购置费的摊销（或租赁）费用。

措施项目及其包含的内容详见各类专业工程的现行国家或行业计量规范。

（3）其他项目费。

①暂列金额。暂列金额是指建设单位在工程量清单中暂定并包括在工程合同价款中的一笔款项。用于施工合同签订时尚未确定或者不可预见的所需材料、工程设备、服务的采购，施工中可能发生的工程变更、合同约定调整因素出现时的工程价款调整以及发生的索赔、现场签证确认等费用。

②计日工。计日工是指在施工过程中，施工企业完成建设单位提出的施工图纸以外的零星项目或工作所需的费用。

③总承包服务费。总承包服务费是指总承包人为配合、协调建设单位进行的专业工程发包，对建设单位自行采购的材料、工程设备等进行保管以及施工现场管理、竣工资料汇总整理等服务所需的费用。

（4）规费（见前面）。

（5）税金（见前面）。

2.3.2 建筑安装工程费的计算

1. 人工费

$$人工费=\sum(工日消耗量\times 日工资单价) \tag{2.1}$$

式中

$$日工资单价=\frac{生产工人平均月工资（计时、计件）+平均月（奖金+津贴补贴+特殊情况下支付的工资）}{年平均每月法定工作日}$$

注：式（2.1）适用于施工企业投标报价时自主确定人工费，也是工程造价管理机构编制计价定额确定定额人工单价或发布人工成本信息的参考依据。

$$人工费=\sum(工程工日消耗量\times 日工资单价) \tag{2.2}$$

日工资单价是指施工企业平均技术熟练程度的生产工人在每个工作日（国家法定工作时间内）按规定从事施工作业应得的日工资总额。

工程造价管理机构确定日工资单价应通过市场调查，根据工程项目的技术要求，参考实物工程量人工单价综合分析确定，最低日工资单价不得低于工程所在地人力资源和社会保障部门所发布的最低工资标准：普工的1.3倍，一般技工的2倍，高级技工的3倍。

工程计价定额不可只列一个综合工日单价，应根据工程项目技术要求和工种差别适当划分多种日人工单价，确保各分部工程人工费的合理构成。

注：式（2.2）适用于工程造价管理机构编制计价定额时确定定额人工费，是施工企业投标报价的参考依据。

2. 材料费

（1）材料费。

$$材料费=\sum(材料消耗量\times 材料单价)$$

$$材料单价=[(材料原价+运杂费)\times(1+运输损耗率)]\times(1+采购保管费率)$$

（2）工程设备费。

$$工程设备费=\sum(工程设备量\times 工程设备单价)$$

$$工程设备单价=(设备原价+运杂费)\times(1+采购保管费率)$$

3. 施工机具使用费

（1）施工机械使用费。

$$施工机械使用费=\sum(施工机械台班消耗量\times 机械台班单价)$$

式中 $机械台班单价=台班折旧费+台班大修费+台班经常修理费+台班安拆费及场外运费+台班人工费+台班燃料动力费+台班车船税费$

注：工程造价管理机构在确定计价定额中的施工机械使用费时，应根据《建筑施工机械台班费用计算规则》，结合市场调查编制施工机械台班单价。施工企业可以参考工程造价管理机构发布的台班单价，自主确定施工机械使用费的报价。如租赁施工机械的使用费用为

$$施工机械使用费=\sum(施工机械台班消耗量\times 机械台班租赁单价)$$

（2）仪器仪表使用费。

$$仪器仪表使用费=工程使用的仪器仪表摊销费+维修费$$

4. 企业管理费费率

（1）以分部分项工程费为计算基础。

$$企业管理费费率/\%=\frac{生产工人年平均管理费}{年有效施工天数\times 人工单价}\times 人工费占分部分项工程费比例\times 100\%$$

(2) 以人工费和机械费合计为计算基础。

$$企业管理费费率/\% = \frac{生产工人年平均管理费}{年有效施工天数 \times (人工单价 + 每一工日机械使用费)} \times 100\%$$

(3) 以人工费为计算基础。

$$企业管理费费率/\% = \frac{生产工人年平均管理费}{年有效施工天数 \times 人工单价} \times 100\%$$

注：上述公式适用于施工企业投标报价时自主确定管理费，是工程造价管理机构编制计价定额确定企业管理费的参考依据。

工程造价管理机构在确定计价定额中企业管理费时，应以定额人工费或（定额人工费＋定额机械费）作为计算基数，其费率根据历年工程造价积累的资料，辅以调查数据确定，列入分部分项工程和措施项目中。

5. 利润

(1) 施工企业根据企业自身需求并结合建筑市场实际自主确定，列入报价中。

(2) 工程造价管理机构在确定计价定额中的利润时，应以定额人工费或（定额人工费＋定额机械费）作为计算基数，其费率根据历年工程造价积累的资料，并结合建筑市场实际确定，以单位（单项）工程测算，利润在税前建筑安装工程费的比重可按不低于5%且不高于7%的费率计算。利润应列入分部分项工程和措施项目中。

6. 规费

(1) 社会保险费和住房公积金。

社会保险费和住房公积金应以定额人工费为计算基础，根据工程所在省、自治区、直辖市或行业建设主管部门规定费率计算。

$$社会保险费和住房公积金 = \sum(工程定额人工费 \times 社会保险费和住房公积金费率)$$

式中，社会保险费和住房公积金费率可以每万元发承包价的生产工人人工费和管理人员工资含量与工程所在地规定的缴纳标准综合分析取定。

(2) 工程排污费。

工程排污费等其他应列而未列入的规费应按工程所在地环境保护等部门规定的标准缴纳，按实计取列入。

7. 税金

税金的计算公式为

$$税金 = 税前造价 \times 综合税率$$

综合税率：

(1) 纳税地点在市区的企业。

$$综合税率 = \frac{1}{1 - 3\% - 3\% \times 7\% - 3\% \times 3\% - 3\% \times 2\%} - 1$$

(2) 纳税地点在县城、镇的企业

$$综合税率 = \frac{1}{1 - 3\% - 3\% \times 5\% - 3\% \times 3\% - 3\% \times 2\%} - 1$$

(3) 纳税地点不在市区、县城、镇的企业

$$综合税率 = \frac{1}{1 - 3\% - 3\% \times 1\% - 3\% \times 3\% - 3\% \times 2\%} - 1$$

(4) 实行营业税改增值税的，按纳税地点现行税率计算。

2.3.3 建筑安装工程计价公式

1. 分部分项工程费

$$分部分项工程费=\sum(分部分项工程量\times综合单价)$$

式中，综合单价包括人工费、材料费、施工机具使用费、企业管理费、利润以及一定范围的风险费用（下同）。

2. 措施项目费

（1）国家计量规范规定应予计量的措施项目，其计算公式为

$$措施项目费=\sum(措施项目工程量\times综合单价)$$

（2）国家计量规范规定不宜计量的措施项目计算方法如下：

①安全文明施工费。

安全文明施工费=计算基数×安全文明施工费费率

式中，计算基数应为定额基价（定额分部分项工程费+定额中可以计量的措施项目费）、定额人工费或（定额人工费+定额机械费），其费率由工程造价管理机构根据各专业工程的特点综合确定。

②夜间施工增加费。

夜间施工增加费=计算基数×夜间施工增加费费率

③二次搬运费。

二次搬运费=计算基数×二次搬运费费率

④冬雨季施工增加费。

冬雨季施工增加费=计算基数×冬雨季施工增加费费率

⑤已完工程及设备保护费。

已完工程及设备保护费=计算基数×已完工程及设备保护费费率

上述②～⑤项措施项目的计费基数应为定额人工费或（定额人工费+定额机械费），其费率由工程造价管理机构根据各专业工程特点和调查资料综合分析后确定。

3. 其他项目费

（1）暂列金额由建设单位根据工程特点，按有关计价规定估算，施工过程中由建设单位掌握使用、扣除合同价款调整后如有余额，则归建设单位。

（2）计日工由建设单位和施工企业按施工过程中的签证计价。

（3）总承包服务费由建设单位在招标控制价中根据总包服务范围和有关计价规定编制，施工企业投标时自主报价，施工过程中按签约合同价执行。

4. 规费和税金

建设单位和施工企业均应按照省、自治区、直辖市或行业建设主管部门发布标准计算规费和税金，不得作为竞争性费用。

5. 相关问题的说明

（1）各专业工程计价定额的编制及其计价程序，均按建标〔2013〕44号通知实施。

（2）各专业工程计价定额的使用周期原则上为五年。

（3）工程造价管理机构在定额使用周期内，应及时发布人工、材料、机械台班价格信息，实行工程造价动态管理，当国家法律、法规、规章或相关政策变化以及建筑市场物价波动较大时，应适时调整定额人工费、定额机械费及定额基价或规费费率，使建筑安装工程费能反映建筑市场实际。

（4）建设单位在编制招标控制价时，应按照各专业工程的计量规范和计价定额以及工程造价信息编制。

（5）施工企业在使用计价定额时除不可竞争费用外，其余仅做参考，由施工企业投标时自主

报价。

2.3.4 建筑安装工程计价程序

1. 建设单位工程招标控制价计价程序

建设单位工程招标控制价计价程序见表 2.4。

表 2.4 建设单位工程招标控制价计价程序

工程名称：　　　　　　　　　　　　　　　　标段：

序号	内容	计算方法	金额/元
1	分部分项工程费	按计价规定计算	
1.1			
1.2			
1.3			
1.4			
1.5			
2	措施项目费	按计价规定计算	
2.1	其中：安全文明施工费	按规定标准计算	
3	其他项目费		
3.1	其中：暂列金额	按计价规定估算	
3.2	其中：专业工程暂估价	按计价规定估算	
3.3	其中：计日工	按计价规定估算	
3.4	其中：总承包服务费	按计价规定估算	
4	规费	按规定标准计算	
5	税金（扣除不列入计税范围的工程设备金额）	（1＋2＋3＋4）×规定税率	
招标控制价合计＝1＋2＋3＋4＋5			

2. 施工企业工程投标报价计价程序

施工企业工程投标报价计价程序见表 2.5。

表 2.5　施工企业工程投标报价计价程序

工程名称：　　　　　　　　　　　　　　　　　　　　　　　　　标段：

序号	内容	计算方法	金额/元
1	分部分项工程费	自主报价	
1.1			
1.2			
1.3			
1.4			
1.5			
2	措施项目费	自主报价	
2.1	其中：安全文明施工费	按规定标准计算	
3	其他项目费		
3.1	其中：暂列金额	按招标文件提供金额计列	
3.2	其中：专业工程暂估价	按招标文件提供金额计列	
3.3	其中：计日工	自主报价	
3.4	其中：总承包服务费	自主报价	
4	规费	按规定标准计算	
5	税金（扣除不列入计税范围的工程设备金额）	（1＋2＋3＋4）×规定税率	
投标报价合计＝1＋2＋3＋4＋5			

3. 竣工结算计价程序

竣工结算计价程序见表 2.6。

表 2.6　竣工结算计价程序

工程名称：　　　　　　　　　　　　　　　　　　　　　　　　　标段：

序号	内容	计算方法	金额/元
1	分部分项工程费	按合同约定计算	
1.1			
1.2			
1.3			
1.4			
1.5			
2	措施项目	按合同约定计算	
2.1	其中：安全文明施工费	按规定标准计算	
3	其他项目		
3.1	其中：专业工程结算价	按合同约定计算	
3.2	其中：计日工	按计日工签证计算	
3.3	其中：总承包服务费	按合同约定计算	
3.4	索赔与现场签证	按发承包双方确认数额计算	
4	规费	按规定标准计算	
5	税金（扣除不列入计税范围的工程设备金额）	（1＋2＋3＋4）×规定税率	
竣工结算总价合计＝1＋2＋3＋4＋5			

2.4 工程建设其他费用的构成

工程建设其他费用是指建设单位从工程筹建到工程竣工验收交付使用为止的整个建设期间，除建筑安装工程费用和设备及工器具购置费用以外的，为保证工程建设顺利完成和交付使用后能够正常发挥作用而发生的各项费用的总和。

工程建设其他费用按其内容大体可分为 3 类：①土地使用费；②与工程建设有关的其他费用；③与未来企业生产经营有关的其他费用。

2.4.1 土地使用费

任何一个建设项目都固定在一定地点与地面相连接，必须占用一定量的土地，也就必然要发生为获得建设用地而支付的费用，这就是土地使用费。它是指通过划拨方式取得土地使用权而支付的土地征用及迁移补偿费，或者通过土地使用权出让方式取得土地使用权而支付的土地使用权出让金。

土地使用费有两类，即土地征用及迁移补偿费和土地使用权出让金。

1. 土地征用及迁移补偿费

土地征用及迁移补偿费是指建设项目通过无偿划拨方式，取得无限期的土地使用权而支付的费用。它包括土地补偿费、青苗补偿和附着物补偿费、安置补偿费、耕地占用税、城镇土地使用税、征地管理费以及征地动迁费等。依据《中华人民共和国土地管理法》等规定所支付的费用总和不得超过被征土地年产值的 30 倍。

2. 土地使用权出让金

土地使用权出让金是指建设项目通过土地使用权有偿出让或转让的方式，取得有限期的土地使用权而支付的费用。有限期一般为 30～99 年，以 50 年为宜。

土地使用权出让或转让是分层次的。第一个层次是政府将城市土地出让给土地使用者；第二个层次是土地使用者之间的转让。

土地使用权出让或转让的方式有协议、招标和公开拍卖等。

①协议方式。协议方式是由用地单位申请，经市政府批准同意后双方洽谈具体地块及地价。一般是用于市政工程、公益事业、部队用地以及需要扶持和优先发展的产业用地。

②招标方式。招标方式是在规定的期限内，由用地单位以书面形式投标，市政府根据投标报价、所提供的规划方案以及企业信誉综合考虑，择优而取。该方式适用于一般的建筑用地。

③公开拍卖方式。公开拍卖是指在指定的地点和时间，由申请用地者叫价应价，价高者得。这完全是由市场竞争决定，适用于盈利高的行业用地。

2.4.2 与项目建设有关的其他费用

根据项目的不同，与项目建设有关的其他费用的构成也不尽相同，在进行工程量估算及概预算中可根据实际情况进行计算。

1. 建设单位管理费

建设单位管理费是指建设项目从立项、筹建、建设、联合试运转、竣工验收交付使用及后评估等全过程管理所需要的费用。其内容包括：

(1) 建设单位开办费。建设单位开办费是指新建项目为保证筹建和建设工作正常进行所需办公设备、生活家具、用具、交通工具等购置费用。

(2) 建设单位经费。建设单位经费包括工作人员的基本工资、工资性补贴、职工福利费、劳动保护费、劳动保险费、办公费、差旅交通费、工会经费、职工教育经费、固定资产使用费、工具用具使用费、技术图书资料费、生产人员招募费、工程招标费、合同契约公证费、工程质量监督检测费、工程咨询费、法律顾问费、审计费、业务招待费、排污费、竣工交付使用清理及竣工验收费、后评估等。不包括应计入设备、材料预算价格的建设单位采购及保管设备材料所需费用。

建设单位管理费按照单项工程费用之和（包括设备、工器具购置费和建筑安装工程费用）乘以建设单位管理费率计算。

建设单位管理费率按照建设项目的不同性质、不同规模确定。有的建设项目按照建设工期和规定的金额计算建设单位管理费。

2. 勘察设计费

勘察设计费是指为本建设编制项目建议书、可行性研究报告及设计文件等所需费用，内容包括：

(1) 编制项目建议书、可行性研究报告及投资估算、工程咨询、评价以及为编制上述文件所进行勘察、设计、研究实验等所需费用。

(2) 委托勘察、设计单位进行初步设计，施工图设计及概预算编制等所需费用。

(3) 在规定范围内由建设单位自行完成的勘察设计工作所需费用。

在勘察设计费中，项目建议书、可行性研究报告按国家颁布的收费标准计算；设计费按国家颁布的工程设计收费标准计算；勘察费，一般民用建筑六层以下的按 3～5 元/m^2 计算，高层建筑按 8～10 元/m^2 计算，工业建筑按 10～12 元/m^2 计算。

3. 研究实验费

研究实验费是指为建设项目提供和验证设计参数、数据、资料等所进行的必要的实验费用以及设计规定在施工中必须进行实验、验证所需费用。

研究实验费包括自行或委托其他部门研究实验所需人工费、材料费、实验设备及仪器使用费等。这项费用按照设计单位根据本工程项目的需要提出的研究实验内容和要求计算。

4. 建设单位临时设施费

建设单位临时设施费是指建设期间建设单位所需临时设施的搭设、维修、摊销费用或租赁费用。

临时设施包括临时宿舍、文化福利及公用事业房屋与构造物、仓库、办公室、加工厂以及规定范围内的道路、水、电、管线等临时设施和小型临时设备。

5. 工程监理费

工程监理费是指建设单位委托工程监理单位对工程实施监理工作所需费用。根据国家物价局、建设部《关于发布工程建设监理费用有关规定的通知》等文件规定，选择下列方法之一计算。

(1) 一般情况应按工程建设监理收费标准计算，即按占所监理工程概算或预算的百分比计算。

(2) 对于单工种或临时性项目可根据参与监理的年度平均人数按 3～5 万元/（人·年）计算。

6. 工程保险费

工程保险费是指建设项目在建设期间根据需要实施工程保险所需的费用。

工程保险费包括以各种建设工程及其在施工过程中的物料、机器设备为保险标的的建筑工程一切险，以安装工程中的各种机器、机械设备为保险标的的安装工程一切险，以及机器损坏保险等。

根据不同的工程类别，分别以其建筑、安装工程费乘以建筑、安装工程保险费率计算。民用建筑（如住宅地、综合性大楼、商场、旅馆、医院、学校等）占建筑工程费的0.2%～0.4%；其他建筑（如工业厂房、仓库、道路、码头、水坝、隧道、桥梁、管道等）占建筑工程费的0.3%～0.6%；安装工程（如农业、工业、机械、电子、电器、纺织、矿山、石油、化学及钢铁工业、钢结构桥梁）占建筑工程费的0.3%～0.6%。

7. 引进技术和进口设备其他费用

引进技术及进口设备其他费用，包括出国人员费用、国外工程技术人员来华费用、技术引进费、分期或延期付款利息、担保费以及进口设备检验鉴定费。

(1) 出国人员费用。出国人员费用是指为引进技术和进口设备派出人员在国外培训和进行设计联络、设备检验等的差旅费、制装费、生活费等。这项费用根据设计规定的出国培训和工作的人数、时间、派往国家，按财政部、外交部规定的临时出国人员费用开支标准及中国民用航空公司现行国际航线票价等进行计算，其中使用外汇部分应计算银行财务费用。

(2) 国外工程技术人员来华费用。国外工程技术人员来华费用是指为安装进口设备、引进国外技术等聘用外国工程技术人员进行技术指导工作所发生的费用。包括技术服务费，外国技术人员的在华工资、生活补贴、差旅费、医药费、住宿费、交通费、宴请费、参观游览费等。这项费用按每人每月费用指标计算。

(3) 技术引进费。技术引进费是指为引进国外先进技术而支付的费用。包括专利费、专有技术费（技术保密费）、国外设计及技术引进资料费、计算机软件费等。这项费用根据合同或协议的价格计算。

(4) 分期或延期付款利息。分期或延期付款利息是指利用出口信贷引进技术或进口设备采取分期或延期付款的办法所支付的利息。

(5) 担保费。担保费是指国内金融机构为买方出具保函的担保费。这项费用按有关金融机构规定的担保费率计算（一般可按承保金额的0.5%计算）。

(6) 进口设备检验鉴定费用。进口设备检验鉴定费用是指进口设备按规定付给商品检验部门的进口设备检验鉴定费。这项费用按进口设备价的0.3%～0.5%计算。

8. 工程承包费

工程承包费是指具有总承包条件的工程公司，对工程建设项目从开始建设至竣工投产全过程的总承包所需的管理费用。其具体内容包括组织勘察设计、设备材料采购、非标准设备设计制造与销售、施工招标、发包、工程预决算、项目管理、施工质量监督、隐蔽工程检查、验收和试车直至竣工投产的各种管理费用。

该费用按国家主管部门或省、自治区、直辖市协调规定的工程总承包费取费标准计算。

如无规定时，一般工业建设项目为投资估算的6%～8%，民用建筑（包括住宅建设）和市政项目为4%～6%。不实行工程总承包的项目不计算本项费用。

2.4.3 与企业未来生产经营有关的费用

与企业未来生产经营有关的费用包括联合试运转费、生产准备费、办公和生活家具购置费。

1. 联合试运转费

联合试运转费指新建企业或新增加生产工艺过程的扩建企业在竣工验收前，按照设计规定的工程质量标准，进行整个车间的负荷或无负荷联合试运转发生的费用支出大于试运转收入的亏损部分。

【例 2.3】下列项目中，在计算联合试运转费时需要考虑的费用包括（　　）。

A. 试运转所需原料、动力的费用　　B. 单台设备调试费

C. 试运转所需的机械使用费　　D. 试运转产品的销售收入

E. 施工单位参加联合试运转人员的工资

【答案】ACDE

【解题要点】该题考核联合试运转费的构成。联合试运转费不包括应由设备安装工程费用开支的调试及试车费用，以及在试运转中暴露出来的因施工原因或设备缺陷等发生的处理费用，故B不对。

2. 生产准备费

生产准备费是指新建企业或新增生产能力的企业，为保证竣工交付使用进行必要的生产准备所发生的费用。

(1) 生产人员培训费，包括自行培训、委托其他单位培训的人员工资、工资性补贴、职工福利费、差旅交通费、学习资料费、学习费、劳动保护费等。

(2) 生产单位提前进厂参加施工、设备安装、调试等，以及熟悉工艺流程及设备性能等人员工资、工资性补贴、职工福利费、差旅交通费、劳动保护费等。

3. 办公和生活家具购置费

办公和生活家具购置费指为保证新建、改建、扩建项目初期正常生产、使用和管理所必须购置的办公和生活家具、用具的费用。

2.4.4 预备费、建设期贷款利息及固定资产投资方向调节税

1. 预备费

预备费指在初步设计文件及概算中难以事先预料而在建设期可能发生的工程和费用。按我国现行规定，预备费包括基本预备费和涨价预备费。

(1) 基本预备费。

基本预备费是指在初步设计文件及概算内难以事先预料，而在工程建设期间可能发生的工程费用。

①基本预备费的内容。

a. 在批准的初步设计范围内，技术设计、施工图设计及施工过程中所增加的工程费用；设计变更、局部地基处理等增加的费用。

b. 一般自然灾害造成的损失和预防自然灾害所采取的措施费用。实行工程保险的项目，费用应适当降低。

c. 竣工验收时为鉴定工程质量对隐蔽工程进行必要的剥露和修复费用。

②基本预备费的计算。

基本预备费是以工程建设费为取费基础，乘以基本预备费率进行计算的。

基本预备费＝工程建设费×基本预备费率＝

（设备及工器具购置费＋建筑安装工程费＋工程建设其他费）×基本预备费率

基本预备费率的取值应执行国家及部门的有关规定。在项目建议书阶段和可行性研究阶段，基本预备费率一般取10%～15%，在初步设计阶段，基本预备费率一般取7%～10%。

【例 2.4】某建设项目工器具及生产家具购置费为 2 000 万元。建筑安装工程费为 5 000 万元，工程建设其他费为 3 000 万元，预计建设期为3年，年均价格上涨率为3%，基本预备费率为5%，

则基本预备费为（　）万元。

A. 500　　B. 815　　C. 1 445　　D. 1 473

【答案】A

【解析】基本预备费＝（工器具及生产家具购置费＋建筑安装工程费＋工程建设其他费）×基本预备费率＝（2 000＋5 000＋3 000）×5%＝500（万元）。

（2）涨价预备费。

涨价预备费是指建设项目在建设期间由于价格等变化引起工程造价变化的预测预留费用。

①涨价预备费的内容。

涨价预备费的内容包括人工、设备、材料、施工机械的价差费，建筑安装工程费及工程建设其他费用调整，利率、汇率调整等增加。

②涨价预备费的计算。

涨价预备费的计算一般是根据国家规定的投资综合价格指数，按估算年份价格水平的投资额为基数，采用复利方法计算。其计算公式为

$$PF=\sum_{t=1}^{n}I_t[(1+f)^t-1]$$

式中　PF——涨价预备费；

n——建设期年份；

I_t——建设期中第 t 年的投资计划额，包括设备及工器具购置费、建筑安装工程费、工程建设其他费用及基本预备费；

f——年均投资价格上涨率。

【例 2.5】某建设项目初期静态投资为 21 600 万元，建设期为 3 年，各年投资计划额如下：第一年 7 200 万元，第二年 10 800 万元，第三年 3 600 万元，年均投资价格上涨率为 6%，求项目建设期间涨价预备费。

解：第一年涨价预备费为

$$PF_1=I_1\ [(1+f)-1]=7\ 200\times0.06=432\text{（万元）}$$

第二年涨价预备费为

$$PF_2=I_2\ [(1+f)^2-1]=10\ 800\times(1.06^2-1)=1\ 334.88\text{（万元）}$$

第三年涨价预备费为

$$PF_3=I_3\ [(1+f)^3-1]=3\ 600\times(1.06^3-1)=687.657\ 6\text{（万元）}$$

所以，建设期的涨价预备费为

$$PF=432+1\ 334.88+687.657\ 6=2\ 454.537\ 6\text{（万元）}$$

2. 建设期贷款利息

建设期贷款利息是指项目建设期间向国内银行和其他非银行金融机构贷款、出口信贷、外国政府贷款、国际商业银行贷款以及在境内外发行的债券等所产生的利息。

建设期贷款利息实行复利计算。

（1）对于一次性贷出且利率固定的贷款，按下列公式计算贷款利息：

$$F=P\ (1+i)^n\text{，贷款利息}=F-P$$

式中　F——建设期还款时的本利和；

P——一次性贷款金额；

i——年利率；

n——贷款期限。

(2) 当总贷款是分年均衡发放时，建设期利息的计算可按当年借款以年中支用考虑，即当年贷款按半年计息，上年贷款按全年计息。其计算公式为

$$q_j = \left(P_{j-1} + \frac{1}{2}A_j\right) \times i$$

式中 q_j——建设期第 j 年应计利息；

P_{j-1}——建设期第 $(j-1)$ 年末贷款累计金额与利息累计金额之和；

A_j——建设期第 j 年贷款金额；

i——年利率。

【例 2.6】 某新建项目，建设期为 3 年，分年均衡进行贷款，第一年贷款 300 万元，第二年贷款 600 万元，第三年贷款 400 万元，年利率为 12%，建设期内利息只计息不支付，试计算建设期贷款利息。

解：在建设期内，各年利息计算如下：

$$q_1 = \frac{1}{2}A_1 \times i = \frac{1}{2} \times 300 \times 12\% = 18 \text{（万元）}$$

$$q_2 = \left(P_1 + \frac{1}{2}A_2\right) \times i = \left(300 + 18 + \frac{1}{2} \times 600\right) \times 12\% = 74.16 \text{（万元）}$$

$$q_3 = \left(P_2 + \frac{1}{2}A_3\right) \times i = \left(300 + 18 + 600 + 74.16 + \frac{1}{2} \times 400\right) \times 12\% = 143.0592 \text{（万元）}$$

建设期贷款利息 $= q_1 + q_2 + q_3 = 18 + 74.16 + 143.0592 = 235.2192$（万元）

综合上述，建设项目的工程造价是由建安工程投资、设备工器具投资、工程建设其他投资、预备费、建设期贷款利息等费用构成的。其中，“建安工程投资＋设备及工器具购置投资”为项目的工程费；“工程费＋工程建设其他费＋预备费”为建设投资。

3. 固定资产投资方向调节税

固定资产投资方向调节税指国家对在我国境内进行固定资产投资的单位和个人，就其固定资产投资的各种资金征收的一种税。

投资方向调节税以固定资产投资项目实际完成投资额为计税依据。实际完成投资额包括设备及工器具购置费、建筑安装工程费、工程建设其他费用及预备费。但更新改造项目是以建筑工程实际完成的投资额为计税依据。

投资方向调节税的税率，根据国家产业政策和项目经济规模实行差别税率，税率分为 5 个档次，即 0、5%、10%、15%、30%。

差别税率按两大类设计：一是基本建设项目投资；二是更新改造项目投资。对前者设计了 4 档税率，即 0、5%、15%、30%；对后者设计了 2 档税率，即 0、10%。

按照国税发（2000）56 号《国家税务总局关于做好固定资产投资方向调节税停征工作的通知》，固定资产投资方向调节税于 2000 年 1 月 1 日起停止征收。

【重点串联】

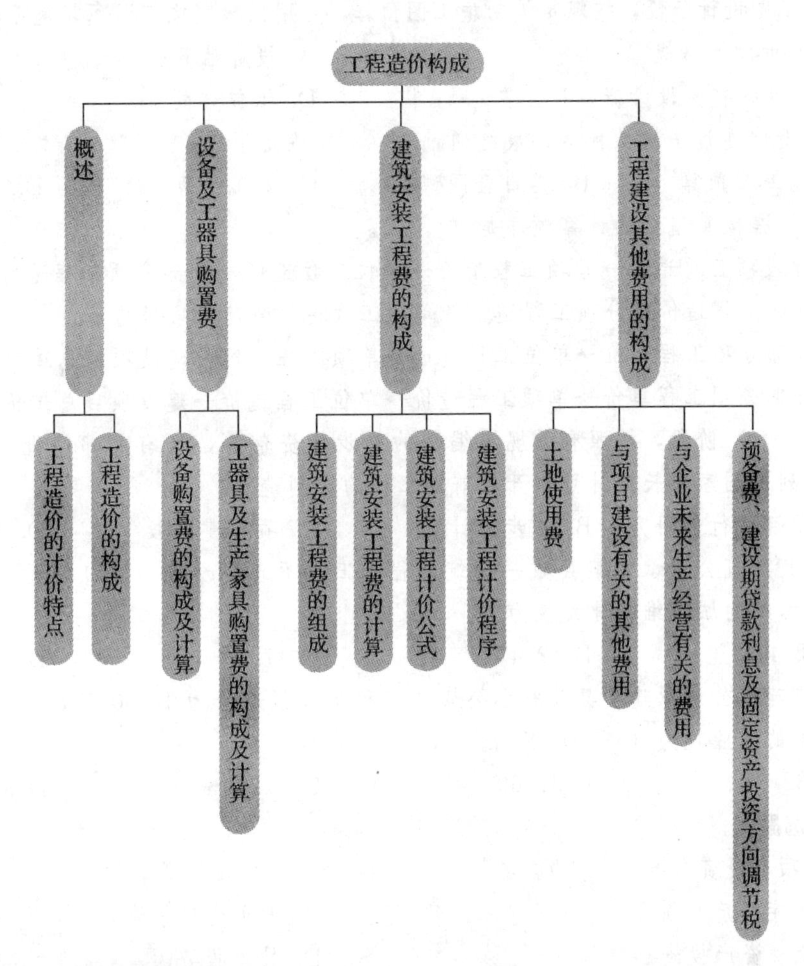

拓展与实训

职业能力训练

一、单选题

1. 建设工程造价有两种含义，从业主和承包商的角度可以分别理解为（　　）。

A. 建设工程固定投资和建设工程承发包价格

B. 建设工程总投资和建设工程承发包价格

C. 建设工程总投资和建设工程固定资产投资

D. 建设工程动态投资和建设工程静态投资

2.（　　）是逐步深化、逐步细化和逐步接近实际造价的过程。

A. 个别计价　　B. 多次计价　　C. 组合计价　　D. 动态计价

3. 建设工程合同价是指（　　）。

A. 预算造价　　B. 实际结算价　　C. 成交价格　　D. 最终决算价

4. 下列选项中决定了计价依据的复杂性的是（　　）。

A. 计价方法的多样性　　B. 计价的组合性

C. 市场行情的不断变化　　D. 影响造价的因素多

5. 在施工图设计阶段，按规定编制施工图预算，是用以核实施工图预算是否超过（　　）。

A. 初步设计总概算　　B. 投资估算
C. 批准的初步设计概算　　D. 承包合同价

6. 工程造价通过多次性预估，最终通过（　　）确定下来。

A. 施工图预算　　B. 签订合同　　C. 竣工结算　　D. 竣工决算

7. 建设工程概算造价的计算顺序是（　　）。

A. 建设项目总造价→单项工程造价→单位工程造价→分部分项工程造价
B. 分部工程造价→分项工程造价→单项工程造价→建设项目总造价
C. 分部分项工程造价→单位工程造价→单项工程造价→建设项目总造价
D. 分部分项工程单价→单项工程造价→单位工程造价→建设项目总造价

8. 在（　　）阶段，按照有关规定编制的初步投资估算，经有关部门批准，作为拟建项目列入国家中长期计划和开展前期工作的控制造价。

A. 项目可行性研究　　B. 初步设计　　C. 项目建议书　　D. 施工图设计

9. 市区某建筑公司承建某县城一建筑工程，工程不含税造价为 800 万元，则该施工企业应缴纳的城市维护建设税为（　　）万元。

A. 12.40　　B. 12.41　　C. 17.36　　D. 17.37

10. 某市建筑公司承建某县政府办公楼，工程不含税造价为 1 000 万元，该施工企业应缴纳的营业税为（　　）万元。

A. 32.81　　B. 31.60　　C. 31.00　　D. 34.12

二、多选题

1. 建设项目投资包括（　　）。

A. 固定资产投资　　B. 无形资产投资
C. 流动资产投资　　D. 技术投资
E. 土地使用权投资

2. 按现行规定，建筑安装工程费由（　　）组成。

A. 规费　　B. 企业管理费
C. 城市维护建设税　　D. 教育费附加
E. 税金

3. 工程造价具有（　　）特点。

A. 大额性　　B. 个别性　　C. 静态性
D. 层次性　　E. 不兼容性

4. 工程造价的特点，决定了工程计价有（　　）等特征。

A. 计价的单价性　　B. 计价的多次性
C. 计价的组合性　　D. 计价的单一性
E. 计价依据的复杂性

5. 工程建设其他费用构成中，属于与未来生产经营有关的其他费用有（　　）。

A. 联合试运转费　　B. 研究试验费
C. 工程监理费　　D. 办公和生活家具购置费
E. 生产人员培训费

6. 根据我国现行建筑安装工程项目费用组成，下列关于费用的描述正确的是（　　）。
   A. 材料费是指在施工过程中耗费的原材料、辅助材料、构配件、零件、半成品的费用
   B. 材料费包括对建筑材料、构件和建筑安装物进行一般鉴定、检查所发生的费用
   C. 施工机械使用费不包括大型机械设备的场外运费及安拆费
   D. 以直接费为计算基础时，利润等于直接费乘以相应利润率
   E. 当安装的设备价值作为安装工程产值时，该设备的价款还应计算营业税等建筑安全工程税金
7. 建筑安装工程含税造价中的税金应包括（　　）等。
   A. 印花税　　B. 增值税
   C. 土地使用税　　D. 城市维护建设税
   E. 教育费附加
8. 我国现行投资估算中建设单位管理费应包括（　　）等。
   A. 工程招标费　　B. 竣工验收费
   C. 建设单位采购及保管费　　D. 编制项目建议书所需的费用
   E. 工程质量监督检测费

工程模拟训练

1. 某建设项目，经投资估算确定的工程费用与工程建设其他费用合计为 2 000 万元，项目建设期为两年，每年各完成投资计划 50%。在基本预备费为 5%。在年均投资价格上涨率为 10%的情况下，该项目建设期的涨价预备费为多少万元？

2. 某建设项目，建设期为 3 年，建设期内各年均衡获得的贷款额分别为 1 000 万元、1 000 万元、800 万元，贷款年利率为 8%，期内只计息不支付，试计算建设期应计利息。

链接执考

一、单选题

1. 关于土地征用及迁移补偿费的说法中，正确的是（　　）。
   A. 征用林地、牧地的土地补偿费标准为该地被征用前 3 年，平均年产值的 6～10 倍
   B. 征收无收益的土地，不予补偿
   C. 地上附着物及青苗补偿费归农村集体所有
   D. 被征用耕地的安置补助费最高不超过被征用前 3 年平均年产值的 30 倍
2. 根据我国现行规定，关于预备费的说法中，正确的是（　　）。
   A. 基本预备费以工程费用为计算基数
   B. 实行工程保险的工程项目，基本预备费应适当降低
   C. 涨价预备费以工程费用和工程建设其他费用之和为计算基数
   D. 涨价预备费不包括利率、汇率调整增加的费用

二、多选题

1. 根据我国现行工程造价构成，设备购置费包括（　　）。
   A. 达到固定资产标准的各种设备　　B. 未达到固定资产标准的设备
   C. 达到固定资产标准的工器具　　D. 未达到固定资产标准的工器具
   E. 非标准设备的设计费

2. 下列工程的预算费用，属于建筑工程费的有（　　）。

A. 设备基础工程　　B. 供水、供暖工程

C. 照明的电缆、导线敷设工程　　D. 矿井开凿工程

E. 安装设备的管线敷设工程

三、案例分析题

1. 某建设项目的工程费由以下内容构成：

(1) 主要生产项目1 500万元，其中建筑工程费为300万元，设备购置费为1 050万元，安装工程费为150万元。

(2) 辅助生产项目300万元，其中建筑工程费为150万元，设备购置费为110万元，安装工程费为40万元。

(3) 公用工程150万元，其中建筑工程费为100万元，设备购置费为40万元，安装工程费为10万元。

2. 项目建设前期年限为1年，项目建设期第一年完成投资40%，第二年完成投资60%。工程建设其他费为250万元，基本预备费率为10%，年均投资价格上涨为6%。

3. 项目建设期2年，运营期8年。建设期贷款为1 200万元，贷款年利率为6%，在建设期第一年投入40%，第二年投入60%。贷款在运营期前4年按照等额还本、利息照付的方式偿还。

4. 项目固定资产投资预计全部形成固定资产，使用年限为8年，残值率为5%，采用直线法折旧。运营期第一年投入资本金200万元作为流动资金。

5. 项目运营期正常年份的营业收入为1 300万元，经营成本为525万元。运营期第一年的营业收入和经营成本均为正常年份的70%，自运营期第二年起进入正常年份。

6. 所得税税率为25%，营业税金及附加为6%。

问题：

(1) 列式计算项目的基本预备费和涨价预备费。

(2) 列式计算项目的建设期贷款利息，并完成表2.7。

表2.7　建设项目固定资产投资估算表

万元

项目名称	建筑工程费	设备购置费	安装工程费	其他费	合计
1. 工程费					
1.1 主要项目					
1.2 辅助项目					
1.3 公用工程					
2. 工程建设其他费					
3. 预备费					
3.1 基本预备费					
3.2 涨价预备费					
4. 建设期利息					
5. 固定资产投资					

(3) 计算项目各年还本付息额，填入表 2.8 中。

(4) 列式计算项目运营期第一年的总成本费用。

(5) 列式计算项目资本金现金流量分析中运营期第一年的净现金流量。

(填表及计算结果均保留两位小数)

表 2.8 还本付息计划表

万元

序号	项目名称	1	2	3	4	5	6
	1 年初借款余额						
	2 当年借款						
	3 当年计息						
	4 当年还本						
	5 当年还本付息						

模块 3

工程造价计价依据

【模块概述】

本模块主要介绍工程造价的计价依据。具体任务是熟悉定额体系、人工、材料、机械台班定额消耗量和人工、材料、机械台班单价的组成；了解计价定额的编制，能够应用计价定额进行工程造价的计算。

【知识目标】

1. 掌握工程造价计价依据的分类。
2. 熟悉建筑安装工程人工、材料和机械台班消耗量的编制。
3. 掌握人工、材料、机械台班单价的确定。
4. 掌握各种计价定额的编制。

【技能目标】

1. 掌握预算定额的应用。
2. 掌握工程定额计价模式下的工程造价的编制。

【课时建议】

8 课时

工程导入

某办公楼为框架结构，地下1层，地上3层，根据插页图纸，采用当地的预算定额，算出工程造价。

3.1 概　　述

3.1.1 定额的概念

定额是一种规定的额度或数额，是社会物质生产部门在生产经营活动中，根据一定时期的生产水平和产品的质量要求，为完成一定数量的合格产品所需消耗的人力、物力和财力的数量标准。

工程定额是庞大的定额种类中的一种。

【知识拓展】

数量标准是人为规定或编制的；合格产品是数量、质量与安全要求的统一体；一定时期是定额受到生产条件、作业对象等因素的影响。

工程定额是在合理的劳动组织和合理的使用材料与机械的条件下，完成一定计量单位合格建筑产品所消耗的数量标准。

3.1.2 定额的发展状况

1. 定额的起源

定额是科学管理的产物，形成于19世纪末，它与资本主义企业管理科学化的形成紧密相连。

定额最先由19世纪末美国工程师弗·温·泰勒开始研究。从1880年开始，为了解决和提高工人的劳动效率，泰勒进行了各种试验，努力把当时的科学技术最新成就应用于企业管理中。泰勒通过研究，于1911年发表了著名的《科学管理原理》一书，由此开创了科学管理的先河，被后人尊为“科学管理之父”，并以此提出了一套系统、标准的科学管理方法，形成了著名的“泰勒制”。“泰勒制”的核心是：制定科学的工时定额；实行标准的操作方法；强化和协调职能管理；实行有差别的计件工资制。

2. 我国定额的发展

在我国大唐时期（618～907年），张说、张九龄等编著有一本《大唐六典》；北宋时期，丁渭修复皇宫工程中采用的挖沟取土，以沟运料、废料填沟的办法，所取得的“一举三得”的效果，可谓古代工程管理的范例；著名的古代土木建筑家李诫编著的《营造法式》，成书于公元1100年，它不仅是土木建筑工程技术的巨著，也是工料计算方面的巨著；清代的清工部的《工程做法则例》是一部算工算料的书；梁思成先生在《清式营造则例》一书序言中明确肯定了清代计算工程工料消耗的方法和工程费用的方法。梁思成先生根据所搜集到的秘传抄本编著的《营造算例》中反映有“在标列尺寸方面的确是一部原则的书，在权衡比例上则有计算的程式，其主要目的在算料”。

在20世纪50年代初期，我国吸收和引进了前苏联的建设经验和管理方法，首先在工业和建筑业等产业部门中重视利用定额管理，并逐步建立了各种管理制度。定额管理经历了一个从无到有、建立发展到削弱倒退、整顿发展到改革完善的曲折过程。改革开放以来，从社会主义市场经济的建立出发，借鉴或引进国外成功经验和国际惯例逐步建立起规范、有序的工程建设定额体系，为我国工程造价的科学化、规范化奠定了基础。

3.1.3 工程定额体系

1．按定额反映的生产要素消耗内容分类

可以把工程建设定额划分为劳动消耗定额、机械消耗定额和材料消耗定额3种。

(1) 劳动定额。

劳动定额是指完成一定数量的合格产品（工程实体或劳务）规定活劳动消耗的数量标准。劳动定额的主要表现形式是时间定额，但同时也表现为产量定额。时间定额与产量定额互为倒数。

(2) 材料消耗定额。

材料消耗定额简称材料定额，是指完成一定数量的合格产品所需消耗的原材料、成品、半成品、构配件、燃料以及水、电等动力资源的数量标准。

(3) 机械消耗定额。

机械消耗定额是指为完成一定数量的合格产品（工程实体或劳务）所规定的施工机械消耗的数量标准。机械消耗定额的主要表现形式是机械时间定额，同时也以产量定额表现。

2．按定额的编制程序和用途分类

(1) 施工定额。

施工定额是完成一定计量单位的某一施工过程或基本施工工序所需消耗的人工、材料和机械台班数量标准。施工定额的项目划分很细，是工程定额中分项最细、定额子目最多的一种定额，是工程定额中的基础性定额。

(2) 预算定额。

预算定额是在正常施工条件下完成一定计量单位合格分项工程和结构构件所需消耗的人工、材料、施工机械台班数量及其费用标准。预算定额是一种计价性定额。预算定额是以施工定额为基础综合扩大编制的，同时它也是编制概算定额的基础。

(3) 概算定额。

概算定额是完成单位合格扩大分项工程或扩大结构构件所需消耗的人工、材料和施工机械台班的数量及其费用标准，是计价性定额。概算定额是编制扩大初步设计概算、确定建设项目投资额的依据。

(4) 概算指标。

概算指标以单位工程为对象，反映完成一个规定计量单位建筑安装产品的经济消耗指标。概算指标是概算定额的扩大与合并，以更为扩大的计量单位来编制的。概算指标的内容包括劳动定额、机械台班及材料定额3个基本部分，同时还列出了各结构分部的工程量及单位建筑工程的造价，是计价性定额。

(5) 投资估算指标。

投资估算指标是以建设项目、单项工程、单位工程为对象，反映建设总投资及其各项费用构成的经济指标。它是在项目建议书和可行性研究阶段编制投资估算、计算投资需要量时相适应的一种定额。它的概略程度与可行性研究阶段相适应。

各种定额间的关系与比较见表3.1。

表 3.1　各种定额间的关系与比较

定额类别	施工定额	预算定额	概算定额	概算指标	投资估算指标
对象	工序	分项工程	扩大的分项工程	整个建筑物或构筑物	独立的单项工程或完整的工程项目
用途	编制施工预算	编制施工图预算	编制扩大初步设计概算	编制初步设计概算	编制投资估算
项目划分	最细	细	较粗	粗	很粗
定额水平	平均先进	平均	平均	平均	平均
定额性质	生产性定额	计价性定额			

3. 按照专业划分

按照专业划分，定额可以分为建筑工程定额和安装工程定额。

(1) 建筑工程定额按专业对象分为建筑及装饰工程定额、房屋修缮工程定额、市政工程定额、铁路工程定额、公路工程定额、矿山井巷工程定额等。

(2) 安装工程定额按专业对象分为电气设备安装工程定额、机械设备安装工程定额、热力设备安装工程定额、通信设备安装工程定额、化学工业设备安装工程定额、工业管道安装工程定额、工艺金属结构安装工程定额等。

4. 按照主编单位和管理权限分类

(1) 全国统一定额是由国家建设行政主管部门综合全国工程建设中技术和施工组织管理的情况编制，并在全国范围内适用的定额。

(2) 行业统一定额，考虑到各行业部门专业工程技术的特点，只在本行业和相同专业性质的范围内适用。

(3) 地区统一定额，包括省、自治区、直辖市定额。

(4) 企业定额是施工单位根据本企业的施工技术、机械装备和管理水平编制的人工、施工机械台班和材料等的消耗标准。企业定额在企业内部使用。

(5) 补充定额。

3.2　建设工程定额

工程定额是在合理的劳动组织和合理的使用材料与机械的条件下，完成一定计量单位合格建筑产品所消耗资源的数量标准。工程定额是一个综合概念，是建设工程造价计价和管理中各类定额的总称。

3.2.1　施工定额

施工定额包括劳动定额、材料消耗定额和机械台班使用定额 3 部分。

①劳动定额，即人工定额，是指在先进合理的施工组织和技术措施的条件下，完成合格的单位建筑安装产品所需要消耗的人工数量。它通常以劳动时间（工日或工时）来表示。劳动定额是施工定额的主要内容，主要表示生产效率的高低，劳动力的合理运用，劳动力和产品的关系以及劳动力的配备情况。

②材料消耗定额。在节约、合理地使用材料的条件下，完成合格的单位建筑安装产品所必须消耗的材料数量。主要用于计算各种材料的用量，其计量单位为千克、米等。

③机械台班使用定额。机械台班使用定额分为机械时间定额和机械产量定额两种。在正确的施工组织与合理地使用机械设备的条件下，施工机械完成合格的单位产品所需的时间为机械时间定

额，其计量单位通常以台班或台时来表示。在单位时间内，施工机械完成合格的产品数量则称为机械产量定额。

施工定额是施工企业组织生产和加强管理在企业内部使用的一种定额，属于企业定额的性质。施工定额是以同一性质的施工过程——工序作为编制对象，表示生产产品数量与生产要素消耗综合关系的定额。为了适应组织生产和管理的需要，施工定额的项目划分很细，是工程定额中分项最新、定额子目最多的一种定额，也是工程定额中的基础性定额。

1. 施工过程

施工过程指在建设工地范围内所进行的生产过程。根据施工过程组织上的复杂程度，可以分解为工序、工作过程和综合工作过程。在编制施工定额时，工序是基本的施工过程，是主要的研究对象，其目的是确定单位施工产品所需要的作业时间消耗。施工过程研究是制定和推行施工定额必要的基础和条件。

(1) 工序是在组织上不可分割的，在操作过程中技术上属于同类的施工过程。工序的特征是：工作者不变，劳动对象、劳动工具和工作地点也不变。工序是工艺方面最简单的施工过程。在编制施工定额时，工序是基本的施工过程，是主要的研究对象。

(2) 工作过程是由同一工人或同一小组所完成的在技术操作上相互有机联系的工序的综合体。

(3) 综合工作过程是同时进行的，在组织上有机地联系在一起，并且最终能获得一种产品的施工过程的总和。

2. 按工作时间分类

通过研究施工中的工作时间来确定时间定额与产量定额，对工作时间按其消耗性质分类，以便研究工时消耗的数量及其特点。工作时间分为工人工作时间的消耗和机械工作时间的消耗。

(1) 工人工作时间的消耗的分类。

工人在工作班组内消耗的工作时间分为两类，即必须消耗的时间和损失时间。工人工作时间分类如图 3.1 所示。

①必须消耗的时间是工人在正常施工条件下，为完成一定合格产品所消耗的时间，是制定定额的主要依据，包括有效工作时间、不可避免的中断时间和休息时间。

a. 有效工作时间。有效工作时间是从生产效果来看与产品生产直接有关的时间消耗。其中包括基本工作时间、辅助工作时间、准备与结束工作时间的消耗。

基本工作时间是工人完成能生产一定产品的施工工艺过程所消耗的时间。

辅助工作时间是为保证基本工作能顺利完成所消耗的时间。

准备与结束工作时间是执行任务前或任务完成后所消耗的工作时间。

b. 不可避免的中断时间是由于施工工艺特点引起的工作中断所必需的时间。

c. 休息时间是工人在工作过程中为恢复体力所必需的短暂休息和生理需要的时间消耗。

②损失时间。损失时间与产品生产无关，而与施工组织和技术上的缺点有关，与工人在施工过程中个人过失或某些偶然因素有关。损失时间包括多余和偶然工作、停工、违背劳动纪律所引起的工时消耗。

a. 多余工作，就是工人进行了任务以外的工作而又不能增加产品数量的工作。从偶然工作的性质看，在定额中不应考虑它所占用的时间。偶然工作也是工人在任务外进行的工作，但是由于偶然工作能获得一定产品，拟定定额时要适当考虑它的影响。

b. 停工时间是工作班内停止工作造成的工时损失。非施工本身造成的停工时间，是由于水源、电源中断引起的停工时间。前一种情况在拟定定额时不应该计算，后一种情况定额中则应给予合理的考虑。

c. 违背劳动纪律造成的工作时间消耗，指工人在工作班开始和午休后的迟到、午饭前和工作班结束前的早退、擅自离岗、办私事等造成的工时损失。个别工人违背劳动纪律而影响其他人无法工作的时间损耗，也包含在内。

工人工作时间分类如图 3.1 所示。

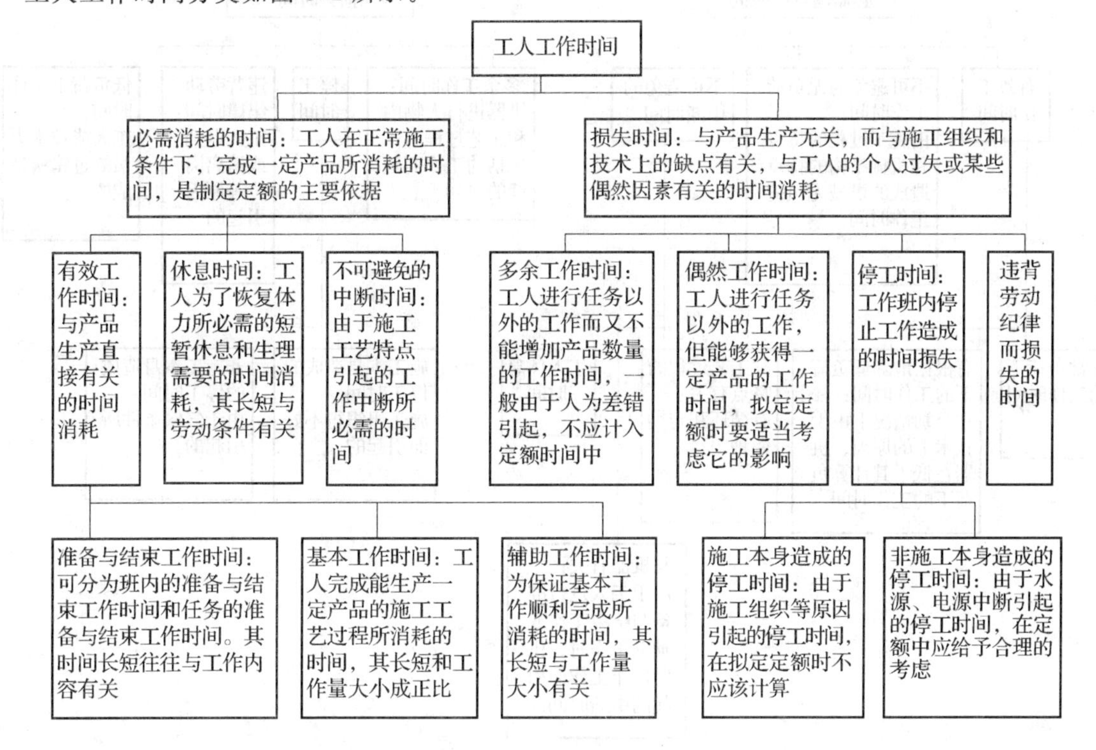

图 3.1　工人工作时间分类

(2) 机器工作时间的消耗的分类。

机器工作时间也分为必须消耗的时间和损失时间两大类。

①在必须消耗的工作时间里，包括有效工作、不可避免的无负荷工作和不可避免的中断 3 项时间消耗。

a. 有效工作的时间消耗又包括在正常负荷下或在有根据地降低负荷下工作的工时消耗。

b. 正常负荷下的工作时间，是机器在与机器说明书规定的计算负荷相符的情况下进行工作的时间。

c. 有根据地降低负荷下的工作时间，是在个别情况下由于技术上的原因，机器在低于其计算负荷下工作的时间。

②不可避免的无负荷工作时间，是由施工过程的特点和机械结构的特点造成的机械无负荷工作时间。

③不可避免的中断工作时间，是与工艺过程的特点、机器的使用和保养、工人休息有关，所以它又可以分为 3 种。

与工艺过程的特点有关的不可避免中断工作时间，有循环的和定期的两种。循环的不可避免中断，是在机器工作的每个循环中重复一次。定期的不可避免中断，是经过一定时期重复一次。

机器有关的不可避免的中断工作时间，是由于工人进行准备与结束工作或辅助工作时，机器停止工作而引起的中断工作时间。

工人休息时间，应尽量利用与工艺过程有关的和与机器有关的不可避免的中断时间进行休息，以充分利用工作时间。

(3) 损失的工作时间，包括多余工作、停工和违背劳动纪律所消耗的工作时间。

①机器的多余工作时间，是机器进行任务内和工艺过程内未包括的工作而延续的时间。

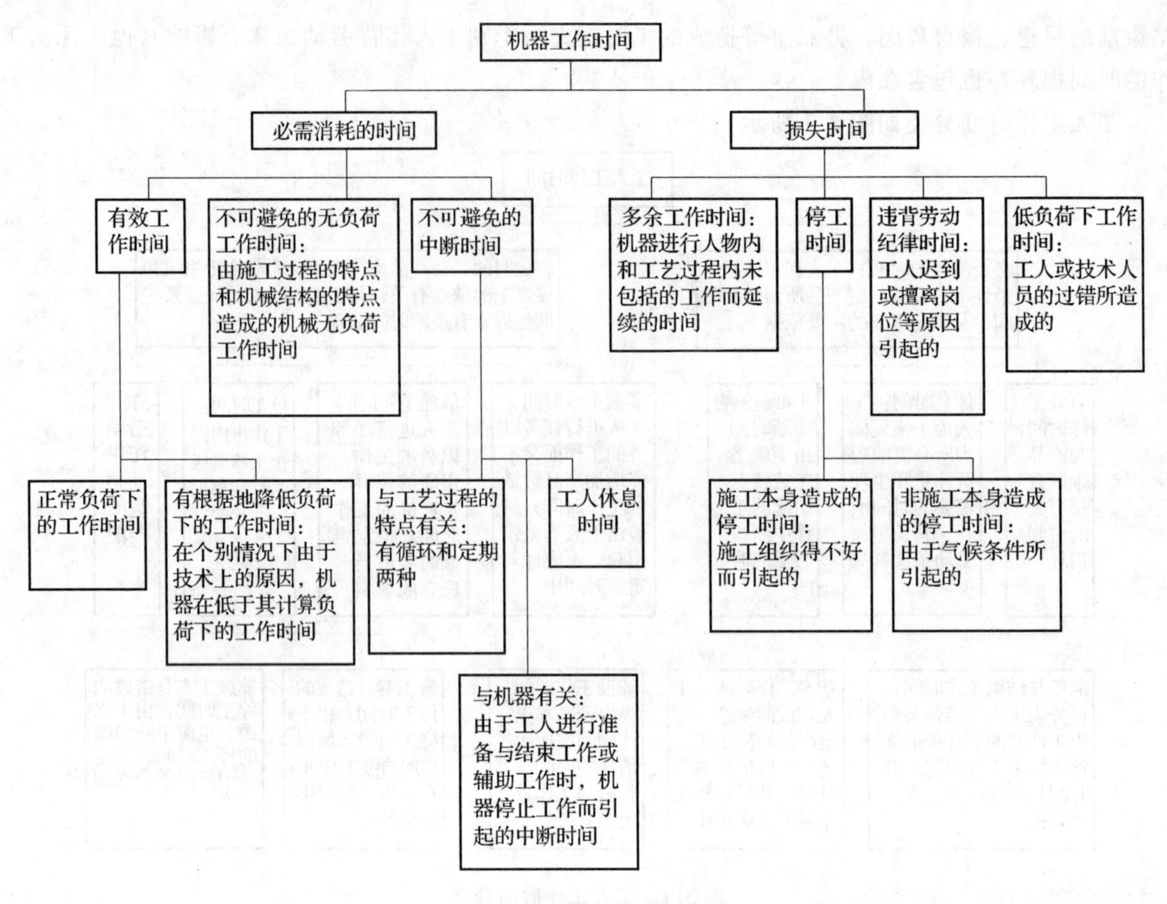

图 3.2　机械工作时间分类

②机器的停工时间，按其性质也可分为施工本身造成和非施工本身造成的停工。

③违反劳动纪律引起的机器的时间损失，是指由于工人迟到、早退或擅离岗位等原因引起的机器停工时间。

④低负荷下的工作时间，是由于工人或技术人员的过错所造成的施工机械在降低负荷的情况下工作的时间。此项工作时间不能作为计算时间定额的基础。

3. 测定时间消耗的基本方法——计时观察法

(1) 计时观察法的含义和用途。

计时观察法，是研究工作时间消耗的一种技术测定方法。在机械水平不太高的建筑施工中得到了较为广泛的应用。

在施工中运用计时观察法的主要目的是：查明工作时间消耗的性质和数量；查明和确定各种因素对工作时间消耗数量的影响；找出工时损失的原因和研究缩短工时、减少损失的可能性。

计时观察法的具体用途：

①取得编制施工的劳动定额和机械定额所需要的基础资料和技术根据。

②研究先进工作法和先进技术操作对提高劳动生产率的具体影响，并应用和推广先进工作法和先进技术操作。

③研究减少工时消耗的潜力。

④研究定额执行情况，包括研究大面积、大幅度超额和达不到定额的原因，积累资料和反馈信息。

计时观察法的特点是能够把现场工时消耗情况和施工组织技术条件联系起来加以考察。计时观察法的局限性是考虑人为因素不够。

（2）计时观察方法的类别。

对施工过程进行观察、观测时，计算实物和劳务产量，记录施工过程所处的施工条件和确定影响工时消耗的因素，是计时观察法的 3 项主要内容和要求。计时观察法的种类很多，其中最主要的有以下 3 种。

①测时法。测时法主要适用于测定那些定时重复的循环工作的工时消耗，是精确度比较高的一种计时观察法。测时法有选择测时法和接续法测时法两种 。

②写实记录法。写实记录法是一种研究各种性质的工作时间消耗的方法。采用这种方法，可以获得分析工作时间消耗的全部资料，是一种值得提倡的方法。写实记录法按记录时间的方法不同分为数示法写实记录、图示法写实记录及混合法写实记录 3 种。

a. 数示法。数示法是指测定时直接用数字记录时间的方法。这种方法可同时对两个以内的工人进行测定，适用于组成部分较少而且较稳定的施工过程。记录时间的精确度为 5～10 s。观察的时间应记录在数示法写实记录表中。

b. 图示法。图示法是用图表的形式记录时间。记录时间的精确度可达 0.5～1 min，适用于观察 3 个以内的工人共同完成某一产品的施工过程。此种方法记录时间与数示法写时记录比较有许多优点（记录技术简单，时间记录一目了然，原始记录整理方便），因此，在实际工作中，图示法写时记录较数示法写时记录的使用更为普遍。

c. 混合法。混合法吸取了图示法写时记录和数示法写时记录的优点，用图示法写时记录的表格记录所测施工过程各组成部分的延续时间，而完成每一组成部分的工人个数则用数字予以表示。该方法适用于同时观察 3 个以上工人工作时的集体写时记录。

③工作日写实法。工作日写实法是一种研究整个工作班内的各种工时消耗的方法。

运用工作日写实法主要有两个目的：一是取得编制定额的基础资料；二是检查定额的执行情况，找出缺点，改进工作。查明熟练工人是否能发挥自己的专长，确定合理的小组编制和合理的小组分工；确定机器在时间利用和生产率方面的情况，找出使用不当的原因，制定出改善机器使用情况的技术组织措施；计算工人或机器完成定额的实际百分比和可能百分比。

工作日写实法和测时法、写实记录法比较，具有技术简便、费力不多、应用面广和资料全面的优点。在我国是一种采用较广的编制定额的方法。

4. 确定人工定额消耗量的方法

时间定额和产量定额是人工定额的两种表现形式。拟定出时间定额，也就可以计算出产量定额。

时间定额是在拟定基本工作时间、辅助工作时间、不可避免的中断时间、准备与结束的工作时间以及休息时间的基础上制定的。

基本工作时间消耗一般应根据计时观察资料来确定。

辅助工作和准备及结束工作时间的确定方法与基本工作时间相同。

利用工时规范计算时间定额用下列公式：

$$\text{作业时间}=\text{基本工作时间}+\text{辅助工作时间} \tag{3.1}$$

$$\text{规范时间}=\text{准备与结束工作时间}+\text{不可避免的中断时间}+\text{休息时间} \tag{3.2}$$

$$\text{工序作业时间}=\text{基本工作时间}\times\text{辅助工作时间}=\frac{\text{基本工作时间}}{1-\text{辅助时间}\%} \tag{3.3}$$

$$\text{定额时间}=\frac{\text{作业时间}}{1-\text{规范时间}\%} \tag{3.4}$$

【例 3.1】 人工挖二类土 1 m^3 的基本工作时间为 6 h，辅助工作时间占工序作业时间的 2%。准备与结束时间、不可避免的中断时间、休息时间分别占工作日的 3%、2%、18%。则该人工挖二类土的时间定额为多少？

解　基本工作时间＝6 h＝0.75（工日/m^3）

$$工序作业时间=\frac{0.75}{1-2\%}=0.765（工日/m^3）$$

$$时间定额=\frac{0.765}{1-3\%-2\%-18\%}=0.994（工日/m^3）$$

5. 确定机械台班定额消耗量的基本方法

（1）确定机械1 h纯工作正常生产率。

机械纯工作时间，就是指机械的必须消耗时间。机械1 h纯工作正常生产率，就是在正常施工组织条件下，具有必需的知识和技能的技术工人操作机械1 h的生产率。

①对于循环动作机械，确定机械纯工作1 h正常生产率的计算公式为

$$机械一次循环的正常延续时间=\sum（循环各组成部分正常延续时间）-交叠时间$$

$$确定机械纯工作1\text{ h}循环次数=\frac{60\times60}{一次循环的正常延续时间}$$

$$机械纯工作1\text{ h}正常生产率=确定机械纯工作1\text{ h}循环次数\times一次循环生产数量$$

②对于连续动作机械，确定机械纯工作1 h正常生产率计算公式为

$$连续动作机械纯工作1\text{ h}正常生产率=\frac{工作时间内生产的产品数量}{工作时间}$$

（2）确定施工机械的正常利用系数。

机械正常利用系数指机械在工作班内对工作时间的利用率。机械的利用系数和机械在工作班内的工作状况有密切关系。其计算公式为

$$机械正常利用系数=\frac{机械在一个班内纯工作时间}{一个工作延续时间（为8\text{ h}）}$$

（3）计算施工机械台班定额。

计算施工机械的产量定额公式为

$$施工机械台班产量定额=机械1\text{ h}纯工作正常生产率\times工作班纯工作时间\tag{3.5}$$

或　$$施工机械台班产量定额=机械1\text{ h}纯工作正常生产率\times工作班延续时间\times机械正常利用系数$$

$$施工机械时间定额=\frac{1}{机械台班产量定额指标}\tag{3.6}$$

【例3.2】 已知某挖土机挖土的一次正常循环工作时间是2 min，每循环工作一次挖土0.5 m^3，工作班的延续时间为8 h，机械正常利用系数为0.8，则其产量定额为（　　）m^3/台班。

解　本题考查施工机械台班定额消耗量的确定方法。

$$产量定额=(60\div2)\times0.5\times8\times0.8=96（m^3/台班）$$

6. 确定材料定额消耗量的基本方法

（1）根据材料消耗的性质，施工中材料的消耗可分为必须的材料消耗和损失的材料两类性质。

必须消耗的材料是指在合理用料的条件下，生产合格产品所需消耗的材料。它包括直接用于建筑和安装工程的材料，不可避免的施工废料，不可避免的材料损耗。

（2）根据材料消耗与工程实体的关系划分为实体材料和非实体材料。

实体材料直接构成工程实体，包括工程直接性材料和辅助材料。工程直接性材料主要指一次性消耗、直接用于工程上构成建筑物或结构本体的材料，如钢筋、水泥、砂等。辅助性材料主要是指施工工程所必需的，但不构成建筑物或构筑物本体的材料，如爆破工程所需的炸药、雷管等。

（3）确定材料消耗量的基本方法。

①利用现场技术测定法，根据对材料消耗过程的测定与观察，通过完成产品数量和材料消耗量的计算，确定各种材料消耗定额的一种方法。

②利用实验室试验法，主要用于编制材料净用量定额。给编制材料消耗定额提供有技术根据的、比较精确的计算数据。但其取得的数据无法估计。

③采用现场统计法，以施工现场积累的分部分项工程使用材料数量、完成产品数量、完成工作原材料的剩余数量等资料为基础，经过整理分析，获得材料消耗数据。其缺点是不能分清材料消耗的性质，不能作为缺点材料净用量定额和材料损耗定额的依据，只能作为编制定额的辅助性方法使用。

④标准砖用量的计算。1 m^3 砖墙的用砖量和砌筑砂浆的用量，用公式计算表示为

$$1\ m^3\text{砖墙体中砖的净用量}=\frac{2\times\text{墙厚的砖数}}{\text{墙厚}\times(\text{砖长}+\text{灰缝})\times(\text{砖厚}+\text{灰缝})}$$

$$\text{砂浆用量}=1-\text{砖数}\times\text{砖块体积}$$

【例 3.3】 1 m^3 砖厚砖墙中，若材料为标准砖（240 mm×115 mm×53 mm），灰缝厚度为 10 mm，砖损耗率为 2%，砂浆损耗率为 1%，则砂浆消耗量为（　　）m^3。

解

$$1\ m^3\text{砖墙体中砖的净用量}=\frac{2\times\text{墙厚的砖数}}{\text{墙厚}\times(\text{砖长}+\text{灰缝})\times(\text{砖厚}+\text{灰缝})}=\frac{2\times1}{0.24\times(0.24+0.01)\times(0.053+0.01)}=529.10\ (\text{块})$$

则

$$1\ m^3\text{砖墙体中砂浆的净用量}=1-529.10\times(0.24\times0.115\times0.053)=0.226\ (m^3)$$

$$1\ m^3\text{砖墙体中砂浆的消耗量}=0.226\times(1+1\%)=0.228\ (m^3)$$

关键要点：对于1砖厚砖墙，[墙厚×（砖长＋灰缝）×（砖厚＋灰缝）]是两块砖所占的体积。

3.2.2 预算定额

1. 预算定额的概念

预算定额，是指在正常的施工条件下，完成一定计量单位合格分项工程和结构构件所需要消耗的人工、材料、机械台班数量及其相应费用标准。

2. 预算定额的作用

(1) 预算定额是编制施工图预算、确定建筑安装工作造价的基础。

(2) 预算定额是编制施工组织设计的依据。

(3) 预算定额是工程结算的依据。

(4) 预算定额是施工单位进行经济活动分析的依据。

(5) 预算定额是编制概算定额的基础。

(6) 预算定额是合理编制招标标底、投标报价的基础。

3. 预算定额的编制原则、依据和步骤

(1) 预算定额的编制原则。

①按社会平均水平确定预算定额的原则。即按照“在现有的社会正常的生产条件下，在社会平均的劳动熟练程度和劳动强度下制造某种使用价值所需要的劳动时间”来确定定额水平。所谓预算定额的平均水平，是在正常的施工条件、合理的施工组织和工艺条件、平均劳动熟练程度及劳动强度下，完成单位分项工程基本构造要素所需的劳动时间。

预算定额的水平以施工定额水平为基础。预算定额中包含了更多的可变因素，需要保留合理的幅度差。预算定额是平均水平，施工定额是平均先进水平。所以两者相比，预算定额水平要相对低一些。

②简明适用原则。编制预算定额对于那些主要的、常用的、价值量大的项目，分项工程划分也

细；次要的、不常用的、价值量相对较小的项目则可以粗些。要注意补充那些因采用新技术、新结构、新材料而出现的新的定额项目。合理确定预算定额的计量单位，简化工程量的计算，尽可能地避免同一种材料用不同的计量单位和一量多用，尽量减少定额附注和换算系数。

③坚持统一性和差别性相结合原则。所谓统一性，就是从培育全国统一市场规范计价行为出发。

所谓差别性，就是在统一性基础上，各部门和省、自治区、直辖市主管部门可以在自己的管辖范围内，根据本部门和地区的具体情况，制定部门和地区性定额、补充性制度和管理办法。

（2）预算定额的编制依据。

①现行劳动定额和施工定额。预算定额是在现行劳动定额和施工定额的基础上编制的。预算定额中人工、材料、机械台班消耗水平，需要根据劳动定额或施工定额确定；预算定额的计量单位要参考施工定额来确定。

②现行设计规范、施工及验收规范、质量评定标准和安全操作规程。

③具有代表性的典型工程施工图及有关标准图。

④新技术、新结构、新材料和先进的施工方法等。

⑤有关科学实验、技术测定的统计及经验资料。

⑥现行的预算定额、材料预算价格及有关文件规定等。

（3）预算定额的编制步骤。

①准备工作阶段。拟定编制方案，调抽人员根据专业需要划分编制小组和综合组。

②收集资料阶段。普遍收集资料；专题座谈会；收集现行规定、规范和政策法规资料；收集定额管理部门积累的资料；专项查定及实验。

③定额编制阶段。确定编制细则；确定定额的项目划分和工程量计算规则；定额人工、材料、机械台班耗用量的计算、复核和测算。

④定额报批阶段。审核定稿；预算定额水平测算。

⑤修改定稿、整理资料阶段。印发征求意见；修改整理报批；撰写编制说明；立档、成卷。

4. 预算定额中人工工日消耗量的计算

（1）预算定额中的人工工日消耗量是指在正常施工条件下，生产单位合格产品所必须消耗的人工工日数量，由分项工程所综合的各个工序劳动定额包括的基本用工和其他用工两部分组成。

①基本用工。基本用工指完成单位合格产品所必须消耗的技术工种用工。按技术工种相应劳动定额工时定额计算，以不同工种列出定额工日。基本用工包括：

a. 完成定额计量单位的主要用工，按综合取定的工程量和相应劳动定额进行计算。

$$\text{基本用工}=\sum(\text{综合取定的工程量}\times\text{劳动定额})$$

b. 按劳动定额规定应增减计算的用工量。由于预算定额是在施工定额的基础上综合扩大，包含的工作内容较多，施工的工效视具体部位不同，需要另外增加人工消耗，而这种人工消耗属于基本用工。

②其他用工。其他用工包括超运距用工、辅助用工和人工幅度差。

a. 超运距用工。超运距用工指预算定额的平均水平运距超过劳动定额规定水平运距部分。

$$\text{超运距}=\text{预算定额取定运距}-\text{劳动定额已包括的运距}$$

$$\text{超运距用工}=\sum(\text{超运距材料数量}\times\text{时间定额})$$

b. 辅助用工。辅助用工指技术工种劳动定额内不包括而在预算定额内又必须考虑的用工。

$$\text{辅助用工}=\sum(\text{材料加工数量}\times\text{相应的加工劳动定额})$$

c. 人工幅度差。人工幅度差指在劳动定额作业时间之外，在预算定额应考虑的正常施工条件下所发生的各种工时损失。其内容如下：各工种间的工序搭接及交叉作业互相配合或影响所发生的停歇用工；施工机械在单位工程之间转移及临时水电线路移动所造成的停工；质量检查和隐蔽工程验收工作的影响；班组操作地点转移用工；工序交接时对前一工序不可避免的修整用工；施工中不可避免的其他零星用工。

人工幅度差=（基本用工+辅助用工+超运距用工）×人工幅度差系数　　(3.7)

式中，人工幅度差系数一般为10%～15%。

5. 材料消耗量的计算

材料消耗量指完成单位合格产品所必须消耗的材料数。材料消耗量的计算方法主要有：

①凡有标准规格的材料，按规范要求计算定额计量单位耗用量，如块料面层、砌块等。

②凡设计图纸标注尺寸及下料要求的按设计图纸尺寸计算材料净用量。门窗的制作按照门洞的面积计算。

③换算法。各种胶结、涂料等材料的配合比用料，可以根据要求换算，得出材料用量。

④测定法。测定法包括试验室试验法和现场观察法。

材料损耗量指在正常施工条件下不可避免的材料损耗，如现场内材料运输损耗及施工操作过程中的损耗等。

$$材料损耗率=\frac{损耗量}{净用量}\times 100\%$$

材料损耗量=材料净用量×损耗率　　(3.8)

材料消耗量=材料净用量+损耗量　　(3.9)

或　　材料消耗量=材料净用量×（1+损耗率）

6. 机械台班消耗量的计算

预算定额的机械台班消耗量指在正常施工条件下，生产单位合格产品必须消耗的某种型号施工机械台班数量。

根据施工定额确定机械台班消耗量的计算公式为

预算定额机械耗用台班=施工定额机械耗用台班×（1+机械幅度差系数）

机械台班幅度差是指在施工定额中所规定的范围之外，而在实际施工中又不可避免地影响机械使用的时间。其内容为：

①施工机械转移工作面及配套机械相互影响损失的时间。

②在正常施工条件下，机械在施工中不可避免的工序间歇。

③工程开工或收尾时工作量不饱满所损失的时间。

④检查工程质量影响机械操作的时间。

⑤临时停机、停电影响机械操作的时间。

⑥机械维修引起的停歇时间。

⑦以现场测定资料为基础确定机械台班消耗量。

7. 预算定额的应用

(1) 预算定额的直接套用。当施工图的设计要求与预算定额的项目内容一致时，可以直接套用预算定额计算直接工程费。套用时要注意以下几点：

①根据施工图、设计说明和工程做法，选定各项目。

②要从工程内容、技术特点和施工方法上仔细核对，以便较准确地确定相对应的定额子目。

③分项工程的名称和计量单位要与预算定额一致。

(2) 预算定额的换算。当施工图中的分项工程项目不能直接套用预算定额时就要用到定额换算。

①换算的原则。

a. 定额的砂浆、混凝土的强度等级，如果设计与定额不同，则允许按混凝土、砂浆配合比定额进行换算，但配合比中的各种材料用量不得调整。

b. 定额中的抹灰项目已经考虑了常用厚度，各层砂浆的厚度一般不做调整，但砂浆配合比不同时可以换算。

c. 必须按定额的各项规定进行划算。

②预算定额的换算类型。

a. 砂浆换算。即砌筑砂浆换算强度等级；抹灰砂浆换算配合比及砂浆的种类。

b. 混凝土换算。即构件混凝土、楼地面混凝土的强度等级、混凝土的类型的换算。

c. 系数换算。按规定对定额中的人工费、材料费、机械使用费乘以各种系数的换算。

d. 其他换算。除上述 3 种情况以外的定额换算。

③换算方法解析。定额换算的基本思路是：根据选定预算定额的基价，按规定换入增加的费用，减去换出扣除的费用。其计算公式为

换算后的定额基价＝原定额基价＋换入价－换出价 (3.10)

a. 砌筑砂浆换算。

换算原因：当设计图纸要求的砌筑砂浆强度等级与预算定额中砌筑砂浆强度等级不一致时，就需要换算砂浆强度等级，求出新的定额基价。

换算特点：由于砂浆用量不变，所以人工费、机械费用不变，因而只换算砂浆强度等级和调整砂浆材料费。

砌筑砂浆的换算公式为

换算后定额基价 ＝原定额基价＋砌筑砂浆定额消耗量 ×（换入砂浆基价－换出砂浆基价） (3.11)

【例 3.4】M7.5 混合砂浆砌筑 1.5 砖外墙。

解 选用 09 内蒙古自治区建筑工程预算定额 t-337，09 混凝土及砂浆配合比价格 M7.5 砌筑砂浆。

换算后定额基价＝2 143.65＋2.4×（117.92 － 115.27）＝2 150.01（元/10 m^3）

换算后材料用量（每 10 m^3 砌体）42.5 级（MPa）水泥：2.4 × 0.229 ＝ 0.55（t）

中粗砂：2.4 × 1.02 ＝ 2.45（m^3）

b. 抹灰砂浆换算。

换算原因：当设计图纸要求的抹灰砂浆配合比或砂浆种类与预算定额中抹灰砂浆配合比或砂浆种类不一致时，就需要换算，求出新的定额基价。

换算特点：当抹灰厚度和砂浆的种类不变而只换算配合比及砂浆的种类时，人工费、机械费不变，仅调整材料费。

抹灰砂浆的换算公式为

换算后定额基价 ＝原定额基价＋抹灰砂浆消耗量 ×（换入砂浆基价－换出砂浆基价） (3.12)

c. 构件混凝土换算。

换算原因：当设计要求混凝土构件采用混凝土强度等级与预算定额中混凝土构件的混凝土强度等级不一致时，需要换算。

换算特点：混凝土消耗量不变，人工费、机械费不变，只换算混凝土的强度等级。

构件混凝土的换算公式为

换算后定额基价 ＝原定额基价＋定额混凝土消耗量 ×（换入混凝土基价－换出混凝土基价） (3.13)

d. 乘系数换算。

乘系数换算是指在使用某些预算定额项目时，定额的一部分或全部乘以规定的系数。例如，09内蒙古自治区预算定额砌筑工程中的说明第9条“砌筑弧形石砌体基础、墙（含砖石混合砌体、轻质砌体）”按定额项目人工乘以系数1.1。

系数换算公式为

$$换算后定额基价 = 原定额基价 + 定额人工（或定额机械）\times（系数-1） \quad (3.14)$$

④其他换算，是不属于上述几种换算情况的定额计价换算。

3.2.3 概算定额

1. 概算定额的概念

概算定额是指在预算定额的基础上，确定完成合格产品的单位扩大分项工程或单位扩大结构构件所消耗的人、材料和施工机械台班的数量标准及其费用标准。

2. 概算定额的作用

概算定额和概算指标由省、市自治区是在预算定额的基础上组织编写的，分别由主管部门审批，报国家计划委员会备案。概算定额的主要作用如下：

(1) 是初步设计阶段编制概算、扩大初步设计阶段编制修正概算的主要依据。

(2) 是初步设计项目进行技术经济分析比较的基础资料之一。

(3) 是建设工程主要材料计划编制的依据。

(4) 是控制施工图预算的依据。

(5) 是施工企业在准备施工期间，编制施工组织总设计或总规划时，对伸长要素提出需要量计划的依据。

(6) 是工程结束后，进行竣工决算和评价的依据。

(7) 是编制概算指标的依据。

3. 概算定额的编制原则和编制依据

(1) 编制原则。概算定额的编制原则是社会平均水平和简明适用的原则。概算定额的内容和深度是以预算定额为基础的综合扩大。

(2) 编制依据。

①现行的设计规范、施工验收技术规范和各类工程预算定额。

②具有代表性的标准设计图纸和其他设计资料。

③现行的人工工资标准、材料价格、机械台班单价及其他的价格资料。

4. 概算定额的应用规则

(1) 符合概算定额的应用范围。

(2) 工程内容、计量单位及综合程度与概算定额一致。

(3) 必要的调整和换算应严格按定额的文字说明和附录进行。

(4) 避免重复计算和漏项。

(5) 参考预算定额的应用规则。

5. 概算定额手册的内容

(1) 文字说明部分。文字说明部分包括总说明和分布说明。在总说明中，主要阐述概算定额的编制依据、使用范围、包括的内容及作用、应遵守的规则及建筑面积计算规则等。分部说明主要阐述本分部工程包括的综合工作内容及分部分项工程的工程量计算规则等。

(2) 定额项目表。定额项目表主要包括以下内容:

①定额项目的划分。

a. 按工程结构划分。按土石方、基础、墙、梁板柱、门窗楼地面、屋面、装饰、构筑物等工程结构划分。

b. 按工程部位划分。一般是按基础、墙体、梁柱、楼地面、屋盖、其他工程部位等划分。

②定额项目表示概算定额手册的主要内容由若干分节定额组成。定额表中列有定额编号、计量单位、概算价格、人工、材料、机械台班消耗量指标,综合了预算定额的项目和数量。现浇钢筋混凝土柱概算定额表见表3.2。

表3.2 现浇钢筋混凝土柱概算定额表

计量单位:10 m^3

概算定额编号				4-3		4-4	
项目		单位	单价/元	矩形柱			
				周长1.8 m以内		周长1.8 m以外	
				数量	合价	数量	合价
基准价		元			13 428.76		12 947.26
其中	人工费	元			2 116.40		1 728.76
	材料费	元			10 272.03		10 361.83
	机械费	元			1 040.33		856.67
合计工		工日	22.00	96.20	2 116.40	78.58	1 728.76
材料	中(粗)砂(天然)	t	35.81	9.494	339.68	8.817	315.74
	碎石5~20 mm	t	36.18	12.207	441.65	12.207	441.65
	石灰膏	m^3	98.89	0.221	20.75	0.155	14.55
	普通木成材	m^3	1 000.00	0.302	302.00	0.187	187.00
	圆钢(钢筋)	t	3 000.00	2.188	6 564.00	2.407	7 221.00
	组合钢模板	kg	4.00	64.416	257.66	39.848	159.39
	钢支撑(钢管)	kg	5.96	34.165	165.70	21.134	102.50
	零星卡具	kg	4.00	33.954	135.82	21.004	84.02
	铁钉	kg	5.96	3.091	18.62	1.912	11.40
	镀锌铁丝22#	kg	8.07	8.368	67.53	9.206	74.29
	电焊条	kg	7.84	15.644	122.65	17.212	134.94
	803涂料	kg	1.45	22.901	33.21	16.038	23.26
	水	m^3	0.99	12.700	12.57	12.300	12.21
	水泥42.5级	kg	0.25	664.459	166.11	517.117	129.28
	水泥32.5级	kg	0.30	4 141.200	1 242.36	4 141.200	1 242.36
	脚手架	元			196.00		90.60
	其他材料费	元			185.62		117.64
机械	垂直运输费	元			628.00		510.00
	其他运输费	元			412.33		346.67

工程内容:模板制作、安装、拆除,钢筋制作、安装,混凝土浇捣、抹灰、刷浆。

3.2.4 概算指标

1. 概算指标的概念

概算指标以统计指标的形式反映工程建设过程中生产单位合格工程建设产品所需资源消耗量的水平。它比概算定额更为综合和概括，通常是以整个建筑物和构筑物为对象，以建筑面积、体积或成套设备装置的台或组为计量单位，包括人工、材料和机械台班的消耗量标准和造价指标。

2. 概算指标的作用

(1) 概算指标可以作为编制投资估算的参考。

(2) 概算指标中的主要材料指标可作为匡算主要材料用量的依据。

(3) 概算指标是设计单位进行设计方案比较，建设单位选址的一种依据。

(4) 概算指标是编制固定资产投资计划，确定投资额的主要依据。

3. 概算指标的编制原则

(1) 按平均水平确定概算指标的原则。在我国社会主义市场经济条件下，概算指标作为确定工程造价的依据，同样必须遵照价值规律的客观要求，在其编制时必须按社会必要劳动时间，贯彻平均水平的编制原则，只有这样才能使概算指标合理确定和控制工程造价的作用得到充分发挥。

(2) 概算指标的内容和表现形式，要贯彻简明适用的原则。为适应市场经济的客观要求，概算指标的项目划分应根据用途的不同，确定其项目的综合范围。遵循粗而不漏、适用面广的原则，体现综合扩大的性质。概算指标从形式到内容应简明易懂，要便于在采用时根据拟建工程的具体情况进行必要的调整换算，能在较大范围内满足不同用途的需要。

4. 概算指标的编制依据

以建筑工程为例，建筑工程概算指标的编制依据如下。

(1) 各种类型工程的典型设计和标准设计图纸。

(2) 现行建筑工程预算定额和概算定额。

(3) 当地材料价格、工资单价、施工机械台班费及间接费定额。

(4) 各种类型的典型工程结算资料。

(5) 国家及地区的现行工程建设政策、法令和规章。

5. 概算指标的编制步骤

以房屋建筑工程为例，概算指标可按以下步骤进行编制。

(1) 成立编制小组，拟订工作方案，明确编制原则和方法，确定指标的内容及表现形式，确定基价所依据的人工工资单价、材料预算价格及机械台班单价。

(2) 收集整理编制指标所必需的标准设计、典型设计以及有代表性的工程设计图纸、设计预算等资料，充分使用有价值的已经积累的工程造价资料。

(3) 按指标内容及表现形式的要求进行具体的计算分析，工程量尽可能利用经过审定的工程竣工结算的工程量，以及可以利用的可靠的工程量数据。由于原工程设计自然条件等的不同，必要时还要进行调整换算。按基价所依据的价格要求计算综合指标，并计算必要的主要材料消耗指标，用于调整价差的万元人工、材料、机械消耗指标，一般可按不同类型工程划分项目进行计算。

6. 概算指标的编制方法

下面以房屋建筑工程为例，介绍概算指标的编制过程。

(1) 计算工程数量。

首先要根据选择好的设计图纸，计算出每一结构构件或分部工程的工程数量。计算工程量的目的有两个：

①以 1 000 m^3 建筑体积为计算单位，换算出某种类型建筑物所含的各结构构件和分部工程量指标。

②根据工程量数据可以计算出人工、材料和机械的消耗量指标，计算出工程的单位造价。

因此，计算标准设计和典型设计的工程量，是编制概算指标的重要环节。

(2) 确定人工、材料、机械的消耗量和单位造价。

在计算工程量指标的基础上，确定人工、材料和机械的消耗量。其方法是按照所选择的设计图纸、现行的概预算定额、各类价格资料、编制单位工程概算或预算，并将各种人工、机械和材料的消耗量汇总，计算出人工、材料和机械的总用量。

最后再计算出每平方米建筑面积和每立方米建筑物体积的单位造价，计算出该计量单位所需要的主要人工、材料和机械实物消耗量指标，次要人工、材料和机械的消耗量，综合为其他人工、其他机械及其他材料，用金额元表示。

(3) 定稿报批。

对于经过上述编制方法确定和计算出的概算指标，要经过比较平衡、调整和水平测算对比以及试算修订，才能最后定稿报批。

7. 概算指标的分类和表现形式

(1) 概算指标的分类。

概算指标可分为两大类：一类是建筑工程概算指标，另一类是安装工程概算指标。

①建筑工程概算指标。

a. 一般土建工程概算指标。

b. 给排水工程概算指标。

c. 采暖工程概算指标。

d. 通信工程概算指标。

e. 电气照明工程概算指标。

f. 工业管道工程概算指标。

②设备安装工程概算指标。

a. 机器设备及安装工程概算指标。

b. 电气设备及安装工程概算指标。

c. 器具及生产家具购置费概算指标。

(2) 概算指标的表现形式。

概算指标在具体内容的表示方法上，分为综合概算指标和单项概算指标两种形式。

①综合概算指标。综合概算指标是按照工业或民用建筑及其结构类型而制定的概算指标。综合概算指标的概括性较大，其准确性、针对性不如单项概算指标。

②单项概算指标。单项概算指标是指为某种建筑物或构筑物而编制的概算指标。

3.2.5 企业定额

1. 企业定额的概念

企业定额是工程施工企业根据本企业的技术水平和管理水平，编制的完成单位合格产品所必需的人工、材料和施工机械台班消耗量以及其他生产经营要素消耗的数量标准。

企业定额反映企业的施工生产与生产消费之间的数量关系，是施工企业生产力水平的体现，每个企业均应拥有反映自己企业能力的企业定额。企业的技术和管理水平不同，企业定额的定额水平也就不同。

2. 企业定额的作用

(1) 企业定额是施工企业计算和确定工程施工成本的依据，是施工企业进行成本管理经济核算的基础。

(2) 企业定额是施工企业进行工程投标、编制工程投标报价的基础和主要依据。

(3) 企业定额是施工企业编制施工组织设计、制订施工计划和作业计划的依据。

3. 企业定额的编制原则

施工企业在编制企业定额时应依据本企业的技术能力和管理水平，以国家发布的预算定额或基础定额为参照和指导，测定计算完成分项工程或工序所必需的人工、材料和机械台班的消耗量，准确反映本企业的施工生产力水平。

4. 企业定额的现状

(1) 企业定额的编制需要大量的人力和物力，在编制过程中造价信息要发生变化，编制过程又要更改，最后只能放弃。

(2) 政府和企业都认识到企业定额的重要性，可是目前条件不成熟，并没有积极地推动企业定额的制定。

3.3 生产要素单价

生产要素单价是指建筑安装工程的人工、材料及机械台班单价。

3.3.1 人工单价

1. 人工单价的定义

人工单价是指一个建筑安装生产工人一个工作日在计价时应计入的全部人工费用。它反映了建筑安装生产工人的工资水平和一个工人在一个工作日中可以得到的报酬。合理确定人工工日单价是正确计算人工费和工程造价的前提和基础。

2. 影响人工单价的因素

影响建筑安装工人人工单价的因素主要有以下几点：

(1) 社会平均工资水平。社会平均工资水平取决于经济发展水平。由于经济的增长，社会平均工资也会增长，从而影响人工单价的提高。

(2) 生活消费指数。生活消费指数的提高会影响人工单价的提高，以减少生活水平的下降，或维持原来的生活水平。生活消费指数的变动决定于物价的变动，尤其决定于生活消费品物价的变动。

(3) 人工单价的组成内容。如果住房消费、医疗保险、失业保险等列入人工单价，则会使人工单价提高。

(4) 劳动力市场供需变化。

(5) 政府推行的社会保障和福利政策也会影响人工单价的变动。

3.3.2 材料单价

在建筑工程中，材料费占总造价的60%～70%，在金属结构工程中所占比重还要大。所以，合理确定材料价格构成，正确计算材料单价，有利于合理确定和有效控制工程造价。

1. 材料单价的构成

材料单价是指材料（包括构件、成品及半成品等）从其来源地（或交货地点、供应者仓库提货地点）到达施工工地仓库（施工地点内存放材料的地点）后出库的综合平均价格。材料单价由材料原价（或供应价格）、材料运杂费、运输损耗费以及采购保管费合计而成。此外在计价时，材料费中还包括单独列项计算的检验试验费。

$$材料费=\sum(材料消耗量\times材料单价)+检验试验费$$

2. 材料单价的编制依据和确定方法

材料单价是由材料原价（或供应价格）、材料运杂费、运输损耗费以及采购保管费组成。

（1）材料原价。

材料原价指国内采购材料的出厂价格，国外采购材料抵达买方边境、港口或车站并缴纳完各种手续费、税费后形成的价格。在确定原价时，同一种材料因来源地、交货地、供货单位、生产厂家不同而有几种价格时，根据不同来源地供货数量比例，采取加权平均的方法确定其综合单价。计算公式为

$$加权平均原价=\frac{K_1C_1+K_2C_2+\cdots+K_nC_n}{K_1+K_2+\cdots+K_n}$$

式中，K_1，K_2，…，K_n 为各不同供应地点的供应量或各不同使用地点的需求量；C_1，C_2，…，C_n 为各不同供应地点的供应的原价。

（2）材料运杂费。

材料运杂费指国内采购材料自来源地、国外采购材料自到岸港口运至工地仓库或指定地点发生的费用。含外埠中转运输过程中所发生的一切费用和过境过桥费用，包括调车和驳船费、装卸费、运输费及附加工作费。采用加权平均的方法计算材料运杂费。其计算公式为

$$加权平均运杂费=\frac{K_1T_1+K_2T_2+\cdots+K_nT_n}{K_1+K_2+\cdots+K_n}$$

式中，K_1，K_2，…，K_n 为各不同供应地点的供应量或各不同使用地点的需求量；T_1，T_2，…，T_n 为各不同运距的运费。

（3）运输损耗费。

在材料运输过程中应考虑一定的运输损耗费用。运输损耗指材料在运输装卸过程中不可避免的损耗。其计算公式为

$$运输损耗=(材料原价+运杂费)\times相应材料损耗率$$

（4）采购保管费。

采购及保管费指组织材料采购、检验、供应和保管过程中发生的费用，包含采购费、仓储费、工地管理费和仓储损耗。其计算公式为

$$采购及保管费=材料运到工地仓库的价格\times采购及保管费率$$

或 $$采购及保管费=(材料原价+运杂费+运输损耗费)\times采购及保管费率$$

几项费用汇总之后，得到材料单价为

$$材料单价=(供应价格+运杂费)\times(1+运输损耗率)\times(1+采购及保管费率)\quad(3.15)$$

【例 3.5】 某工地水泥从两个地方采购，其采购量及有关费用见表 3.3，求该工地水泥的材料单价。

表 3.3　水泥供应价格表

采购处	采购量/t	原价/（元·t^{-1}）	运杂费/（元·t^{-1}）	运输损耗率/%	采购及保管费费率/%
来源一	300	240	20	0.5	3
来源二	200	250	15	0.4	

解　加权平均原价：(300×240+200×250) / (300+200) =244（元/t）。

加权平均运杂费：(300×20+200×15) / (300+200) =18（元/t）。

来源一的运输损耗：(240＋20) ×0.5%＝1.3 (元/t)。

来源二的运输损耗：(250＋15) ×0.4%＝1.06 (元/t)。

加权平均运输损耗费：(300×1.3＋200×1.06) / (300＋200) ＝1.204 (元/t)。

水泥基价＝ (244＋18＋1.204) × (1＋3%) ＝271.1 (元/t)。

3. 影响材料单价变动的因素

(1) 市场供需变化。材料原价是材料单价最基本的组成。市场供求的变化影响材料单价的涨落。

(2) 材料生产成本的变动直接影响材料单价的变动。

(3) 流通环节的多少和材料供应体制也会影响材料单价。

(4) 运输距离和运输方法的改变会影响运输费用的增减，从而影响材料单价。

(5) 国际市场行情会对进口材料单价产生影响。

3.3.3 施工机械台班单价的组成和确定方法

施工机械使用费是根据施工中耗用的机械台班数量和机械台班单价确定的。施工机械台班耗用量按有关定额规定计算。施工机械台班单价是指一台施工机械在正常运转条件下，一个工作班组所发生的全部费用。每台班按 8 h 工作制计算。

施工机械台班单价由折旧费、大修理费、经常修理费、安拆费及场外运输费、人工费、燃料动力费、其他费用等组成。

1. 折旧费

折旧费是指施工机械在规定使用期限内，陆续收回其原值及购置资金的时间价值。其计算公式为

$$台班折旧费＝机械预算价格× (1－残值率) ×\frac{时间价值系数}{耐用总台班} \tag{3.16}$$

(1) 机械预算价格。

国产机械的预算价格按照机械原值、供销部门手续费和一次运杂费以及车辆购置税之和计算。

国产机械原值的来源：编制期施工企业已购进施工机械的成交价格；编制期国内施工机械展销会发布的参考价格；编制期施工机械生产厂、经销商的销售价格。

供销部门手续费和一次运杂费可按机械原值的 5%计算。

$$车辆购置税＝计税价格×车辆购置税率$$

$$计税价格＝机械原值＋供销部门手续费和一次运杂费－增值税$$

进口机械的预算价格按照机械原值、关税、增值税、消费税、外贸手续费和国内运杂费、财务费、车辆购置税之和计算。

(2) 残值率。

残值率是指机械报废时回收的残值占机械原值的百分比。残值率按目前有关规定执行：运输机械为 2%，掘进机械为 5%，特大型机械为 3%，中小型机械为 4%。

(3) 时间价值系数。

时间价值系数指购置施工机械的资金在施工生产过程中随着时间的推移而产生的单位增值。其计算公式为

$$时间价值系数＝1＋\frac{折旧年限＋1}{2}×年折现率$$

【知识拓展】

时间价值系数的理解

设机械原值为 P，折旧年限为 n，年折现率为 i，则机械占用资金在折旧年限内损失的时间价值总和为

$$\begin{bmatrix} P\cdot i \\ (P-\frac{P}{n})\cdot i \\ (P-\frac{2p}{n})\cdot i \\ \vdots \\ \left[P-\frac{(n-1)p}{n}\right]\cdot i \end{bmatrix} \Rightarrow \begin{bmatrix} \frac{n}{n}P\cdot i \\ \frac{n-1}{n}P\cdot i \\ \frac{n-2}{n}P\cdot i \\ \vdots \\ \frac{1}{n}P\cdot i \end{bmatrix} \Rightarrow \frac{1+2+3+\cdots+n}{n}P\cdot i=\frac{\frac{n(n+1)}{2}}{n}P\cdot i=\frac{n+1}{2}P\cdot i$$

故损失的时间价值的比率为$\frac{n+1}{2}i$，故

$$时间价值系数=1+\frac{折旧年限+1}{2}\times 年折现率$$

(4) 耐用总台班。

耐用总台班指施工企业从开始投入使用到报废前使用的总台班数。其计算公式为

$$耐用总台班=折旧年限\times 年工作台班=大修间隔台班\times 大修周期 \tag{3.17}$$

式中

$$大修周期=寿命期大修理次数+1$$

2. 大修理费

大修理费指机械设备按规定的大修理间隔台班进行必要的大修理，以恢复机械正常功能所需的费用。台班大修理费是机械使用期限内全部大修理费之和在台班费用中的分摊额，取决于一次大修理费用、大修理次数及耐用总台班的数量。其计算公式为

$$台班大修理费=\frac{一次大修理费\times 寿命期内大修理次数}{耐用总台班} \tag{3.18}$$

一次大修理费指施工机械一次大修理发生的工时费、配件费、辅料费、燃料费及送修运杂费。

寿命期大修理次数指施工机械在其寿命期（耐用总台班）内规定的大修理次数，参照《全国统一施工机械保养修理技术经济定额》确定。

3. 经常修理费

经常修理费指施工机械除大修理以外的各级保养和临时故障排除所需的费用。其包括为保障机械正常运转所需替换与随机配备工具附具的摊销和维护费用，机械运转及日常保养所需润滑与擦拭的材料费用，以及机械停滞期间的维修和保养费。各项费用分摊到台班中，即为台班经常修理费。其计算公式为

$$台班经修费=台班大修费\times K \tag{3.19}$$

式中，K为台班经常修理费系数。

4. 安拆费及场外运输费

安拆费指施工机械在现场进行安装与拆卸所需的人工、材料、机械和试运转费用以及机械辅助设施的折旧、搭设、拆除等费用。场外运输费指施工机械整体或分体自停放地点运至施工现场或由一施工地点运至另一施工地点的运输、装卸、辅助材料及架线等费用。安拆费及场外运费根据施工机械不同分为计入台班单价、单独计算和不计算3种类型。

(1) 工地间移动较为频繁的小型机械及部分中型机械，其安拆费及场外运输费应计入台班单价。

(2) 移动有一定难度的特大型（包括少数中型）机械，其安拆费及场外运输费应单独计算。

(3) 不需安装、拆卸且自身又能开行的机械和固定在车间不需安装、拆卸及运输的机械，其安拆费及场外运输费不计算。

(4) 自升式塔式起重机安装、拆卸费用的超高起点及其增加费，各地区视具体情况而定。

5. 人工费

人工费指机上司机和其他操作人员的工作日人工费及上述人员在施工机械规定的年工作台班以外的人工费。其计算公式为

$$台班人工费=人工消耗量\times\left(1+\frac{年制度工作日-年工作台班}{年工作台班}\right)\times人工日工资单价 \quad (3.20)$$

(1) 人工消耗量指机上司机（司炉）和其他操作人员工日消耗量。

(2) 年制度工作日执行国家有关规定。

(3) 人工日工资单价应执行编制期工程造价管理部门的有关规定。

6. 燃料动力费

燃料动力费指施工机械在运转作业中所耗用的固体燃料、液体燃料及税、电等费用。其计算公式为

$$台班燃料动力费=台班燃料动力消耗量\times相应单价$$

台班燃料动力消耗量应根据施工机械技术指标及实测资料综合确定。其计算公式为

$$台班燃料动力消耗量=（实测数\times4+定额平均值+调查平均值）\div6$$

7. 其他费用

其他费用指按照国家和有关部门规定应缴纳的养路费、车船使用税、保险费及年检费用等。其计算公式为

$$台班其他费用=\frac{年养路费+年车船使用税+年保险费+年检修费}{年工作台班}$$

年养路费、年车船使用税、年检费用执行有关部门的规定。

年保险费执行编制期有关部门强制性保险的规定，非强制性保险不应计算在内。

3.4 工程单价及单位估价表

3.4.1 工程单价

1. 工程单价的含义

工程单价是指单位假定建筑安装产品的不完全价格，通常是指建筑安装工程的预算定额基价和概算定额基价，所包含的仅仅是某一单位工程直接费中直接工程费，即由人工费、机械费、材料费构成。为了适应改革开放形式发展的需要及为了与国际接轨，出现了建筑安装产品的综合单价，也可称为全费用单价，这种单价不仅包括人工、材料、机械台班 3 项直接工程费，还包含间接费、利润、税金等内容。

2. 工程单价的种类

(1) 按工程单价的适用对象划分。

①建筑工程单价。

②安装工程单价。

(2) 按用途划分。

①预算单价。预算单价是通过编制单位估价表、地区单位估价表及设备安装价目表所确定的单价，用于编制施工图预算。例如，单位估价表、单位估价汇总表和安装价目表中所计算的工程单价。在预算定额和概算定额中所列出的预算价值或基价，都应视作该定额编制时的工程单价。

②概算定额。概算定额是通过编制扩大单位估价表所确定的单价，用于编制设计概算。

(3) 按适用范围划分。

①地区单价。根据地区性定额和价格等资料编制，在地区范围内使用。

②个别单价。为了适应个别工程编制概算或预算的需要而计算出的工程单价。

(4) 按编制依据划分。

①定额单价。

②补充单价。

(5) 按单价的综合程度划分。

①工料单价。工料单价即工程直接费单价，包含人工费、材料费及机械台班使用费。它是各种人工消耗量、各种材料消耗量、各类机械台班消耗量与其相应单价的乘积。其计算公式为

$$工料单价=\sum(人工、材料、机械消耗量\times人工、材料、机械单价)$$

②综合单价。完成一个规定清单项目所需的人工费、材料费和工程设备费、施工机具使用费和企业管理费、利润以及一定范围内的风险费用。风险费用隐含于已标价工程量清单综合单价中，用于化解发承包双方在工程合同中约定内容和范围内的市场价格波动风险的费用。

3.4.2 单位估价表

1. 单位估价表的概念

单位估价表又称工程预算单价表，是以货币形式确定定额计量单位某分部分项工程或结构构件直接费用的文件。单位估价表的内容由两部分组成：一是预算定额规定的人、材、机消耗量；二是地区预算价格，即与上述3种“量”相适应的人工工资单价、材料预算价格和机械台班预算价格。

单位估价汇总表的项目划分与预算定额和单位估价表是相互对应的，为了简化预算的编制，单位估价汇总表已纳入预算定额中一些常用的分部分项工程和定额中需要调整换算的项目。

2. 单位估价表的作用

(1) 单位估价表是确定工程造价的基本依据之一。

(2) 工程综合单价表是建筑施工企业进行投标报价的依据。

(3) 单位估价表为决定设计方案做技术经济分析时有重要作用。

(4) 单位估价表也是工程结算的依据之一。

(5) 单位估价表是建设部门搞好经济核算常用的货币指标之一。

3. 单位估价表的组成

单位估价表一般由文字说明、估价表格和附录3部分组成。

4. 单位估价表的分类

(1) 按使用对象分类。

①建筑安装工程单位估价表，适用于一般土建工程。

②设备安装工程单位估价表，适用于设备安装工程，包括机械设备安装工程、电气设备安装工程、给排水工程、电气照明工程、采暖工程、通风工程等单位估价表。

(2) 按照使用范围不同划分。

①地区单位估价表。地区单位估价表是以城市建设区域编制的，供该地区内所有工程使用的单位估价表。

②专用工程单位估价表。专用工程单位估价表是以某种专业工程或某一特定工程项目为对象而编制的专供该种专业或该项工程使用的单位估价表。

(3) 按照单位估价表编制的依据划分。

①定额单位估价表。定额单位估价表是根据国家计委或主管部，各省、市、自治区编制的预算定额所编制的单位估价表。

②补充单位估价表。补充单位估价表是在预算定额缺项时，由设计部门、建设单位，根据设计的要求、定额的编制原则、依据等编制的，仅适用于编制补充单位估价表的工程。

【重点串联】

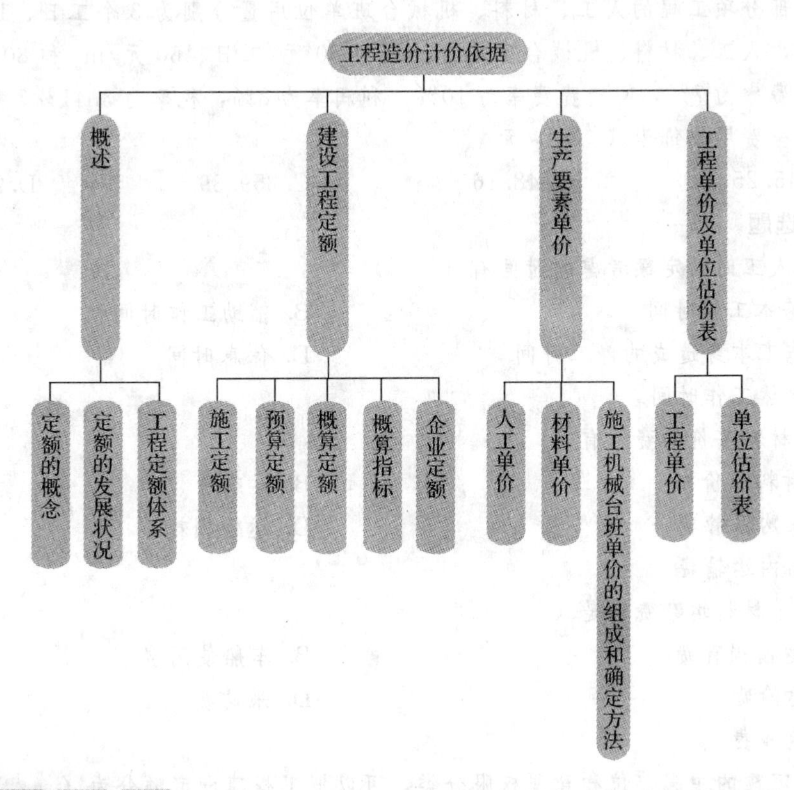

拓展与实训

职业能力训练

一、单选题

1. 工程建设定额按其反映的生产要素内容分类，可分为（　　）。
   A. 施工定额、预算定额及概算定额
   B. 建筑工程定额、设备安装工程定额及建筑安装工程费用定额
   C. 劳动消耗定额、机械消耗定额及材料消耗定额
   D. 概算指标、投资估算指标及概算定额
2. 工程量清单计价模式所采用的综合单价不含（　　）。
   A. 管理费　　B. 利润　　C. 措施费　　D. 风险费
3. 下列各项费用中，应计入建筑安装工程施工机械台班单价的是（　　）。
   A. 大型机械设备进出场费　　B. 引进设备检验费
   C. 临时故障排除费　　D. 机器损坏保险
4. 某工程水泥从两个地方供货，甲地供货 200 t，原价为 240 元/t；乙地供货 300 t，原价为 250 元/t。甲、乙运杂费分别为 20 元/t、25 元/t，运输损耗率均为 2%，采购及保管费率均为 3%，则该工程水泥的材料基价为（　　）元/t。
   A. 281.04　　B. 282.45　　C. 282.61　　D. 287.89
5. 在计算预算定额人工工日消耗量时，基本用工中除包括完成定额计量单位的主要用工外，还应包括（　　）。
   A. 劳动定额规定应增（减）计算的用工　　B. 劳动定额内不包括的材料加工用工
   C. 施工中不可避免的其他零星用工　　D. 质量检查和隐蔽工程验收用工

6. 某分部分项工程的人工、材料、机械台班单位用量分别为3个工日、1.2 m^3 和0.5台班，人工、材料、机械台班单价分别为30元/工日、60元/m^3 和80元/台班。措施费费率为7%，间接费费率为10%，利润率为8%，税率为3.41%。则该分别分项工程全费用单价为（　　）元。

A. 245.25　　B. 248.16　　C. 259.39　　D. 265.53

二、多选题

1. 制定人工时间定额考虑的时间有（　　）。

A. 基本工作时间　　B. 辅助工作时间
C. 施工本身造成的停工时间　　D. 休息时间
E. 偶然工作时间

2. 组成材料基价的费用有（　　）。

A. 材料原价　　B. 运杂费
C. 采购保管费　　D. 运输损耗
E. 场内运输费

3. 不属于材料运杂费的是（　　）。

A. 运输损耗费　　B. 车船使用费
C. 运输费　　D. 采购费
E. 装卸费

4. 按照定额的主编单位和管理权限分类，可以把工程建设定额分为（　　）等。

A. 全国统一定额　　B. 概算定额
C. 行业和地区统一定额　　D. 企业和补充定额
E. 预算定额

工程模拟训练

1. 某土方施工机械一次循环的正常时间为2.2 min，每循环工作一次挖土0.5 m^3，工作班的延续时间为8 h，机械正常利用系数为0.85。则该土方施工机械的产量定额为多少？

2. 已知某挖土机挖土，一次正常循环工作时间是40 s，每次循环平均挖土量0.3 m^3，机械正常利用系数为0.8，机械幅度差为25%。求该机械挖土方1 000 m^3 的预算定额机械耗用台班用量为多少？

链接执考

一、单选题

1. 在机械工作时间消耗的分类中，由于工人装料数量不足引起的砂浆搅拌机不能满载工作的时间属于（　　）。

A. 有根据地降低负荷下的工作时间　　B. 机械的多余工作时间
C. 违反劳动纪律引起的机械时间损失　　D. 低负荷下的工作时间

2. 出料容量为500 L的砂浆搅拌机，每循环工作一次，需要运料、装料、搅拌、卸料和中断的时间分别为120 s、30 s、180 s、30 s、30 s，其中运料与其他循环组成部分交叠的时间为30 s。机械正常利用系数为0.8，则500 L砂浆搅拌机的产量定额为（　　）m^3/台班。

A. 27.43　　B. 29.54　　C. 32.00　　D. 48.00

3. 砌筑每立方米一砖厚砖墙，砖（240 mm×115 mm×53 mm）的净用量为529块，灰缝厚度为10 mm，砖的损耗率为1%，砂浆的损耗率为2%。则每立方米一砖厚砖墙的砂浆消耗量为（　　）m^3。

A. 0.217　　B. 0.222　　C. 0.226　　D. 0.231

4. 某施工机械原始购置费为4万元，耐用总台班为2 000台班，大修周期为5个，每次大修费为3 000元，台班经常修理费系数为0.5，每台班人工、燃料动力及其他费用为65元，机械残值率为5%。不考虑资金的时间价值，则该机械的台班单价为（　　）元/台班。

A. 91.44　　B. 93.00　　C. 95.25　　D. 95.45

5. 下列用工项目中，属于预算定额与劳动定额人工幅度差的是（　　）。

A. 施工机械辅助用工　　B. 超过预算定额取定运距增加的运输用工

C. 班组操作地点转移用工　　D. 机械维修引起的操作人员停工

二、案例分析题

某工程有两个备选施工方案，采用方案一时，固定成本为160万元，与工期有关的费用为35万元/月；采用方案二时，固定成本为200万元，与工期有关的费用为25万元/月。两方案除方案一机械台班消耗以后的直接工程费相关数据见表3.4。

为了确定方案一的机械台班消耗，采用预算定额机械台班消耗量确定方法进行实测确定。测定的相关资料如下：

完成该工程所需机械的一次循环的正常延续时间为12 min，一次循环生产的产量为0.3 m^3，该机械的正常利用系数为0.8，机械幅度差系数为25%。

问题：

1. 计算：按照方案一完成每立方米工程量所需的机械台班消耗指标。

2. 方案一和方案二每1 000 m^3 工程量的直接工程费分别为多少万元？

3. 当工期为12个月时，试分析两方案适用的工程量范围。

4. 若本工程的工程量为9 000 m^3，合同工期为10个月，计算确定应采用哪个方案？若方案二可缩短工期10%，应采用哪个方案？(计算结果保留两位小数)

表3.4　两个施工方案直接工程费的相关数据

	方案1	方案2
材料费/（元·m^{-3}）	700	700
人工消耗/（工日·m^{-3}）	1.8	1
机械台班消耗/（台班·m^{-3}）		0.375
工日单价（元·工日$^{-1}$）	100	100
台班费（元·台班$^{-1}$）	800	800

模块 4 工程造价计价的编制

【模块概述】

本模块结合《建设工程工程量清单计价规范》(GB 50500—2013)，介绍清单计价的基础知识。共包括4部分内容：工程量清单计价概述、工程量清单、工程量清单计价、建筑工程工程量清单及计价的审核等。

【知识目标】

1. 了解工程量清单计价的方式。
2. 明确工程量清单及清单计价的编制依据。
3. 掌握工程量清单及清单计价的编制方法和步骤。
4. 明确工程量清单审核的内容和方法。

【技能目标】

1. 工程量清单及清单计价的编制方法和步骤。
2. 招标控制价和投标报价的编制。

【课时建议】

6课时

工程导入

结合插页部分所给设计说明及图纸，完成工程量清单的编制及工程量清单计价。

4.1 工程量清单计价概述

4.1.1 工程量清单计价的基本概念

1. 工程量清单计价方法

工程量清单计价方法是在建设工程招标投标中，招标人按照国家统一的工程量计算规则或委托其有相应资质的工程造价咨询人编制反映工程实体消耗和措施消耗的工程量清单，由投标人依据工程量清单自主报价，并按照经评审低价中标的工程造价的计价方式。

2. 工程量清单

工程量清单是载明建设工程分部分项工程项目、措施项目、其他项目的名称和相应数量以及规费、税金项目等内容的明细清单。工程量清单是由招标人按照《建设工程工程量清单计价规范》（以下简称《建设工程工程量清单计价规范》）附录中统一的项目编码、项目名称、项目特征、计量单位和工程量计算规则进行编制。其包括分部分项工程量清单、措施项目清单、其他项目清单、规费项目清单和税金项目清单。

3. 工程量清单计价

工程量清单计价是指投标人完成由招标人提供的工程量清单所需的全部费用，包括分部分项工程费、措施项目费、其他项目费和规费、税金。

4. 综合单价

综合单价是指完成一个规定清单项目所需的人工费、材料费、工程设备费、施工机具使用费、企业管理费、利润以及一定范围内的风险费用。

4.1.2 实行工程量清单计价的意义

(1) 实行工程量清单计价是我国工程造价管理深化改革与发展的需要。

实行工程量清单计价，将改变以工程预算定额为计价依据的计价模式，适应工程招标投标和由市场竞争形成工程造价的需要，推进我国工程造价事业的发展。

(2) 实行工程量清单计价是整顿和规范建设市场秩序，适应社会主义市场经济发展的需要。

工程造价是工程建设的核心内容，也是建设市场运行的核心内容。实行工程量清单计价是由市场竞争形成工程造价。工程量清单计价反映工程的个别成本，有利于企业自主报价和公平竞争，实现政府定价到市场定价的转变；有利于规范业主在招标中的行为，有效纠正招标单位在招标中盲目压价的行为，避免工程招标中弄虚作假、暗箱操作等不规范行为，促进其提高管理水平，从而真正体现公开、公平、公正的原则，反映市场经济规律；有利于规范建设市场计价行为，从源头上遏止工程招投标中滋生的腐败，整顿建设市场的秩序，促进建设市场的有序竞争。

实行工程量清单计价，是适应我国社会主义市场经济发展的需要。市场经济的主要特点是竞争，建设工程领域的竞争主要体现在价格和质量上，工程量清单计价的本质是价格市场化。实行工程量清单计价，对于在全国建立一个统一、开放、健康、有序的建设市场，促进建设市场有序竞争和企业健康发展，都具有重要的作用。

(3) 实行工程量清单计价是适应我国工程造价管理政府职能转变的需求。

按照政府部门真正履行“经济调节、市场监管、社会管理和公共服务”的职能要求，政府对工程造价的管理，将推行政府宏观调控、企业自主报价、市场形成价格、社会全面监督的工程造价管理体制。实行工程量清单计价，有利于我国工程造价管理政府职能的转变，由过去行政直接干预转变为对工程造价依法监管，有效地强化政府对工程造价的宏观调控，以适应建设市场发展的需要。

(4) 实行工程量清单计价是我国建筑业发展适应国际惯例与国际接轨，融入世界大市场的需要。

在我国实行工程量清单计价，为我国建设市场主体创造一个与国际惯例接轨的市场竞争环境，有利于进一步对外开放交流，有利于提高国内建设各方主体参与国际竞争的能力，有利于提高我国工程建设的管理水平。

4.1.3 工程量清单计价的作用

(1) 有利于实现从政府定价到市场定价，从消极自我保护向积极公平竞争的转变。

工程量清单计价有利于实现从政府定价到市场定价过渡，从消极自我保护向积极公平竞争的转变，对计价依据改革具有推动作用，特别是对施工企业，通过采用工程量清单计价，有利于施工企业编制自己的企业定额，从而改变过去企业过分依赖国家发布定额的状况，实现通过市场竞争自主报价。

(2) 有利于公平竞争，避免暗箱操作。

所有的投标单位根据由招标单位提供的建设项目工程量清单，在工程量相同的前提下，按照统一的规则（统一的编码、统一的计量单位、统一的项目特征、统一的工程量计算规则、统一的工程内容），根据企业管理水平和技术能力，充分考虑市场和风险因素，并根据投标竞争策略进行自主报价，充分体现了公平竞争的原则。

(3) 有利于实现风险合理分担。

工程量清单计价在本质上是单价合同的计价模式，首先，它反映“量价分离”的真实面目，“量由招标人提，价由投标人报”。其次，有利于实现工程风险的合理分担。建设工程一般都比较复杂，建设周期长，工程变更多，因而建设的风险比较大，采用工程量清单计价，投标人只对自己所报单价负责，而工程量变更的风险由业主承担，这种格局符合风险合理分担与责权利关系对等的一般原则。

(4) 有利于工程款拨付和工程造价的最终确定。

(5) 有利于标底的管理和控制。

(6) 有利于提高施工企业的技术和管理水平。

投标企业在报价过程中，必须通过对单位工程成本、利润进行分析、统筹考虑、精心选择施工方案，并根据企业自身的情况合理确定人工、材料、机械等要素的投入与配置，优化组合，合理控制施工技术措施费用，以便更好地保证工程质量和工期，促进技术进步，提高经营管理水平和劳动生产率，这就要求投标企业提高施工的管理水平，改善施工技术条件，注重市场信息的搜集和施工资料的积累，提高企业的管理水平。

(7) 有利于工程索赔的控制与合同价的管理。

实行工程量清单计价进行招标，清单项目的综合单价不因施工数量变化、施工难易程度、施工技术措施差异、取费等变化而调整，从而减少施工单位在施工过程中因现场签证、技术措施费用和价格变化等因素引起的不合理索赔；同时也便于业主随时掌握设计变更、工程量增减而引起的工程造价变化，进而根据投资情况决定是否变更方案，从而有效地降低工程造价。

(8) 有利于建设单位合理控制投资，提高资金使用效益。

（9）有利于招标投标避免重复劳动，节省时间。

采用工程量清单招标后，可以充分发挥招标方提供的工程量的作用，避免了投标方重新计算和估计工程量，投标人只需填报综合造价和调价，节省了大量的人、材、物，缩短了投标单位投标报价的时间，避免了所有的投标人按照同一图纸计算工程数量的重复劳动，节省了大量的社会财富和时间。

（10）有利于规范建设市场的计价行为。

4.1.4 工程量清单计价的一般规定

1．工程量清单计价活动的内容

工程量清单计价活动包括：工程量清单、招标控制价、投标报价的编制，工程合同价款的约定，竣工结算的办理以及施工过程中的工程计量、工程价款支付、索赔与现场签证、工程价款调整和工程计价争议处理等活动。

2．工程量清单计价的适用范围

使用国有资金投资的建设工程发承包，必须采用工程量清单计价。非国有资金投资的建设工程，宜采用工程量清单计价。不采用工程量清单计价的建设工程，应执行本规范除工程量清单等专门性规定外的其他规定。

3．建设工程工程量清单计价活动的原则

建设工程工程量清单计价活动应遵循客观、公正、公平的原则。建设工程计价活动的基本要求，建设工程计价活动的结果既是工程建设投资的价值表现，同时又是工程建设交易活动的价值表现。因此，建设工程造价计价活动不仅要客观地反映工程建设的投资，还应体现工程建设交易活动的公正、公平性。

4．《建设工程工程量清单规范》的特点

（1）强制性。

一是由建设主管部门按照强制性国家标准的要求批准发布，规定全部使用国有资金或国有资金投资为主的新型建设工程必须采用工程量清单计价。二是明确工程量清单是招标文件的组成部分，规定招标人在编制工程量清单时必须遵守的规则，做到“五统一”，并明确工程量清单应作为编制招标控制价、投标报价、计算工程量、支付工程款、调整合同价款、办理竣工结算以及工程索赔等的依据之一，为建立全国统一的建设市场和规范计价行为提供了依据。

（2）竞争性。

《建设工程工程量清单计价规范》中政策性规定到一般内容的具体规定，都充分体现了工程造价由市场竞争形成价格的原则。一是《建设工程工程量清单计价规范》中的措施项目，在工程量清单中只列“措施项目”一栏，具体采用什么措施，由投标人根据企业的施工组织设计，视具体情况报价。二是《建设工程工程量清单计价规范》中人工、材料和施工机械没有具体的消耗量，为企业报价提供了自主的空间，投标企业可以依据企业的定额和市场价格信息，也可以参照建设行政主管部门发布的社会平均消耗量定额，按照《建设工程工程量清单计价规范》规定的原则和方法进行投标报价，将报价权交给了企业，必然促使企业提高管理水平，引导企业学会编制企业自己的消耗量定额，适应市场竞争投标报价的需要。

（3）通用性。

我国采用的工程量清单计价是与国际惯例接轨的，符合工程量计算方法标准化、工程量计算规则统一化和工程造价确定市场化的要求。《建设工程工程量清单计价规范》与国际通行的工程量清单和工程量清单计价是基本一致的。

(4) 实用性。

新规范修订了原规范中不尽合理、可操作性不强的条款及表格格式，补充完善了采用工程量清单计价如何编制工程量清单和招标控制价、合同价款约定以及工程计量与价款支付、工程价款调整、索赔、竣工结算、工程计价争议处理等内容。新规范可操作性强，方便使用。

5. 实行工程量清单计价对编制人员的要求

工程量清单、招标控制价、投标报价、工程价款结算等工程造价文件的编制与核对应有具有资格的工程造价专业人员承担。

按照《注册造价工程师管理办法》(建设部第150号令)的规定，注册造价工程师应在本人承担的工程造价成果文件上签字并加盖执业专用章；按照《全国建设工程造价人员管理暂行办法》(中价协〔2006〕013号)的规定，造价员应在本人承担的工程造价业务文件上签字并加盖专用章。

“造价工程师”是指按照《注册造价工程师管理办法》(建设部令第150号)，经全国造价工程师统一执业资格考试合格，取得造价工程师执业资格证书，经批准注册在一个单位从事工程造价活动的专业技术人员。

“造价员”是指通过考试，取得“全国建设工程造价员资格证书”，在一个单位从事工程造价活动的专业人员。

4.2 工程量清单

“工程量清单”是建设工程实行清单计价的专用名词，它表示的是实行工程量清单计价的建设工程中拟建工程的分部分项工程项目、措施项目、其他项目、规费项目和税金项目的名称和数量。

4.2.1 一般规定

1. 清单编制的主体

招标人应负责编制工程量清单，若招标人不具有编制工程量清单的能力时，根据《工程造价咨询企业管理办法》(建设部第149号令)的规定，可委托具有工程造价咨询资质的工程造价咨询企业编制。

2. 清单编制的条件及招标人的责任

采用工程量清单方式招标，工程量清单必须作为招标文件的组成部分，其准确性和完整性由招标人负责。

工程施工招标发包可采用多种方式，但采用工程量清单方式招标发包，招标人必须将工程量清单作为招标文件的组成部分，连同招标文件一并发(或售)给投标人。招标人对编制的工程量清单的准确性和完整性负责，投标人依据工程量清单进行投标报价。

3. 工程量清单的作用

工程量清单是工程量清单计价的基础，应作为编制招标控制价、投标报价、计算工程量、支付工程款、调整合同价款、办理竣工结算以及工程索赔等的依据之一。

4. 工程量清单的组成

工程量清单由分部分项工程量清单、措施项目清单、其他项目清单、规费项目清单和税金项目清单组成。

5. 工程量清单的编制依据

编制工程量清单应依据：《建设工程工程量清单计价规范》，国家或省级、行业建设主管部门颁发的计价依据和办法，建设工程设计文件，与建设工程项目有关的标准规范和技术资料，招标文件及其补充通知、答疑纪要，施工现场情况、工程特点及常规施工方案和其他相关资料编制。

6. 相关的表格

工程量清单表宜采用统一格式，但由于行业、地区的一些特殊情况，省级或行业建设主管部门可在《建设工程工程量清单计价规范》提供表格格式的基础上予以补充。

(1) 封面。

工程量清单使用的封面（如封一1），封面应按照规定的内容填写、签字、盖章，造价员编制的工程量清单应有负责审核的造价工程师签字、盖章。

封面的有关签署和盖章中应遵守和满足有关工程造价计价管理规章和政策的规定，这是工程造价文件是否生效的必备条件。

我国在工程造价计价活动管理中，对从业人员实行的是执业资格管理制度，对工程造价咨询人实行的是资质许可管理制度。建设部先后发布了《工程造价咨询企业管理办法》（建设部令第 149 号）《注册造价工程师管理办法》（建设部令第 150 号），中国建设工程造价管理协会印发了《全国建设工程造价员管理暂行办法》（中价协〔2006J013 号〕）。

工程造价文件是体现上述规章、规定的主要载体，工程造价文件封面的签字盖章应按下列规定办理，方能生效。

招标人自行编制工程量清单和招标控制价时，编制人员必须是在招标人单位注册的造价人员。由招标人盖单位公章，法定代表人或其授权人签字或盖章；当编制人是注册造价工程师时，由其签字盖执业专用章；当编制人是造价员时，由其在编制人栏签字盖专用章，并应由注册造价工程师复核，在复核人栏签字盖执业专用章。

招标人委托工程造价咨询人编制工程量清单和招标控制价时，编制人员必须是在工程造价咨询人单位注册的造价人员。工程造价咨询人盖单位资质专用章，法定代表人或其授权人签字或盖章；当编制人是注册造价工程师时，由其签字盖执业专用章；当编制人是造价员时，由其在编制人栏签字盖专用章，并应由注册造价工程师复核，在复核人栏签字盖执业专用章。

“工程造价咨询人”是指按照《工程造价咨询企业管理办法》（建设部令第 149 号）的规定，取得工程造价咨询资质，在其资质许可范围内接受委托，提供工程造价咨询服务的企业。

(2) 总说明。

总说明应按下列内容填写：

①工程概况。填写建设规模、工程特征、计划工期、施工现场实际情况、自然地理条件、环境保护要求等。

②工程招标和分包范围。

③工程量清单编制依据。

④工程质量、材料、施工等的特殊要求。

⑤其他需要说明的问题。

4.2.2 分部分项工程量清单

1. 分部分项工程量清单的 5 个要件及编制依据

构成一个分部分项工程量清单的 5 个要件是项目编码、项目名称、项目特征、计量单位和工程量，这 5 个要件在分部分项工程量清单的组成中缺一不可。

分部分项工程量清单各构成要件的编制依据分别为《建设工程工程量清单计价规范》规定的项目编码、项目名称、项目特征、计量单位和工程量计算规则。

2. 工程量清单编码

项目编码是工程量分部分项工程量清单项目名称的数字标识。清单编码的表示方式为12位阿拉伯数字，各位数字的含义是：1、2位为工程分类顺序码；3、4位为专业工程顺序码；5、6位为分部工程顺序码；7～9位为分项工程项目名称顺序码；10～12位为清单项目名称顺序码。当同一标段（或合同段）的一份工程量清单中含有多个单位工程且工程量清单是以单位工程为编制对象时，在编制工程量清单时应特别注意对项目编码10～12位的设置不得有重码的规定。例如，一个标段（或合同段）的工程量清单中含有3个单位工程，每一单位工程中都有项目特征相同的实心砖墙砌体，在工程量清单中又要反映3个不同单位工程的实心砖墙砌体工程量时，则第一个单位工程的实心砖墙的项目编码应为010302001001，第二个单位工程的实心砖墙的项目编码应为010302001002，第三个单位工程的实心砖墙的项目编码应为010302001003，并分别列出各单位工程实心砖墙的工程量。

3. 分部分项工程量清单项目名称

分部分项工程量清单项目的名称应按附录中的项目名称，并结合拟建工程的实际确定。项目名称原则上以形成工程实体而命名，为此应考虑3个因素：一是附录中的项目名称，应以附录中的项目名称为主体；二是附录中的项目特征，应考虑该项目的规格、型号、材质等特征要求；三是拟建工程的实际情况。结合拟建工程的实际情况，使其工程量项目名称具体化、详细化，反映工程造价的主要影响因素。

4. 工程量计算规则和计量单位

工程量应按附录中规定的工程量计算规则计算。工程量清单的计量单位应按《建设工程工程量清单计价规范》附录中规定的计量单位确定。按国际惯例，附录工程量计量单位均采用基本单位计量。计量单位全国统一，一定要严格遵守。

5. 工程量清单的项目特征

项目特征是构成分部分项工程量清单项目、措施项目自身价值的本质特征。工程量清单的项目特征是确定一个清单项目综合单价不可缺少的重要依据，在编制工程量清单时，必须对项目特征进行准确和全面的描述。但有些项目特征用文字往往又难以准确和全面地描述清楚。因此，为达到规范、简捷、准确、全面描述项目特征的要求，在描述工程量清单项目特征时应按以下原则进行。

（1）项目特征描述的内容应按附录中的规定，结合拟建工程的实际，能满足确定综合单价的需要。

（2）若采用标准图集或施工图纸能够全部或部分满足项目特征描述的要求，项目特征描述可直接采用“详见××图集或××图号”的方式。对不能满足项目特征描述要求的部分，仍应用文字描述。

6. 编制补充项目

随着工程建设中新材料、新技术、新工艺等的不断涌现，《建设工程工程量清单计价规范》附录所列的工程量清单项目不可能包含所有项目。在编制工程量清单时，当出现《建设工程工程量清单计价规范》附录中未包括的清单项目时，编制人应做补充。在编制补充项目时应注意以下3个方面。

（1）补充项目的编码应按《建设工程工程量清单计价规范》的规定确定。

（2）在工程量清单中应附补充项目的项目名称、项目特征、计量单位、工程量计算规则和工作内容。

（3）将编制的补充项目报省级或行业工程造价管理机构备案。

7. 工程内容

工程内容是指完成该清单项目可能发生的具体工程，可供招标人确定清单项目和投标人报价参考，是针对形成该分部分项清单项目实体的施工过程（或工序）所包含的内容的描述。列项编码时，对拟建工程编制的分部分项清单项目，与《建设工程工程量清单计价规范》附录各清单项目是否对应的对照依据，也是对已列出的清单项目，检查是否重列或漏列的主要依据。应注意的是，决定分部分项工程量清单综合单价的是项目特征，而不是工程内容。

4.2.3 措施项目清单

措施项目是指为完成工程项目施工，发生于该工程施工准备和施工过程中的技术、生活、安全、环境保护等方面的非工程实体项目。

措施项目清单应根据拟建工程的实际情况列项。编制时需考虑多种因素，除工程本身的因素外，还涉及水文、气象、环境、安全等因素。通用措施项目可按《工程量计算规范》附录作为措施项目列项的参考，表中所列内容是各专业工程均可列出的措施项目。各专业工程的“措施项目清单”中可列的措施项目分别在《建设工程工程量清单计价规范》的附录中规定，应根据拟建工程的具体情况选择列项。

由于影响措施项目设置的因素很多，《建设工程工程量清单计价规范》不可能将施工中可能出现的措施项目一一列出。在编制措施项目清单时，因工程情况不同，若出现《建设工程工程量清单计价规范》及附录中未列出的措施项目，可根据工程的具体情况对措施项目清单做补充。

《建设工程工程量清单计价规范》将实体性项目划分为分部分项工程量清单，非实体性项目划分为措施项目。所谓非实体性项目，一般来说，其费用的发生和金额的大小与使用时间、施工方法或者两个以上工序相关，与实际完成的实体工程量的多少关系不大，典型的是大中型施工机械、文明施工和安全防护、临时设施等。不能计算工程量的项目清单，以“项”为计量单位计算。

有的非实体性项目，则是可以计算工程量的项目，典型的是混凝土浇筑的模板工程，这些可以计算工程量的项目清单宜采用分部分项工程量清单的方式编制，列出项目编码、项目名称、项目特征、计量单位和工程量计算规则；用分部分项工程量清单的方式采用综合单价，更有利于措施费的确定和调整。

4.2.4 其他项目清单

工程建设标准的高低、工程的复杂程度、工程的工期长短、工程的组成内容、发包人对工程管理要求等都直接影响其他项目清单的具体内容。《建设工程工程量清单计价规范》仅提供了暂列金额、暂估价计日工和总承包服务费等内容作为列项参考。其不足部分，可根据工程的具体情况进行补充。

1. 暂列金额

暂列金额是招标人暂定并掌握使用的一笔款项，它包括在合同价款中，由招标人用于合同协议签订时尚未确定或者不可预见的所需材料、设备、服务的采购以及施工过程中可能发生的工程变更、合同约定调整因素出现时的工程价款调整以及发生的索赔、现场签证确认等费用。

不管采用何种合同形式，其理想的标准是，一份合同的价格就是其最终的竣工结算价格，或者至少两者应尽可能接近。我国规定对政府投资工程实行概算管理，经项目审批部门批复的设计概算是工程投资控制的刚性指标，即使商业性开发项目也有成本的预先控制问题，否则，无法相对准确预测投资的收益和科学、合理地进行投资控制。但工程建设自身的特性决定了工程的设计需要根据工程进展不断地进行优化和调整，业主需求可能会随工程建设进展出现变化，工程建设过程还会存在一些不能预见、不能确定的因素。消化这些因素必然会影响合同价格的调整，暂列金额正是为这类不可避免的价格调整而设立，以便达到合理确定和有效控制工程造价的目标。

2. 暂估价

暂估价是招标人在工程量清单中提供的用于支付必然发生但暂时不能确定价格的材料的单价及专业工程的金额。

暂估价是在招标阶段预见肯定要发生，只是因为标准不明确或者需要由专业承包人完成，暂时又无法确定具体价格时采用。其包括材料暂估单价和专业工程暂估价。

暂估价是招标阶段直至签订合同协议时，招标人在招标文件中提供的用于支付必然要发生但暂时不能确定价格的材料以及专业工程的金额。暂估价类似于FIDIC合同条款中的Prime Cost Items，在招标阶段预见肯定要发生，只是因为标准不明确或者需要由专业承包人完成，暂时无法确定价格。暂估价数量和拟用项目应当结合工程量清单中的“暂估价表”予以补充说明。

为方便合同管理，需要纳入分部分项工程量清单项目综合单价中的暂估价应只是材料费，以方便投标人组价。

专业工程的暂估价一般应是综合暂估价，应当包括除规费和税金以外的管理费、利润等取费。总承包招标时，专业工程设计深度往往是不够的，一般需要交由专业设计人设计，国际上，出于提高可建造性考虑，一般由专业承包人负责设计，以发挥其专业技能和专业施工经验的优势。这类专业工程交由专业分包人完成是国际工程的良好实践，目前在我国工程建设领域也已经比较普遍。公开、透明地合理确定这类暂估价的实际开支金额的最佳途径，就是通过施工总承包人与工程建设项目招标人共同组织的招标。

3. 计日工

计日工是在施工过程中，完成发包人提出的施工图以外的零星项目或工作，按合同中约定的综合单价计价。

计日工是对零星项目或工作采取的一种计价方式，包括完成作业所需的人工、材料、施工机械及其费用的计价，类似于定额计价中的签证记工。

计日工是为了解决现场发生的零星工作的计价而设立的。国际上常见的标准合同条款中，大多数都设立了计日工计价机制。计日工对完成零星工作所消耗的人工工时、材料数量、施工机械台班进行计量，并按照计日工表中填报的适用项目的单价进行计价支付。计日工适用的所谓零星工作一般是指合同约定之外的或者因变更而产生的、工程量清单中没有相应项目的额外工作，尤其是那些时间不允许事先商定价格的额外工作。

4. 总承包服务费

总承包服务费是总承包人为配合协调发包人进行的工程分包自行采购设备、材料等进行管理、服务以及施工现场管理、竣工资料汇总整理等服务所需的费用。

它是指在工程建设的施工阶段实行施工总承包时，当招标人在法律、法规允许的范围内对工程进行分包和自行采购供应部分设备、材料时，要求总承包人提供相关服务（如分包人使用总包人的脚手架、水电接剥等）和施工现场管理等所需的费用。

总承包服务费是为了解决招标人在法律、法规允许的条件下进行专业工程发包，以及自行供应材料、设备，并需要总承包人对发包的专业工程提供协调和配合服务，对供应的材料、设备提供收、发和保管服务以及进行施工现场管理时发生，并向总承包人支付的费用。招标人应预计该项费用并按投标人的投标报价向投标人支付该项费用。

4.2.5 规费项目清单

根据省级政府或省级有关权力部门的相关规定必须缴纳的，应计入建筑安装工程造价的费用。

根据建设部、财政部“关于印发《建筑安装工程费用项目组成》的通知”（建标〔2013〕44号）的规定，“规费”属于工程造价的组成部分，其计取标准由省级、行业建设主管部门依据省级政府或省级有关权力部门的相关规定制定。

规费包括工程排污费、工程定额测定费、社会保障费（养老保险、失业保险、医疗保险）、住房公积金、危险作业意外伤害保险。规费是政府和有关权力部门规定必须缴纳的费用，编制人对《建筑安装工程费用项目组成》中未包括的规费项目，在编制规费项目清单时应根据省级政府或省级有关权力部门的规定列项。

4.2.6 税金项目清单

税金是依据国家税法的规定应计入建筑安装工程造价内，由承包人负责缴纳的营业税、城市建设维护税以及教育费附加等的总称。

根据建设部、财政部“关于印发《建筑安装工程费用项目组成》的通知”（建标〔2013〕44号）的规定，目前我国税法规定应计入建筑安装工程造价的税种包括营业税、城市建设维护税及教育费附加。如国家税法发生变化，税务部门依据职权增加了税种，应对税金项目清单进行补充。

4.3 工程量清单计价

4.3.1 一般规定

1. 计价的多次性

工程造价的计价具有动态性和阶段性（多次性）的特点。工程建设项目从决策到竣工交付使用，都有一个较长的建设期。在整个建设期内，构成工程造价的任何因素发生变化都必然会影响工程造价的变动，不能一次确定可靠的价格，要到竣工结算后才能最终确定工程造价，因此需对建设程序的各个阶段进行计价，以保证工程造价确定和控制的科学性。工程造价的多次性计价反映了不同的计价主体对工程造价的逐步深化、逐步细化、逐步接近和最终确定工程造价的过程。

2. 建设工程造价的组成

采用工程量清单计价时，建设工程造价由分部分项工程费、措施项目费、其他项目费、规费和税金5部分组成。

3. 工程计价方法

《建筑工程施工发包与承包计价管理办法》（建设部令第107号）第五条规定，工程计价方法包括工料单价法和综合单价法。实行工程量清单计价应采用综合单价法，综合单价为完成一个规定计量单位的分部分项工程量清单项目或措施项目清单项目所需的人工费、材料费、施工机械使用费、企业管理费和利润，以及一定范围内的风险费用。

4. 清单所列工程量与竣工结算时工程量的差异

招标文件中的工程量清单标明的工程量是投标人投标报价的共同基础，竣工结算的工程量按发、承包双方在合同中约定应予计量且实际完成的工程量确定。

招标文件中工程量清单所列的工程量是一个预计工程量，它一方面是各投标人进行投标报价的共同基础，另一方面也是对各投标人的投标报价进行评审的共同平台，体现了招投标活动中的公开、公平、公正和诚实守信原则。发、承包双方竣工结算的工程量应按经发、承包双方认可的实际完成的工程量确定，而非招标文件中工程量清单所列的工程量。

5. 措施项目清单计价

措施项目清单计价应根据拟建工程的施工组织设计，规定可以计算工程量的措施项目宜采用分部分项工程量清单的方式编制，与之相对应，这部分的措施项目应采用综合单价计价；其余的措施项目“项”为计量单位的，按项计价，但应包括除规费、税金以外的全部费用。

根据《中华人民共和国安全生产法》《中华人民共和国建筑法》《建设工程安全生产管理条例》《安全生产许可证条例》等法律、法规的规定，建设部办公厅印发了《建筑工程安全防护、文明施工措施费及使用管理规定》（建办〔2005〕89号），将安全文明施工费纳入国家强制性标准管理范围，其费用标准不予竞争。《建设工程工程量清单计价规范》规定措施项目清单中的安全文明施工费应按国家或省级、行业建设主管部门的规定费用标准计价，招标人不得要求投标人对该项费用进行优惠，投标人也不得将该项费用参与市场竞争。

措施项目清单中的安全文明施工费包括《建筑安装工程费用项目组成》（建标〔2013〕44号）中措施费的文明施工费、环境保护费、临时设施费及安全施工费。

6. 其他项目清单计价

其他项目清单计价应根据工程特点和《建设工程工程量清单计价规范》的规定计价。

若招标人在工程量清单中提供了暂估价的材料或专业工程属于依法必须招标的，按照《工程建设项目货物招标投标办法》（国家发改委、建设部等七部委27号令）第五条规定：“以暂估价形式包括在总承包范围内的货物达到国家规定规模标准的，应当由总承包中标人和工程建设项目招标人共同依法组织招标”的规定设置。此项规定同样适用于以暂估价形式出现的专业分包工程。

若材料或专业工程不属于依法必须招标的，即未达到法律法规规定招标规模标准的材料和专业工程，需要约定定价的程序和方法，并与材料样品报批程序相互衔接。

7. 规费和税金计价规定

规费和税金应按照国家或省级、行业建设主管部门依据国家税法及省级政府或省级有关权力部门的规定确定，在工程计价时应按规定计算，不得作为竞争性费用。

8. 风险合理分担

采用工程量清单计价的工程应在招标文件中或合同中明确风险内容及风险范围或风险幅度。不得采用无限风险、所有风险或类似语句规定风险内容及其范围（幅度）。

风险是一种客观存在的、会带来损失的、不确定的状态。它具有客观性、损失性、不确定性的特点，并且风险始终是与损失相联系的。工程施工发包是一种期货交易行为，工程建设本身又具有单件性和建设周期长的特点。在工程施工过程中影响工程施工及工程造价的风险因素很多，但并非所有的风险都是承包人能预测、能控制和应承担其造成损失的。基于市场交易的公平性和工程施工过程中发、承包双方权、责的对等性要求，发、承包双方应合理分摊风险，所以要求招标人在招标文件中或在合同中禁止采用无限风险、所有风险或类似语句规定投标人应承担的风险内容及其风险范围或风险幅度。

根据我国工程建设特点，投标人应完全承担的风险是技术风险和管理风险，如管理费和利润；应有限度承担的是市场风险，如材料价格、施工机械使用费等的风险；应完全不承担的是法律、法规、规章和政策变化的风险。

《建设工程工程量清单计价规范》定义的风险是综合单价包含的内容。根据我国目前工程建设的实际情况，各省、自治区、直辖市建设行政主管部门均根据当地劳动行政主管部门的有关规定发布人工成本信息，对此关系职工切身利益的人工费不宜纳入风险，材料价格的风险宜控制在5%以内，施工机械使用费的风险可控制在10%以内，超过者予以调整，管理费和利润的风险由投标人全部承担。

4.3.2 招标控制价

国有资金投资的工程建设项目应实行工程量清单招标，并应编制招标控制价。

1. 招标控制价的概念

招标控制价是在工程招标发包过程中，由招标人根据有关计价规定计算的工程造价。其作用是招标人用于对招标工程发包的最高限价，有的地方也称拦标价、预算控制价。

2. 编制和使用招标控制价的原则

我国对国有资金投资项目的投资控制实行的是投资概算审批制度，国有资金投资的工程原则上不能超过批准的投资概算。招标控制价超过批准的概算时，招标人应将其报原概算审批部门进行审核。

国有资金投资的工程进行招标，根据《中华人民共和国招标投标法》的规定，招标人可以设标底。当招标人不设标底时，为有利于客观、合理的评审投标报价和避免哄抬标价，造成国有资产流失，招标人应编制招标控制价。

国有资金投资的工程在招标过程中，当招标人编制的招标控制价超过批准的概算时的处理原则：招标人应将超过概算的招标控制价报原概算审批部门进行审核。

国有资金投资的工程，招标人编制并公布的招标控制价相当于招标人的采购预算，同时要求其不能超过批准的概算，因此，招标控制价是招标人在工程招标时能接受投标人报价的最高限价。国有资金中的财政性资金投资的工程在招标时还应符合《中华人民共和国政府采购法》相关条款的规定。如该法第三十六条规定："在招标采购中，出现下列情形之一的，应予废标……（三）投标人的报价均超过了采购预算，采购人不能支付的。"本条依据这一精神，规定了国有资金投资的工程，投标人的投标不能高于招标控制价，否则，其投标将被拒绝。

招标控制价的作用决定了招标控制价不同于标底，无须保密。为体现招标的公平、公正，防止招标人有意抬高或压低工程造价，招标人应在招标文件中如实公布招标控制价，不得对所编制的招标控制价进行上浮或下调。同时，招标人应将招标控制价报工程所在地的工程造价管理机构备查。

投标人有对招标人不按《建设工程工程量清单计价规范》的规定编制招标控制价进行投诉的权利。同时要求招投标监督机构和工程造价管理机构担负并履行对未按《建设工程工程量清单计价规范》规定编制招标控制价的行为进行监督处理的责任。

3. 编制主体

招标人负责编制招标控制价，当招标人不具有编制招标控制价的能力时，根据《工程造价咨询企业管理办法》（建设部令第149号）的规定，可委托具有工程造价咨询资质的工程造价咨询企业编制。工程造价咨询人不得同时接受招标人和投标人对同一工程的招标控制价和投标报价的编制。

4. 编制依据

编制招标控制价使用的计价标准、计价政策应是国家或省级、行业建设主管部门颁布的计价定额和相关政策规定；采用的材料价格应是以工程造价管理机构通过工程造价信息发布的材料单价为主；工程造价计价中费用的计算以国家或省级、行业建设主管部门对工程造价计价中费用或费用标准的规定为主。编制依据如下：

（1）《建设工程工程量清单计价规范》。

（2）国家或省级、行业建设主管部门颁布的计价定额和计价办法。

（3）建设工程设计文件及相关资料。

（4）招标文件中工程量清单及有关要求。

（5）与建设项目相关的标准、规范、技术资料。

（6）工程造价管理机构发布的工程造价信息，工程造价信息没有发布的参照市场价。

（7）其他的相关资料。

5. 分部分项工程费的计价要求

（1）工程量的确定，依据分部分项工程量清单中的工程量。

（2）综合单价的确定，按照编制依据中的规定确定综合单价。

（3）招标文件提供了暂估单价的材料，应按暂估的单价计入综合单价。

（4）为使招标控制价与投标报价所包含的内容一致，综合单价中应包括招标文件中要求投标人所承险内容及其范围（幅度）产生的风险费用。

6. 措施项目费的计价依据和原则

（1）措施项目费依据招标文件中措施项目清单所列内容。

（2）措施项目费按《建设工程工程量清单计价规范》的规定计价。

7. 其他项目费的计价要求

（1）暂列金额。暂列金额由招标人根据工程特点，按有关计价规定进行估算确定，一般可以按分部分项工程量清单费的10%～15%为参考。

（2）暂估价。暂估价中的材料单价应按照工程造价管理机构发布的工程造价信息或参考市场价格确定；暂估价中的专业工程暂估价应分不同专业，按有关计价规定估算。

（3）计日工。招标人应根据工程特点，按照列出的计日工项目和有关计价依据计算。

（4）总承包服务费。招标人应根据招标文件中列出的内容和向总承包人提出的要求，参照下列标准计算。

①招标人仅要求对分包的专业工程进行总承包管理和协调时，按分包的专业工程估算造价的1.5%计算。

②招标人要求对分包的专业工程进行总承包管理和协调，并同时要求提供配合服务时，根据招标文件中列出的配合服务内容和提出的要求，按分包的专业工程估算造价的3%～5%计算。

③招标人自行供应材料的，按招标人供应材料价值的1%计算。

8. 规费和税金的计取原则

规费和税金必须按国家或省级、行业建设主管部门的规定计算。

4.3.3 投标报价

1. 投标报价的概念

投标价是在工程招标发包过程中，由投标人按照招标文件的要求，根据工程特点，并结合自身的施工技术、装备和管理水平，依据有关计价规定自主确定的工程造价，是投标人希望达成工程承包交易的期望价格，它不能高于招标人设定的招标控制价。

2. 投标价确定的原则

（1）除计价规范强制性规定外，投标价由投标人自主确定。

（2）投标价不得低于成本。

《中华人民共和国反不正当竞争法》第十一条规定：“经营者不得以排挤竞争对手为目的，以低于成本的价格销售商品。”《中华人民共和国招标投标法》第四十一条规定：“中标人的投标应当符合下列条件……（二）能够满足招标文件的实质性要求，并且经评审的投标价格最低；但是投标价格低于成本的除外。”《评标委员会和评标方法暂行规定》（国家计委等七部委第12号令）第二十一条规定：“在评标过程中，评标委员会发现投标人的报价明显低于其他投标报价或者在设有标底时明显低于标底的，使得其投标报价可能低于其个别成本的，应当要求该投标人作出书面说明并提供相关证明材料。投标人不能合理说明或者不能提供相关证明材料的，由评标委员会认定该投标人以低于成本报价竞标，其投标应作废标处理。”根据上述法律、规章的规定，《建设工程工程量清单计价规范》规定投标人的投标报价不得低于成本。

(3) 投标价的编制主体。

投标价由投标人或受其委托具有相应资质的工程造价咨询人编制。

3. 填写的工程量清单的要求

实行工程量清单招标，招标人在招标文件中提供工程量清单，其目的是使各投标人在投标报价中具有共同的竞争平台。因此，要求投标人在投标报价中填写的工程量清单的项目编码、项目名称、项目特征、计量单位、工程数量必须与招标人招标文件中提供的一致。

4. 投标报价应遵循的依据

投标报价最基本的特征是投标人自主报价，它是市场竞争形成价格的体现。投标报价应遵循的依据如下。

(1)《建设工程工程量清单计价规范》。

(2) 国家或省级、行业建设主管部门颁布的计价办法。

(3) 企业定额，国家或省级、行业建设主管部门颁布的计价定额。

企业定额专指施工企业定额，是施工企业根据自身拥有的施工技术、机械装备和具有的管理水平而编制的完成一个工程量清单项目使用的人工、材料、机械台班等的消耗标准，是施工企业投标报价的依据之一。

(4) 招标文件、工程量清单及补充通知、答疑纪要。

(5) 建设工程设计文件及相关资料。

(6) 施工现场情况、工程特点及拟定的投标施工组织或施工方案。

(7) 与建设项目相关的标准、规范等技术资料。

(8) 市场价格信息或工程造价管理机构发布的工程造价信息。

(9) 其他的相关资料。

5. 分部分项工程费中确定综合单价的要求

(1) 综合单价的组成内容应符合《建设工程工程量清单计价规范》的规定；综合单价的计算程序与控制价中的相同。

(2) 招标文件中提供了暂估单价的材料，应按暂估的单价计入综合单价。

(3) 综合单价中应考虑招标文件中要求投标人承担的风险内容及其范围（幅度）产生的风险费用。在施工过程中，当出现的风险内容及其范围（幅度）在合同约定的范围内时，工程价款不做调整。

6. 措施项目费投标报价的要求

由于各投标人拥有的施工装备、技术水平和采用的施工方法有所差异，招标人提出的措施项目清单是根据一般情况确定的，没有考虑不同投标人的“个性”，投标人投标时应根据自身编制的投标施工组织设计或施工方案确定措施项目，对招标人提供的措施项目进行调整。投标人根据投标施工组织设计或施工方案调整和确定的措施项目应通过评标委员会的评审。

措施项目费的计算包括：

(1) 措施项目的内容应依据招标人提供的措施项目清单和投标人投标时拟定的施工组织设计或施工方案。

(2) 措施项目费的计价方式应根据招标文件的规定，可以计算工程量的措施清单项目采用综合单价方式报价，其余的措施清单项目采用以“项”为计量单位的方式报价。

（3）措施项目费由投标人自主确定，但其中安全文明施工费应按国家或省级、行业建设主管部门的规定确定。

7. 其他项目费投标报价的要求

（1）暂列金额应按照其他项目清单中列出的金额填写，不得变动。

（2）暂估价不得变动和更改。暂估价中的材料必须按照暂估单价计入综合单价；专业工程暂估价必须按照其他项目清单中列出的金额填写。

（3）计日工应按照其他项目清单列出的项目和估算的数量，自主确定各项综合单价并计算费用。

（4）总承包服务费应依据招标人在招标文件中列出的分包专业工程内容和供应材料、设备情况，按照招标人提出协调、配合与服务要求和施工现场管理需要自主确定。

8. 规费和税金计取的要求

规费和税金的计取标准是依据有关法律、法规和政策规定制定的，具有强制性。投标人是法律、法规和政策的执行者，他不能改变，更不能制定，而必须按照法律、法规、政策的有关规定执行。因此、本条规定投标人在投标报价时必须按照国家或省级、行业建设主管部门的有关规定计算规费和税金。

9. 总价的要求

实行工程量清单招标，投标人的投标总价应当与组成工程量清单的分部分项工程费、措施项目费、其他项目费和规费、税金的合计金额相一致，即投标人在投标报价时，不能进行投标总价优惠（或降价、让利），投标人对招标人的任何优惠（或降价、让利）均应反映在相应清单项目的综合单价中。

10. 投标报价使用的表格

（1）封面。

投标人编制投标报价时，编制人员必须是在投标人单位注册的造价人员。由投标人盖单位公章，法定代表人或其授权人签字或盖章；编制的造价人员（造价工程师或造价员）签字盖执业专用章。

（2）总说明。

总说明应按下列内容填写：

①工程概况。建设规模、工程特征、计划工期、合同工期、施工现场情况、施工组织设计的特点、自然地理条件、环境保护要求等。

②编制依据。

4.3.4 工程合同价款的约定

1. 合同价的概念

合同价是在工程发、承包交易过程中，由发、承包双方以合同形式确定的工程承包价格。采用招标发包的工程，其合同价应为投标人的中标价。

2. 合同约定的要求

实行招标的工程合同款应在中标通知书发出之日起 30 日内，由发、承包双方在依据招标文件和中标人的投标文件在书面合同中约定。

不实行招标的工程合同价款，在发、承包双方认可的工程价款基础上，由发、承包双方在合同中约定。

《中华人民共和国合同法》第二百七十条规定："建设工程合同应采用书面形式。"《中华人民共和国招标投标法》第四十六条规定："招标人和中标人应当自中标通知书发出之日起30日内，按照招标文件和中标人的投标文件订立书面合同。招标人和中标人不得再行订立背离合同实质性内容的其他协议。"

工程合同价款的约定是建设工程合同的主要内容，根据有关法律条款的规定，工程合同价款的约定应满足以下几个方面的要求：

(1) 约定的依据要求。招标人向中标的投标人发出的中标通知书。

(2) 约定的时间要求。自招标人发出中标通知书之日起30天内。

(3) 约定的内容要求。招标文件和申标人的投标文件。

(4) 合同的形式要求。书面合同。

在工程招投标及建设工程合同签订过程中，招标文件应视为要约邀请，投标文件为要约，中标通知书为承诺。因此，在签订建设工程合同时，当招标文件与中标人的投标文件有不一致的地方，应以投标文件为准。

3. 合同方式

对实行工程量清单计价的工程，宜采用单价合同方式，不宜采用固定总价合同。即合同约定的工程价款中所包含的工程量清单项目综合单价在约定条件内是固定的，不予调整，工程量允许调整。工程量清单项目综合单价在约定的条件外，允许调整。调整方式、方法应在合同中约定。

4. 工程价款约定的基本内容

发、承包双方在合同条款中对工程价款进行约定，合同中没有约定或约定不明确的，由双方协商确定；协商不能达成一致的，按《建设工程工程量清单计价规范》执行。

发、承包双方在合同条款中对下列事项进行约定：

(1) 预付工程款的数额、支付的时间及抵扣方式。

(2) 工程计量与支付工程款的方式、数额和时间。

(3) 工程价款的调整因素、方法、程序、支付及时间。

(4) 索赔与现场签证的程序、金额确认与支付时间。

(5) 发生工程价款争议的解决方法与时间。

(6) 承担风险的内容、范围以及超出约定内容、范围的调整办法。

(7) 工程竣工价款结算编制与核对、支付及时间。

(8) 工程质量保证（保修）金的数额、预扣方式及时间。

(9) 与履行合同支付价款有关的其他事项等。

4.3.5 工程计量与价款支付

1. 发包人和承包人的概念

发包人有时也称建设单位或业主，在工程招标发包中，又被称为招标人。

承包人有时也称施工企业，在工程招标发包中，投标时又被称为投标人，中标后称为中标人。

2. 预付款支付和抵扣

发包人应按照合同约定支付工程预付款。支付的工程预付款，按照合同约定在工程进度款中抵扣。

发包人应按合同约定的时间和比例（或金额）向承包人支付工程预付款。当合同对工程预付款的支付没有约定时，按以下规定办理。

(1) 工程预付款的额度。原则上预付比例不低于合同金额（扣除暂列金额）的10%，不高于合同金额（扣除暂列金额）的30%，对重大工程项目，按年度工程计划逐年预付。实行工程量清单计价的工程，实体性消耗和非实体性消耗部分宜在合同中分别约定预付款比例（或金额）。

(2) 工程预付款的支付时间。在具备施工条件的前提下，发包人应在双方签订合同后的一个月内或约定的开工日期前的7天内预付工程款。

(3) 若发包人未按合同约定预付工程款，承包人应在预付时间到期后10天内向发包人发出要求预付的通知，发包人收到通知后仍不按要求预付，承包人可在发出通知14天后停止施工，发包人应从约定应付之日起按同期银行贷款利率计算向承包人支付应付预付款的利息，并承担违约责任。

(4) 凡是没有签订合同或不具备施工条件的工程，发包人不得预付工程款，不得以预付款为名转移资金。

3. 进度计量和支付的要求

发包人支付工程进度款，应按照合同约定计量和支付，支付周期同计量周期。

工程量的正确计量是发包人向承包人支付工程进度款的前提和依据。计量和付款周期可采用分段或按月结算的方式，当采用分段结算方式时，应在合同中约定具体的工程分段划分，付款周期应与计量周期一致。

4. 工程计量的要求

工程计量时，若发现工程量清单中出现漏项、工程量计算偏差以及工程变更引起的工程量增减，工程量应按承包人在履行合同义务过程中的实际完成工程量计量。

承包人应按照合同约定，向发包人递交已完工程量报告。发包人应在接到报告后按合同约定进行核对。

当发、承包双方在合同中未对工程量的计量时间、程序、方法和要求做约定时，按以下规定办理：

(1) 承包人应在每个月末或合同约定的工程段未向发包人递交上月或工程段已完工程量报告。

(2) 发包人应在接到报告后7天内按施工图纸（含设计变更）核对已完工程量，并应在计量前24 h通知承包人，承包人应按时参加。

(3) 计量结果。

①如发、承包双方均同意计量结果，则双方应签字确认。

②如承包人未按通知参加计量，则由发包人批准的计量应认为是对工程量的正确计量。

③如发包人未在规定的核对时间内进行计量，视为承包人提交的计量报告已经认可。

④如发包人未在规定的核对时间内通知承包人，致使承包人未能参加计量，则由发包人所作的计量结果无效。

⑤对于承包人超出施工图纸范围或因承包人原因造成返工的工程量，发包人不予计量。

⑥如承包人不同意发包人的计量结果，承包人应在收到上述结果后7天内向发包人提出，申明承包人认为不正确的详细情况。发包人收到后，应在2天内重新检查对有关工程量的计量，或予以确认，或将其修改。

发、承包双方认可核对后的计量结果应作为支付工程进度款的依据。

5. 递交进度款支付申请的要求

承包人应在每个付款周期末（月末或合同约定的工程段完成后），向发包人递交进度款支付申请，申请中应附但不限于以下支持性证明文件。

(1) 本周期已完成工程的价款。

(2) 累计已完成的工程价款。

(3) 累计已支付的工程价款。

(4) 本周期已完成计日工金额。

(5) 应增加和扣减的变更金额。

（6）应增加和扣减的索赔金额。

（7）应抵扣的工程预付款。

（8）应扣减的质量保证金。

（9）根据合同应增加和扣减的其他金额。

（10）本付款周期实际应支付的工程价款。

6. 发包人核对和支付工程价款的要求

发包人在收到承包人递交的工程进度款支付申请及相应的证明文件后，发包人应在合同约定时间内核对和支付工程价款。发包人应扣回的工程预付款，与工程进度款同期结算抵扣。

发包人应按合同约定的时间核对承包人的支付申请，并应按合同约定的时间和比例向承包人支付工程进度款。当发、承包双方在合同中未对工程进度款支付申请的核对时间以及工程进度款支付时间、支付比例做约定时，按以下规定办理：

（1）发包人应在收到承包人的工程进度款支付申请后 14 天内核对完毕。否则，从第 15 天起承包人递交的工程进度款支付申请视为被批准。

（2）发包人应在批准工程进度款支付申请的 14 天内，向承包人按不低于计量工程价款的 60%，不高于计量工程价款的 90%向承包人支付工程进度款。

（3）发包人在支付工程进度款时，应按合同约定的时间、比例（或金额）扣回工程预付款。

7. 发包人未按合同约定支付工程进度款的处理原则

发包人未在合同约定时间内支付工程进度款，承包人应及时向发包人发出要求付款的通知，发包人收到承包人通知后仍不按要求付款，可与承包人协商签订延期付款协议，经承包人同意后延期支付。协议应明确延期支付的时间和从付款申请生效后按同期银行贷款利率计算付款的利息。

8. 发包人不按合同约定支付工程进度款

且与承包人又未能达成延期付款协议时，承包人可停止施工，由发包人应承担违约责任。

4.3.6 索赔与现场签证

1. 索赔和现场签证的概念

索赔是专指工程建设的施工过程中，发、承包双方在履行合同时，对于非自己过错的责任事件并造成损失时，向对方提出补偿要求的行为。

现场签证是专指在工程建设的施工过程中，发、承包双方的现场代表（或其委托人）对施工过程中由于发包人的责任致使承包人在工程施工中于合同内容外发生了额外的费用，由承包人通过书面形式向发包人提出，予以签字确认的证明。

2. 合同双方均有提出索赔的权利

《中华人民共和国民法通则》第一百一十一条规定：“当事人一方不履行合同义务或履行合同义务不符合合同约定条件的，另一方有权要求履行或者采取补救措施，并有权要求赔偿损失。”因此，索赔是合同双方依据合同约定维护自身合法利益的行为，它的性质属于经济补偿行为，而非惩罚。

建设工程施工中的索赔是发、承包双方行使正当权利的行为，承包人可向发包人索赔，发包人也可向承包人索赔。

3. 承包人应按合同约定的时间向发包人提出索赔

发包人应按合同约定的时间进行答复和确认。

若承包人认为非承包人的原因造成了承包人的经济损失，承包人应在确认该事件发生后，按合同约定向发包人发出索赔通知。发包人在收到最终索赔报告后并在合同约定时间内，未向承包人做出答复，视为该项索赔已经认可。

承包人向发包人的索赔应在索赔事件发生后，持证明索赔事件发生的有效证据和依据正当的索赔理由：按合同约定的时间向发包人提出索赔。发包人应按合同约定的时间对承包人提出的索赔进行答复和确认。当发、承包双方在合同中对此未做具体约定时，按以下规定办理：

(1) 承包人应在确认引起索赔的事件发生后28天内向发包人发出索赔通知，否则，承包人无权获得追加付款，竣工时间不得延长。

(2) 承包人应在现场或发包人认可的其他地点，保持证明索赔可能需要的记录。发包人收到承包人的索赔通知后，未承认发包人责任前，可检查记录保持情况，并可指示承包人保持进一步的同期记录。

(3) 在承包人确认引起索赔的事件后42天内，承包人应向发包人递交一份详细的索赔报告，包括索赔的依据、要求追加付款的全部资料。

如果引起索赔的事件具有连续影响，承包人应按月递交进一步的中间索赔报告，说明累计索赔的金额。

承包人应在索赔事件产生的影响结束后28天内，递交一份最终索赔报告。

(4) 发包人在收到索赔报告后28天内，应做出回应，表示批准或不批准并附具体意见。还可以要求承包人提供进一步的资料，但仍要在上述期限内对索赔做出回应。

(5) 发包人在收到最终索赔报告后的28天内，未向承包人做出答复，视为该项索赔报告已经认可。

4. 索赔的处理程序和要求

承包人索赔按下列程序处理：

(1) 承包人在合同约定时间内向发包人递交费用索赔意向通知书。

(2) 发包人指定专人收集与索赔有关的资料。

(3) 承包人在合同约定时间内向发包人递交费用索赔申请表。

(4) 发包人指定的专人初步审查费用索赔申请表。

(5) 发包人指定的专人进行费用索赔核对，经造价工程师复核索赔金额后，与承包人协商确定并由发包人批准。

(6) 发包人指定的专人应在合同约定时间内签署费用索赔申请表，或发出要求承包人提交有关索赔的进一步详细资料的通知，待收到承包人提交的详细资料后按 (4)、(5) 的程序进行。

5. 承包人的费用索赔和工程延期要求相关联时

发包人在做出费用索赔的批准决定时应结合工程延期的批准，综合做出费用索赔和工程延期的决定。

索赔事件发生后，在造成费用损失时，往往会造成工期的变动。当索赔事件造成的费用损失与工期相关联时，承包人应根据发生的索赔事件，在向发包人提出费用索赔要求的同时，提出工期延长的要求。

发包人在批准承包人的索赔报告时，应将索赔事件造成的费用损失和工期延长联系起来，综合作出批准费用索赔和工期延长的决定。

6. 发包人向承包人提出索赔的时间、程序和要求

若发包人认为由于承包人的原因造成额外损失，发包人应在确认引起索赔的事件后，按合同约定向承包人发出索赔通知。承包人在收到发包人索赔通知后并在约定的时间内，未向发包人做出答复，视为该项索赔已经认可。

当合同中对此未做具体约定时，按以下规定办理：

(1) 发包人应在确认引起索赔的事件发生后28天内向承包人发出索赔通知，否则，承包人免除该索赔的全部责任。

（2）承包人在收到发包人索赔报告后的 28 天内，应做出回应，表示同意或不同意并附具体意见，如在收到索赔报告后的 28 天内，未向发包人做出答复，视为该项索赔报告已经认可。

7. 承包人应发包人的要求完成合同以外的零星工作，应进行现场签证的要求

承包人应发包人要求完成合同以外的零星工作或非承包人责任事件发生时，承包人应按合同约定时间及时向发包人提出现场签证。

承包人应发包人要求完成合同以外的零星工作，应进行现场签证。当合同对此未做具体约定时，承包人应在发包人提出要求后 7 天内向发包人提出签证，发包人签证后施工。若没有相应的计日工单价，签证中还应包括用工数量和单价、机械台班数量和单价、使用材料及数量和单价等。若发包人未签证同意，承包人施工后发生争议的，责任由承包人自负。

发包人应在收到承包人的签证报告 48 h 内给予确认或提出修改意见，否则，视为该签证报告已经认可。

8. 发、承包双方确认的索赔与现场签证费用的要求

发、承包双方确认的索赔与现场签证费用应与工程进度款同期支付。

4.3.7 工程价款调整

1. 由于国家的法律、法规发生变化影响工程造价时，应按规定调整合同价款的要求

招标工程以投标截至日前 28 天，非招标工程以合同签订前 28 天为基准日，其后国家法律、法规、规章及政策发生变化影响工程造价的，应按省级或行业建设主管部门或其授权的工程造价管理机构发布的规定调整合同价款。

在工程建设过程中，发、承包双方都是国家法律、法规、规章及政策的执行者。因此，在发、承包双方履行合同的过程中，当国家的法律、法规、规章及政策发生变化，国家或省级、行业建设主管部门或其授权的工程造价管理机构据此发布工程造价调整文件，工程价款应当进行调整。

2. 新增项目综合单价的确定

因分部分项工程量清单的漏项或非承包人原因引起的工程变更，造成增加新的工程量清单项目，新增项目综合单价的确定方法。

（1）合同中已有适用的综合单价，按合同中已有的综合单价确定。

（2）合同中有类似的综合单价，参照类似的综合单价确定。

（3）合同中没有适用或类似的综合单价，由承包人提出综合单价，经发包人确认后执行。

3. 综合单价和措施项目费的调整

（1）当施工图纸（含设计变更）与工程量清单项目特征描述不一致时，发、承包双方应按实际施工的项目特征重新确定相应工程量清单项目的综合单价。

（2）因分部分项工程量清单漏项或非承包人原因的工程变更，造成增加新的分部分项工程量清单项目并引起措施项目发生变化，影响施工组织设计或施工方案发生变更，造成措施费发生变化的应调整措施费。

①原措施费中已有的措施项目，按原措施费的组价方法调整。

②原措施费中没有的措施项目，由承包人根据措施项目变更情况，提出适当的措施费变更，经发包人确认后调整。

（3）在合同履行过程中，因非承包人原因引起的工程量增减，使得实际工程量与招标文件中提供的工程量可能有偏差，该偏差对工程量清单项目的综合单价将产生影响，是否调整综合单价以及如何调整应在合同中约定。若合同未作约定，应按以下原则办理：

①当工程量清单项目工程量的变化幅度在 10%以内时，其综合单价不做调整，执行原有综合单价。

②当工程量清单项目工程量的变化幅度在10%以外，且其影响分部分项工程费超过0.1%时，其综合单价以及对应的措施费（如有）均应做调整。调整的方法是由承包人对增加的工程量或减少后剩余的工程量提出新的综合单价和措施项目费，经发包人确认后调整。

4. 市场价格发生变化超过一定幅度时工程价款应予调整

施工期内，市场价格发生波动超过一定幅度时，应按合同约定调整工程价款。如合同没有约定或约定不明确的，可按以下规定执行。

(1) 人工单价发生变化时，发、承包双方应按省级或行业建设主管部门或其授权的工程造价管理机构发布的人工成本文件调整工程价款。

(2) 材料价格变化超过省级和行业建设主管部门或其授权的工程造价管理机构规定的幅度时应当调整，承包人应在采购材料前将采购数量和新的材料单价报发包人核对，确认用于本合同工程时，发包人应确认采购材料的数量和单价。发包人在收到承包人报送的确认资料后3个工作日不予答复的视为已经认可，作为调整工程价款的依据。如果承包人未报经发包人核对即自行采购材料，再报发包人确认调整工程价款的，如发包人不同意，则不做调整。

5. 不可抗力事件发生造成损失时，工程价款应予调整

因不可抗力事件导致的费用，发、承包双方应按以下原则分别承担并调整工程价款：

(1) 工程本身的损害、因工程损害导致第三方人员伤亡和财产损失以及运至施工场地用于施工的材料和待安装的设备的损害，由发包人承担。

(2) 发包人、承包人的人员伤亡由其所在单位负责，并承担相应费用。

(3) 承包人的施工机械设备损坏及停工损失，由承包人承担。

(4) 停工期间，承包人应发包人要求留在施工场地的必要的管理人员及保卫人员的费用，由发包人承担。

(5) 工程所需清理、修复费用，由发包人承担。

6. 工程价款调整因素确定

发、承包双方应按合同约定的时间和程序提出并确认工程价款调整。

工程价款调整报告应由受益方在合同约定时间内向合同的另一方提出，经双方确认后调整工程价款。受益方未在合同约定时间内提出工程价款调整报告的，视为不涉及合同价款的调整。

收到工程价款调整报告的一方应在合同约定时间内确认或提出协商意见，否则，视为工程价款调整报告已经确认。

当合同未做约定或《建设工程工程量清单计价规范》的有关条款未做规定时，按下列规定办理：

(1) 调整因素确定后14天内，由受益方向对方递交调整工程价款报告。受益方在14天内未递交调整工程价款报告的，视为不调整工程价款。

(2) 收到调整工程价款报告的一方，应在收到之日起14天内予以确认或提出协商意见，如在14天内未做确认也未提出协商意见时，视为调整工程价款报告已被确认。

7. 经发、承包双方确定调整的工程价款

作为追加（减）合同价款与工程进度款同期支付。

4.3.8 竣工结算

1. 竣工结算价的概念

竣工结算价是在承包人完成施工合同约定的全部工程内容，发包人依法组织竣工验收合格后，由发、承包双方按照合同约定的工程造价条款，即合同价、合同价款调整以及索赔和现场签证等事项确定的最终工程造价。

工程完工后，发、承包双方应在合同约定时间内办理竣工结算。

2. 工程竣工结算编制与核对的要求

竣工结算由承包人编制，发包人核对。实行总承包的工程，由总承包人对竣工结算的编制负总责。根据《工程造价咨询企业管理办法》（建设部令第 149 号）的规定，承、发包人均可委托具有工程造价咨询资质的工程造价咨询企业编制或核对竣工结算。

3. 工程竣工结算的依据

(1)《建设工程工程量清单计价规范》。

(2) 施工合同。

(3) 工程竣工图纸及资料。

(4) 双方确认的工程量。

(5) 双方确认追加（减）的工程价款。

(6) 双方确认的索赔、现场签证事项及价款。

(7) 投标文件。

(8) 招标文件。

(9) 其他依据。

4. 竣工结算中工程量确认、综合单价和措施项目费计算

办理竣工结算时，分部分项工程费中工程量应依据发、承包双方确认的工程量，综合单价应依据合同约定的单价计算。如发生调整，则以发、承包双方确认调整后的综合单价计算。

办理竣工结算时，措施项目费应依据合同约定的项目和金额计算，如发生调整，以发、承包双方确认调整后的措施项目费金额计算。

措施项目费中的安全文明施工费应按照国家或省级、行业建设主管部门的规定计算。施工过程中，若国家或省级、行业建设主管部门对安全文明施工费进行调整，则措施项目费中的安全文明施工费应做相应调整。

5. 竣工结算中其他项目费、规费和税金的计算

其他项目费在办理竣工结算时按以下规定计算。

(1) 计日工的费用应按发包人实际签证确认的数量和合同约定的相应单价计算。

(2) 当暂估价中的材料是招标采购的，其单价按中标价在综合单价中调整。当暂估价中的材料为非招标采购的，其单价按发、承包双方最终确认的单价在综合单价中调整。

当暂估价中的专业工程是招标采购的，其金额按中标价计算。当暂估价中的专业工程为非招标采购的，其金额按发、承包双方与分包人最终确认的金额计算。

(3) 总承包服务费应依据合同约定的金额计算，发、承包双方依据合同约定对总承包服务费进行调整的，应按调整后的金额计算。

(4) 索赔事件产生的费用在办理竣工结算时应在其他项目费中反映。索赔费用的金额应依据发、承包双方确认的索赔项目和金额计算。

(5) 现场签证发生的费用在办理竣工结算时应在其他项目费中反映。现场签证费用金额依据发、承包双方签证确认的金额计算。

(6) 合同价款中的暂列金额在用于各项价款调整、索赔与现场签证后，若有余额，则余额归发包人，若出现差额，则由发包人补足并反映在相应的工程价款中。

规费和税金的计取原则：竣工结算时应按照国家或省级、行业建设主管部门对规费和税金的计取标准计算。

6. 竣工结算编制的时间和递交的要求

承包人应在合同约定的时间内完成竣工结算编制工作，承包人向发包人提交竣工验收报告时，应一并递交竣工结算书。

承包人无正当理由在约定时间内未递交竣工结算书，造成工程结算价款延期支付的，责任由承包人承担。经发包人催促后仍未提供或没有明确答复的，发包人可以根据已有资料办理结算。

7. 竣工结算核对的要求

发包人在收到承包人递交的竣工结算书后，应按合同约定的时间核对。统一工程竣工结算核对完成，发承包双方签字确认后，禁止发包方又要求承包人与另一个或多个工程造价咨询人重复核对竣工结算。

竣工结算的核对是工程造价计价中发、承包双方应共同完成的重要工作。按照交易的一般原则，任何交易结束，都应做到钱、货两清，工程建设也不例外。工程施工的发、承包活动作为期货交易行为，当工程竣工验收合格后，承包人将工程移交给发包人时，发、承包双方应将工程价款结算清楚，即竣工结算办理完毕。本条按照交易结束时钱、货两清的原则，规定了发、承包双方在竣工结算核对过程中的权、责。其主要体现在以下方面：

(1) 竣工结算的核对时间。按发、承包双方合同约定的时间完成。

《最高人民法院关于审理建设工程施工合同纠纷案件适用法律问题的解释》（法释〔2004〕14号）第二十条规定："当事人约定，发包人收到竣工结算文件后，在约定期限内不予答复，视为认可竣工结算文件的，按照约定处理。承包人请求按照竣工结算文件结算工程价款的，应予支持。"根据这一规定，要求发、承包双方不仅应在合同中约定竣工结算的核对时间，并应约定发包人在约定时间内对竣工结算不予答复，视为认可承包人递交的竣工结算。

合同中对核对竣工结算时间没有约定或约定不明的，按表 4.1 规定的时间进行核对并提出核对意见。

表 4.1　竣工结算核对时间

	工程竣工结算书金额	核对时间
1	500 万元以下	从接到竣工结算书之日起 20 天
2	500 万～2 000 万元	从接到竣工结算书之日起 30 天
3	2 000 万～5 000 万元	从接到竣工结算书之日起 45 天
4	5 000 万元以上	从接到竣工结算书之日起 60 天

建设项目竣工总结算在最后一个单项工程竣工结算核对确认后 15 天内汇总，送发包人后 30 天内核对完成。

合同约定或《建设工程工程量清单计价规范》规定的结算核对时间含发包人委托工程造价咨询人核对的时间。

(2) 竣工结算核对完成的标志是发、承包双方签字确认。此后，禁止发包人又要求承包人与另一个或多个工程造价咨询人重复核对竣工结算。

8. 发、承包双方在竣工结算中的责任

发包人或受其委托的工程造价咨询人收到承包人递交的竣工结算书后，在合同约定的时间内，不核对竣工结算或未提出核对意见的，视为承包人递交的竣工结算书已经认可，发包人应向承包人支付工程结算价款。

承包人在接到发包人提出的核对意见后，在合同约定的时间内，不确认也不提出异议的，视为发包人提出的核对意见已经认可，竣工结算办理完毕。

9．其他规定

（1）发包人拒不签收承包人报送的竣工结算书时承包人的权利。

发包人应对承包人递交的竣工结算书签收，拒不签收的，承包人可以不交付竣工工程。

（2）承包人未按合同约定递交竣工结算书时发包人的权利。

承包人未在合同约定时间内递交竣工结算书的，发包人要求交付竣工工程，承包人应当交付。

（3）工程竣工结算书应作为工程竣工验收备案、交付使用的必备条件。

竣工结算是反映工程造价计价规定执行情况的最终文件。根据《中华人民共和国建筑法》第六十一条："交付竣工验收的建筑工程，必须符合规定的建筑工程质量标准，有完整的工程技术经济资料和经签署的工程保修书，并具备国家规定的其他竣工条件"的规定，《建设工程工程量清单计价规范》规定了将工程竣工结算书作为工程竣工验收备案、交付使用的必备条件。同时要求发、承包双方竣工结算办理完毕后应由发包人向工程造价管理机构备案，以便工程造价管理机构对《建设工程工程量清单计价规范》的执行情况进行监督和检查。

（4）竣工结算办理完毕，发包人应在合同约定时间内向承包人支付工程结算价款。

《建设工程工程量清单计价规范》规定了竣工结算办理完毕，发包人应在合同约定时间内向承包人支付工程结算价款，若合同中没有约定或约定不明的，发包人应在竣工结算书确认后15天内向承包人支付工程结算价款。

（5）承包人未按合同约定取得工程结算价款时应采取的措施。

竣工结算办理完毕后，发包人应按合同约定向承包人支付工程价款。发包人按合同约定应向承包人支付而未支付的工程款视为拖欠工程款。根据《最高人民法院关于审理建设工程施工合同纠纷案件适用法律问题的解释》（法释〔2004〕14号）第十七条规定："当事人对欠付工程价款利息计付标准有约定的，按照约定处理；没有约定的，按照中国人民银行发布的同期同类贷款利率计息。发包人应向承包人支付拖欠工程款的利息，并承担违约责任。"根据《中华人民共和国合同法》第二百八十六条规定："发包人未按照合同约定支付价款的，承包人可以催告发包人在合理期限内支付价款。发包人逾期不支付的，除按照建设工程的性质不宜折价、拍卖的以外，承包人可以与发包人协议将该工程折价，也可以申请人民法院将该工程依法拍卖。建设工程的价款就该工程折价或者拍卖的价款优先受偿。"

10．竣工结算使用的表格

（1）封面。

承包人自行编制竣工结算总价，编制人员必须是承包人单位注册的造价人员。由承包人盖单位公章，法定代表人或其授权人签字或盖章；编制的造价人员（造价工程师或造价员）签字盖执业专用章。

发包人自行核对竣工结算时，核对人员必须是在发包人单位注册的造价工程师。由发包人盖单位公章，法定代表人或其授权人签字或盖章，核对的造价工程师签字盖执业专用章。

发包人委托工程造价咨询人核对竣工结算时，核对人员必须是在工程造价咨询人单位注册的造价工程师。由发包人盖单位公章，法定代表人或其授权人签字或盖章；工程造价咨询人盖单位资质专用章，法定代表人或其授权人签字或盖章，核对的造价工程师签字盖执业专用章。

除非出现发包人拒绝或不答复承包人竣工结算书的特殊情况，竣工结算办理完毕后，竣工结算总价封面发、承包双方的签字、盖章应当齐全。

（2）总说明。

总说明应按下列内容填写：

①工程概况。建设规模、工程特征、计划工期、合同工期、实际工期、施工现场及变化情况、施工组织设计的特点、自然地理条件、环境保护要求等。

②编制依据。

4.3.9 工程争议处理

1. 对工程造价计价依据、办法以及相关政策规定发生争议时的解释权

工程造价管理机构是工程造价计价依据、办法以及相关政策的管理机构。在工程计价中，对发包人、承包人或工程造价咨询人对计价依据、办法以及相关政策规定发生的争议进行解释是工程造价管理机构的职责。

2. 发包人对工程质量有异议的情况下，工程竣工结算的办理原则

发包人对工程质量有异议，拒绝办理竣工结算的，已竣工验收或已竣工未验收但实际投入使用的工程，其质量争议按该工程保修合同执行，竣工结算按合同约定办理；已竣工未验收且未实际投入使用的工程以及停工停建工程的质量争议，双方应就争议的部分委托有资质的检测鉴定机构进行检测，根据检测结果确定解决方案，或按工程质量监督机构的处理决定执行后办理竣工结算，无争议部分的竣工结算按合同约定办理。

3. 发生工程造价合同纠纷时的解决渠道和方法

发、承包双方发生工程造价合同纠纷时，应通过下列办法解决：

(1) 双方协商。

(2) 提请调解，工程造价管理结构负责调解工程造价问题。

(3) 按合同约定向仲裁结构申请仲裁或向人民法院起诉。

4. 工程造价合同纠纷需作工程造价鉴定的要求

当工程造价合同纠纷需作工程造价鉴定的，根据《工程造价咨询企业管理办法》（建设部令第149号）第二十条的规定，应委托具有相应资质的工程造价咨询人进行。

4.4 建筑工程工程量清单及计价的审核

工程量清单规范明确要求招标方提供的工程量清单能反映拟建工程消耗，但由于编制工程量清单的编制人员水平的参差不齐，工程量清单会出现漏项或工程出入较大的情况，部分编制内容不完整或不严谨。一般在招标文件上都要求投标单位审查工程量清单，规定了双方的责任。投标方没有审查，如果清单编制有问题，由投标单位自行负责。清单错误会带来评标过程中的困难，而且也给签订施工合同、竣工结算带来了很多困难。所以投标人在接受招标文件后，编制投标报价前，应根据投标文件的要求，要对照图纸、对照招标文件上提供的工程量清单进行审查或复合。复核招标方提供的工程量清单，是投标人最重要的工作之一。

4.4.1 工程量清单审核的内容

1. 工程量清单项目的审核

主要审核工程量清单项目是否齐全，有无漏项或重复，重点是项目重复正、负误差。目前国内概预算定额内容及项目划分同工程量清单要求不尽一致，必须先弄清概预算定额及其工程量计算规则的特点，以及定额项目的工程量计算规则和工作内容与工程量清单的规则和内容有何不同。正误差在采用综合定额预算的项目中比较普遍。负误差由于清单编制人员缺乏现场施工管理经验和施工常识、图纸说明遗漏或模糊不清处理而常常遗漏。

在进行核对前，首先要熟悉施工图纸和概预算定额，如投标人的工程量清单是采用概算定额和项目划分，则更应注意每个主要项目中所综合的次要项目的内容。例如，墙身中是否包括了外墙面的勾缝和内墙面的一般抹灰、喷浆、过梁、墙身加筋、脚手架等；楼地面、屋面、墙面装饰是否以

施工图中的各种做法编号为计量单位；楼地面中是否包括踢脚线，或有的包括，有的单独列项（如木地板地面等）等。

2. 工程量的审核

工程量是计算标价的重要依据，在招标文件中大部分均有实物工程量清单。清单工程量是根据工程图纸、图纸说明和各种选用规范计算出来的，包括建筑及结构、电气设备和照明、给排水及消防水系统、通风空调、弱电工程（如综合布线、广播电视系统、消防报警系统、安全防范系统等）等多个专业。一般来说，招标文件上要求投标单位审查工程量清单，如果投标单位没有审查，投标单位则自行对清单编制的问题负责，这就要求分专业对施工图进行工程量的数量审查。各个专业有各自的规范、标准和规定，分专业审查要根据图纸的专业要求核对工程量，而不简单是图纸上表示的工程量。

投标人在投标报价前应对工程量的数量进行核对，通过核对分析工程量清单有无漏算、重复计算和数字计算等错误。

3. 工程做法及用料与图纸是否相符

在核对项目是否齐全、工程做法及用料是否与图纸相符时，工程量清单与图纸则要逐项进行核对，以查明是否有不符或漏项之处，一般易于疏忽者是图纸中的说明或图纸本身就有相互矛盾之处。

4. 工程量清单和招标文件是否相符

投标人通过审查工程量清单可以根据技术要求和招标文件的具体要求，对工程需要增加的内容进行审查。认真研究招标文件是投标单位争取中标的第一要素。虽然招标文件基本相同，但每个项目都有自己的特殊要求，这些要求一定会在招标文件上反映出来。有的项目工程量清单上要求增加的内容与技术要求或招标文件上的要求不统一，投标人应通过审查和澄清，将此统一起来。

4.4.2 工程量清单计价审核的内容

审查工程量清单计价的重点应该放在工程量计算、定额套用、设备材料价格取定是否合理，各项费用标准是否符合现行规定等方面。

1. 审查编制依据的合法性

采用的各种编制依据必须经过国家和授权机关的批准，符合国家的编制规定，未经批准的不能采用。

2. 审查编制依据的时效性

各种定额、价格、取费标准等，都应根据国家有关部门的现行规定进行，注意有无调整和新的规定，如有，应按新的调整方法和规定执行。

3. 审查编制说明及编制范围

审查编制说明可以检查工程量清单计价的深度、编制依据等重大原则问题，若编制说明有差错，则具体预算必有差错。此外，审查建筑工程的编制范围和具体内容是否与工程量清单的数量相对应，是否有无重复或漏算。

4. 审查施工工程量

工程量是影响工程造价的决定因素，它是审查的重要内容，审查工程量计算主要是依据工程量计算规则进行核算。

（1）建筑面积。

审查建筑面积计算，应重点审查计算建筑面积所依据的尺寸，计算的内容和方法是否符合建筑面积计算规则的要求；是否将不应该计算建筑面积部分也进行了计算，并作为建筑面积的一部分，以此扩大建筑面积，达到降低技术经济指标的目的。

(2) 土石方工程。

主要是审查计算式、有关系数和计算尺寸是否正确，土壤类别是否与勘察资料相符，施工方案是否合理经济。

(3) 桩基工程。

注意审查各种不同的桩，应该分别计算，施工方法必须符合设计要求，注意审查桩的接头数量是否正确。

(4) 措施项目。

措施项目是指可以计量的工程项目，包括模板、脚手架工程、垂直运输机械、大型机械进出场等。

5. 审查材料的预算价格

设备、材料预算价格在工程造价中所占比重最大，变化最大的内容应当重点审查。审查设备、材料的预算价格是否符合工程所占地的真实价格及价格水平。若是采用市场价，要核实其真实性、可靠性；若是采用有关部门公布的信息价，要注意信息价的时间、地点是否符合要求，是否要按规定调整。

6. 审查定额的套用

审查定额的套用是否正确，是审查预算工作的主要内容之一，审查的重点是工程名称、规格、计量单位是否与消耗量定额相符，有换算时，应审查换算的分项工程是否是定额中允许换算并审查换算是否正确。

7. 审查有关费用项目及其计取

有关费用项目计取的审查，要注意措施费的计算是否符合有关的规定标准，间接费和利润的计取基础是否符合现行规定，有无不能作为计费基础的费用列入计费的基础，是否有无巧立名目、乱计费、乱摊费用现象。

4.4.3 工程量清单及清单计价审核的方法

1. 全面审核法

全面审核法就是按照施工图的要求，按照工程项目划分的标准和土木工程工程量计算规则，全面地核对项目划分、工程数量的计算。这种方法实际上与工程量计算的方法和过程基本相同。这种方法常常适用于工程量不多的项目，如维修工程等；工程内容比较简单，分项工程不多的项目，如围墙、道路挡土墙、排水沟等。

这种方法的优点是：全面和细致，审查质量高，效果好；缺点是：工作量大，时间较长，存在重复劳动。在工程数量较大，投标时间要求较紧的情况下，这种方法是不可取的，但为了准确反映拟建工程实际工程量，仍可以采用这种方法。

2. 重点审核法

这种方法类似于全面审核法，其与全面审核法之区别仅是审核范围不同而已。通常的做法是选择工程量大，并且项目划分比较复杂的项目进行重点审核。如基础工程、砖石工程、混凝土及钢筋混凝土工程，门窗幕墙工程等。高层结构还应注意内外装饰工程的工程量审核。而一些附属项目、零星项目(雨篷、散水、坡道、明沟、水池、垃圾箱等)，往往忽略不计。

该方法的优点是重复劳动工作量相对减少，而取得的效果较佳。

3. 常见病审核法

由于工程量清单编制人员所处地位不同、立场不同，则观点、方法也不同。在预算编制中，不同程度地出现某些常见病。如工程量计算常常出现以下常见错误：

(1) 工程量计算正误差。

①毛石、钢筋混凝土基础 T 形交接重叠处重复计算。

②楼地面孔洞、沟道所占面积不扣。

③墙体中的圈梁、过梁所占体积不扣。

④挖地槽、地坑土方常常出现“挖空气”现象。

⑤钢筋计算常常不扣保护层。

⑥梁、板、柱交接处受力筋或箍筋重复计算。

⑦楼地面、墙面各种抹灰重复计算。

(2) 工程量计算负误差：完全按理论尺寸计算工程量。

4. 相关项目、相关数据审核法

工程量计算项目成百上千、数据成千上万。各项目和数据之间有着千丝万缕的联系。仔细分析就可以摸索出它们的规律。我们可利用这些规律来审核施工图预算，找出不符合规律的项目及数据，如漏项、重项、工程量数据错误等，然后，针对这些问题进行重点审核，如与建筑面积相关的项目和工程量数据、与室外净面积相关的项目和工程量数据、与墙体面积相关的项目和工程量数据、与外墙外边线相关的项目和工程量数据及其他相关项目与数据。

相关项目、相关数据审核法实质是工程量计算统筹法在预算审核工作中的应用，这种方法的最大优点是审查速度快、工作量小，可使审核工作效率大大提高。

【重点串联】

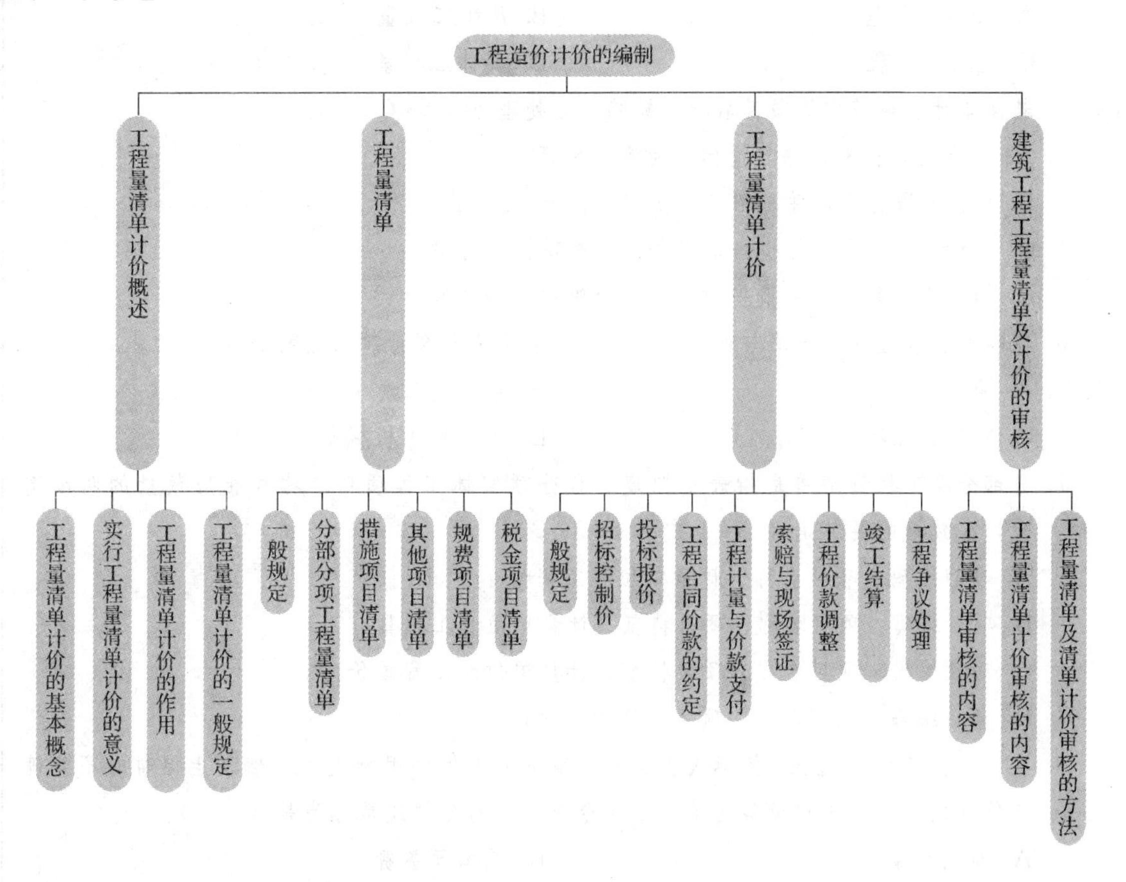

拓展与实训

职业能力训练

一、单选题

1. 关于工程量清单的表述，下列说法中正确的是（　　）。
   A. 工程量清单是指建设工程的分部分项工程项目、措施项目、其他项目的名称和相应数量以及规费和税金项目等内容的明细清单
   B. 招标工程量清单必须作为招标文件的组成部分，其准确性和完整性由投标人负责
   C. 工程量清单应由分部分项工程量清单、措施项目清单、其他项目清单组成
   D. 作为投标文件组成部分的已标明价格并经承包人确认的称为投标工程量清单
2. 分部分项工程量清单项目编码中第三级编码是（　　）。
   A. 分部工程顺序码　　B. 分项工程顺序码
   C. 工程量清单项目顺序码　　D. 专业工程顺序码
3. 根据《房屋建筑与装饰工程量计算规范》，可精确计量的措施项目包括（　　）。
   A. 安全文明施工费　　B. 冬雨季施工增加费
   C. 二次搬运费　　D. 施工排水、降水费
4. 清单项目的工程量应计算其（　　）。
   A. 损耗工程量　　B. 施工工程量
   C. 增加的工程量　　D. 实体工程量
5. 若清单计价规范中的项目名称有缺陷，则处理方法是（　　）。
   A. 招标人做补充，并与投标人协商后执行
   B. 投标人做补充，并与招标人协商后执行
   C. 投标人做补充，并报当地工程造价管理机构备案
   D. 招标人做补充，并报当地工程造价管理机构备案
6. 在规费、税金项目清单与计价表，能作为住房公积金计算基础的是（　　）。
   A. 直接费　　B. 定额人工费
   C. 直接工程费　　D. 人工费＋机械费
7. 分部分项工程量清单是指表示拟建工程分项实体工程项目名称和相应数量的明细清单，应包括的要件是（　　）。
   A. 项目编码、项目名称、计量单位和工程量
   B. 项目编码、项目名称、项目特征、计量单位和工程量
   C. 项目编码、项目名称、项目特征、计量单位和工程单价
   D. 项目编码、项目名称、项目特征和工程量
8. 在工程量清单模式下，招标人在工程量清单中提供的用于支付必然发生但暂时不能确定价格的材料、工程设备的单价以及专业工程的金额通常称为是（　　）。
   A. 暂列金额　　B. 基本预备费
   C. 暂估价　　D. 工程建设其他费

9. 专业工程的暂估价一般应是（　　）。

A. 综合暂估价，应当包括的管理费、利润、规费、税金等取费

B. 综合暂估价，应当包括除规费和税金以外的管理费、利润等取费

C. 综合暂估价，应当包括除规费以外的管理费、利润、税金等取费

D. 综合暂估价，应当包括除税金以外的管理费、利润、规费等取费

10. 有关其他项目清单的表述，下列内容中正确的是（　　）。

A. 暂列金额能保证合同结算价格不会超过合同价格

B. 投标人应将材料、工程设备暂估单价计入工程量清单综合单价报价中

C. 专业工程的暂估价一般应是综合暂估价，应当包括管理费、利润、规费、税金在内

D. 计日工适用的所谓零星工作一般是指合同约定之内的因变更而产生的额外工作

二、多选题

1. 工程量清单计价活动涵盖施工招标、合同管理以及竣工交付全过程，主要内容包括（　　）。

A. 编制招标工程量清单　　B. 确定合同价

C. 合同价款的调整　　D. 工程计价纠纷处理

E. 竣工决算

2. 下列单位中可能成为分部分项工程量清单计量单位的是（　　）。

A. 吨　　B. 100 m　　C. 组　　D. 项

E. 宗

3. 分部分项工程量清单的项目特征应按《房屋建筑与装饰工程计量规范》附录中规定的项目特征，结合（　　）予以详细而准确的表述和说明。

A. 技术规范　　B. 工程内容

C. 标准图集　　D. 施工图纸

E. 安装位置

4. 措施项目清单的编制依据包括（　　）。

A. 施工现场情况、地勘水文资料、工程特点

B. 分部分项工程量清单

C. 常规施工方案

D. 招标文件

E. 设计文件

5. 工程量清单计价的适用范围是（　　）。

A. 现阶段所有项目

B. 国有资金投资的工程建设项目

C. 国家融资资金投资的工程建设项目

D. 国有资金（含国家融资资金）为主的工程建设项目（是指国有资金占投资总额50%以上）

E. 国有资金（含国家融资资金）不足50%但国有投资者实质上拥有控股权的工程建设项目

三、简答题

1. 什么是工程量清单及工程量清单计价？
2. 工程量清单由哪些部分组成？
3. 分部分项工程量清单应由哪些部分组成？
4. 工程量清单格式应由哪些内容组成？
5. 简述分部分项工程量清单编制依据。
6. 简述工程量清单计价的费用组成。
7. 简述工程量清单计价的审核内容。
8. 工程量清单的“五统一”指什么？

链接执考

一、单选题

1. 编制招标工程量清单中分部分项工程量清单时，项目特征可以不描述的是（　　）。

A. 梁的标高　　B. 混凝土的强度等级

C. 门（窗）框外围尺寸或洞口尺寸　　D. 油漆（涂料）的品种

2. 关于标底与招标控制价的编制，下列说法中正确的是（　　）。

A. 招标人不得自行决定是否编制标底

B. 招标人不得规定最低投标限价

C. 编制标底时必须同时设有最高投标限价

D. 招标人不编制标底时应规定最低投标限价

3. 关于招标控制价，下列说法中正确的是（　　）。

A. 招标人不得拒绝高于招标控制价的投标报价

B. 利润可按建筑施工企业平均利润率计算

C. 招标控制价超过批准概算10%时，应报原概算审批部门审核

D. 经复查的招标控制价与原招标控制价误差大于±3%的应责成招标人改正

4. 招标控制价综合单价的组价包括如下工作：

①根据政策规定或造价信息确定工料机单价；②根据工程所在地的定额规定计算工程量；③将定额项目的合价除以清单项目的工程量；④根据费率和利率计算出组价定额项目的合价。则正确的工作顺序是（　　）。

A. ①④②③　　B. ①③②④　　C. ②①③④　　D. ②①④③

二、多选题

1. 编制工程量清单时，可以依据施工组织设计、施工规范、验收规范确定的要素有（　　）。

A. 项目名称　　B. 项目编码

C. 项目特征　　D. 计量单位

E. 工程量

2. 关于工程量清单及其编制，下列说法中正确的有（　　）。

A. 招标工程量清单必须作为投标文件的组成部分

B. 安全文明施工费应列入以“项”为单位计价的措施项目清单中

C. 招标工程量清单的准确性和完整性由其编制人负责

D. 暂列金中包括用于施工中必然发生但暂不能确定价格的材料、设备的费用

E. 计价规范中未列的规费项目，应根据省级政府或省级有关权力部门的规定列项

3. 下列工程项目中，必须采用工程量清单计价的有（　　）。

A. 使用各级财政预算资金的项目

B. 使用国家发行债券所筹资金的项目

C. 国有资金投资总额占50%以上的项目

D. 使用国家政策性货款的项目

E. 使用国际金融机构货款的项目

模块 5 建筑面积的计算

【模块概述】

本模块主要介绍建筑面积的概念、组成及计算建筑面积的意义、建筑面积的计算规则。具体任务是熟悉建设面积的概念及组成；了解计算建筑面积的意义；掌握建筑面积的计算规则

【知识目标】

1. 熟悉建设面积的概念及组成。
2. 了解计算建筑面积的意义。
3. 掌握建筑面积的计算规则。

【技能目标】

1. 熟悉建设面积的计算规则。
2. 掌握建筑面积的计算。

【课时建议】

2 课时

工程导入

计算如图 5.1 所示建筑的建筑面积。

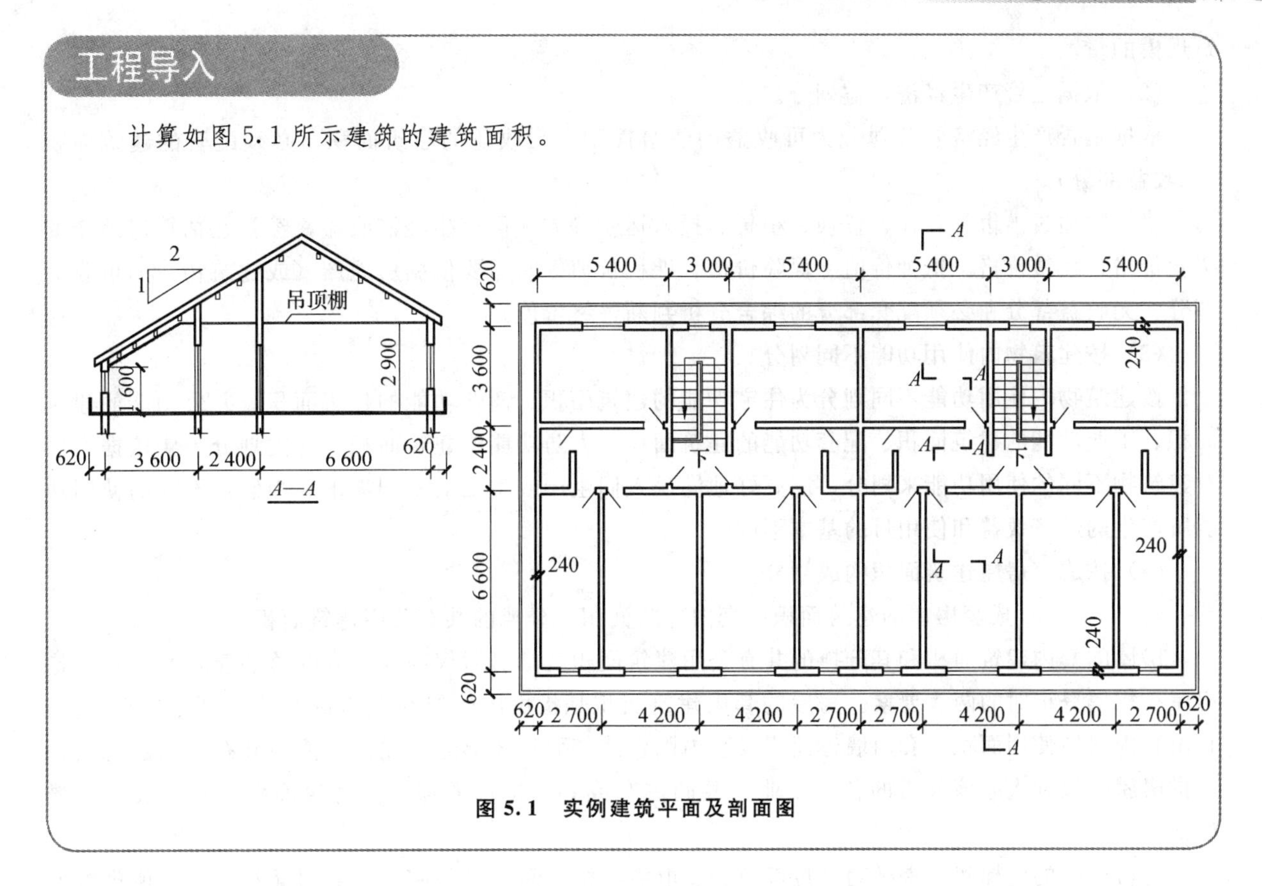

图 5.1 实例建筑平面及剖面图

5.1 建筑面积的概念、组成及分类

5.1.1 建筑面积的概念

建筑面积是指建筑物各层水平平面面积的总和，即建筑物外墙勒脚以上各层水平投影面积的总和。建筑展开面积，即建筑外墙勒脚以上外围水平面测定的各层平面面积之和。它是表示一个建筑物建筑规模大小的经济指标。

5.1.2 建筑面积的组成

建筑面积的计算公式为

建筑面积＝有效面积＋结构面积＝使用面积＋辅助面积＋结构面积

(1) 建筑面积。建筑面积指建筑物长度、宽度的外包尺寸的乘积再乘以层数。它由使用面积、辅助面积和结构面积组成。

(2) 使用面积。使用面积指建筑物各层平面中直接为生产或生活使用的净面积的总和。

(3) 辅助面积。辅助面积指建筑物各层平面为辅助生产或生活活动所占的净面积的总和，如居住建筑中的楼梯、走道、厕所、厨房等。

(4) 结构面积。结构面积指建筑物各层平面中的墙、柱等结构所占面积的总和。

5.1.3 建筑面积的分类

(1) 依据对建筑物建筑面积的组成部分划分。

总的建筑面积＝地上建筑面积＋地下建筑面积

这种划分主要为了描述独幢建筑物的总的建设规模，以及地上部分建筑规模的量和地下部分建筑规模的量。

（2）依据是否产生经济效益划分。

依据是否产生经济效益划分为可收益的建筑面积、无收益的建筑面积、必须配套的建筑面积（无收益部分）。

建筑物通过出售、转让、置换、租赁、投入运营等方式可产生经济收益，经常在估算房地产的买卖价格、租赁价格、抵押价值、保险价值、课税价值等时需要依据房地产（或建筑物）的可收益部分、无收益部分和必须配套部分的综合分析判断最终价值。

（3）按建筑物内使用功能不同划分。

按建筑物内使用功能不同划分为住宅功能的建筑面积、商业功能的建筑面积、办公功能的建筑面积、工业功能的建筑面积、配套功能的建筑面积、人防功能的建筑面积。这类划分主要依据人们对建筑物不同的使用功能来划分，能更好地满足人们生产或生活的不同需求。当然，不同的使用功能所产生的经济效益和使用目的基本不同。

（4）按成套房屋建筑面积构成划分。

成套房屋的建筑面积＝套内建筑面积＋分摊的共有公用建筑面积

房屋的套内建筑面积和其分摊的共有公用建筑面积就是房屋权利人所有的总的建筑面积，也是房屋在权属登记时的两大要素。房屋的套内建筑面积是指房屋的权利人单独占有使用的建筑面积，它由套内房屋使用面积、套内墙体面积及套内阳台建筑面积3部分组成。分摊的共有公用建筑面积是指房屋的权利人应该分摊的各产权业主共同占有或共同使用的那部分建筑面积。其组成及分摊如下：

①房屋中的电梯间、楼梯间、垃圾道、变电室（配电间）设备间、公共门厅和过道、值班警卫室以及其他功能上为整幢建筑或某一层建筑及某一部位建筑服务的公共用房、管理用房和公用通道等的建筑面积。

②套（单元）及自有部位与公用共有部分之间的分隔以用外墙（包括山墙）墙体水平投影面积折一半。

5.2 计算建筑面积的作用

1. 确定建设规划的重要指标

建筑面积是一项重要的技术经济指标。在国民经济一定时期内，完成建筑面积的多少，也标志着一个国家的工农业生产发展状况、人民生活居住条件的改善和文化生活福利设施发展的程度。同时也是城市规划行政主管部门批复的建设项目规划条件的重要技术指标，为国家统计部门汇总房地产市场的房屋新开工面积、房屋施工面积、房屋竣工面积等市场指标提供基础数据，可以让国家宏观地掌控房地产市场的发展状况，及时发布房地产市场信息，有效地调控市场的发展状况，从而更好地推进国民经济的健康发展。

2. 确定各项技术经济指标的基础

建筑面积与使用面积、辅助面积、结构面积之间存在着一定的比例关系，是项目前期进行工程勘察、工程初步设计施工图设计的重要依据。设计人员在进行建筑或结构设计时，都应在计算建筑面积的基础上再分别计算出结构面积、有效面积及诸如平面系数、土地利用系数等技术经济指标。

3. 计算有关分项工程量的依据

建筑面积是计算结构工程量或用于确定某些费用指标的基础。如计算出建筑面积之后，利用这个基数，就可以计算地面抹灰、室内填土、地面垫层、平整场地、脚手架工程等项目的预算价值。

为了简化预算的编制和某些费用的计算，有些取费指标的取定，如中小型机械费、生产工具使用费、检验试验费、成品保护增加费等也是以建筑面积为基数确定的。

4. 选择概算指标和编制概算的主要依据

概算指标是建设项目策划与投资决策阶段进行技术经济分析的重要依据，一般是以 100 m² 建筑面积为单位，所以建筑面积是编制项目初步设计概算的依据，也是选择概算指标的依据之一。

5. 建筑面积的计算

对于建筑施工企业实行内部经济承包责任制、投标报价、编制施工组织设计、配备施工力量、成本核算及物资供应等，都具有重要的意义。

5.3 建筑面积的计算规则

5.3.1 计算建筑面积的范围

（1）单层建筑物的建筑面积，应按其外墙勒脚以上结构外围水平面积计算，并应符合下列规定。

①单层建筑物高度在 2.20 m 及以上者应计算全面积；高度不足 2.20 m 者应计算 1/2 面积。

②利用坡屋顶内空间时净高超过 2.10 m 的部位应计算全面积，净高在 1.20～2.10 m 的部位应计算 1/2 面积；净高不足 1.20 m 的部位不应计算面积。

（2）单层建筑物内设有局部楼层者，局部楼层的二层及以上楼层，有围护结构的应按其围护结构外围水平面积计算，无围护结构的应按其结构底板水平面积计算。层高在 2.20 m 及以上者应计算全面积；层高不足 2.20 m 者应计算 1/2 面积。

（3）多层建筑物首层应按其外墙勒脚以上结构外围水平面积计算；二层及以上楼层应按其外墙结构外围水平面积计算。层高在 2.20 m 及以上者应计算全面积；层高不足 2.20 m 者应计算 1/2 面积。

（4）多层建筑坡屋顶内和场馆看台下，当设计加以利用时，净高超过 2.10 m 的部位应计算全面积；净高在 1.20～2.10 m 的部位应计算 1/2 面积；当设计不利用或室内净高不足 1.20 m 时不应计算面积。

（5）地下室、半地下室（如车间、商店、车站、车库、仓库等），包括相应的有永久性顶盖的出入口，应按其外墙上口（不包括采光井、外墙防潮层及其保护墙）外边线所围水平面积计算。层高在 2.20 m 及以上者应计算全面积；层高不足 2.20 m 者应计算 1/2 面积。

（6）坡地的建筑物吊脚架空层、探基础架空层，设计加以利用并有围护结构的，层高在 2.20 m 及以上的部位应计算全面积；层高不足 2.20 m 的部位应计算 1/2 面积。设计加以利用、无围护结构的建筑吊脚架空层，应按其利用部位水平面积的 1/2 计算；设计不利用的深基础架空层、坡地吊脚架空层、多层建筑坡屋顶内、场馆看台下的空间不应计算面积。

（7）建筑物的门厅、大厅按一层计算建筑面积。门厅、大厅内设有回廊时，应按其结构底板水平面积计算。层高在 2.20 m 及以上者应计算全面积；层高不足 2.20 m 者应计算 1/2 面积。

（8）建筑物间有围护结构的架空走廊，应按其围护结构外围水平面积计算。层高在 2.20 m 及以上者应计算全面积；层高不足 2.20 m 者应计算 1/2 面积。有永久性顶盖无围护结构的应按其结构底板水平面积的 1/2 计算。

（9）立体书库、立体仓库、立体车库，无结构层的应按一层计算，有结构层的应按其结构层面积分别计算。层高在 2.20 m 及以上者应计算全面积；层高不足 2.20 m 者应计算 1/2 面积。

（10）有围护结构的舞台灯光控制室，应按其围护结构外围水平面积计算。层高在 2.20 m 及以上者应计算全面积；层高不足 2.20 m 者应计算 1/2 面积。

(11) 建筑物外有围护结构的落地橱窗、门斗、挑廊、走廊、檐廊，应按其围护结构外围水平面积计算。层高在 2.20 m 及以上者应计算全面积；层高不足 2.20 m 者应计算 1/2 面积。有永久性顶盖无围护结构的，应按其结构底板水平面积的 1/2 计算。

(12) 有永久性顶盖无围护结构的场馆看台应按其顶盖水平投影面积的 1/2 计算。

(13) 建筑物顶部有围护结构的楼梯间、水箱间、电梯机房等，层高在 2.20 m 及以上者应计算全面积；层高不足 2.20 m 者应计算 1/2 面积。

(14) 设有围护结构不垂直于水平面而超出底板外沿的建筑物，应按其底板面的外围水平面积计算。层高在 2.20 m 及以上者应计算全面积；层高不足 2.20 m 者应计算 1/2 面积。

(15) 建筑物内的室内楼梯间、电梯井、观光电梯井、提物井、管道井、通风排气竖井、垃圾道、附墙烟囱，应按建筑物的自然层计算。

(16) 雨篷结构的外边线至外墙结构外边线的宽度超过 2.10 m 者，应按雨篷结构板的水平投影面积的 1/2 计算。

(17) 有永久性顶盖的室外楼梯，应按建筑物自然层的水平投影面积的 1/2 计算。

(18) 建筑物的阳台均应按其水平投影面积的 1/2 计算。

(19) 有永久性顶盖无围护结构的车棚、货棚、站台、加油站、收费站等，应按其顶盖水平投影面积的 1/2 计算。

(20) 高低联跨的建筑物，应以高跨结构外边线为界分别计算建筑面积；其高低跨内部连通时，其变形缝应计算在低跨面积内。

(21) 以幕墙作为围护结构的建筑物，应按幕墙外边线计算建筑面积。

(22) 建筑物外墙外侧有保温隔热层的，应按保温隔热层外边线计算建筑面积。

(23) 建筑物内的变形缝，应按其自然层合并在建筑物面积内计算。

5.3.2 不应计算面积的项目

(1) 建筑物通道（骑楼、过街楼的底层）。

(2) 建筑物内的设备管道夹层。

(3) 建筑物内分隔的单层房间、舞台及后台悬挂幕布、布景的天桥、挑台等。

(4) 屋顶水箱、花架、凉棚、露台、露天游泳池。

(5) 建筑物内的操作平台、上料平台、安装箱和罐体的平台。

(6) 勒脚、附墙柱、垛、台阶、墙面抹灰、装饰面、镶贴块料面层、装饰性幕墙、空调机外机搁板（箱）、飘窗、构件、配件、宽度在 2.10 m 及以内的雨篷以及与建筑物内不相连通的装饰性阳台、挑廊。

(7) 无永久性顶盖的架空走廊、室外楼梯和用于检修、消防等的室外钢楼梯、爬梯。

(8) 自动扶梯和自动人行道。

(9) 独立烟囱、烟道、地沟、油（水）罐、气柜、水塔、贮油（水）池、贮仓、栈桥、地下人防通道和地铁隧道。

【例 5.1】 计算如图 5.2、图 5.3 所示二层房屋的建筑面积，内外墙后均为 240 mm，轴线中分，层高 2.8 m。

解 ① 底层。

外墙中心线长 $L_{中}$ = (11.1 + 9.2) ×2 = 40.60 (m)。

外墙外边线长 $L_{外}$ = (11.1 + 0.24 +9.2 + 0.24) ×2 = 41.56 (m)。

内墙净长线 $L_{内}$ =11.1−1.8−0.24+4.8−0.24+3.6+2−0.24 = 18.98 (m)。

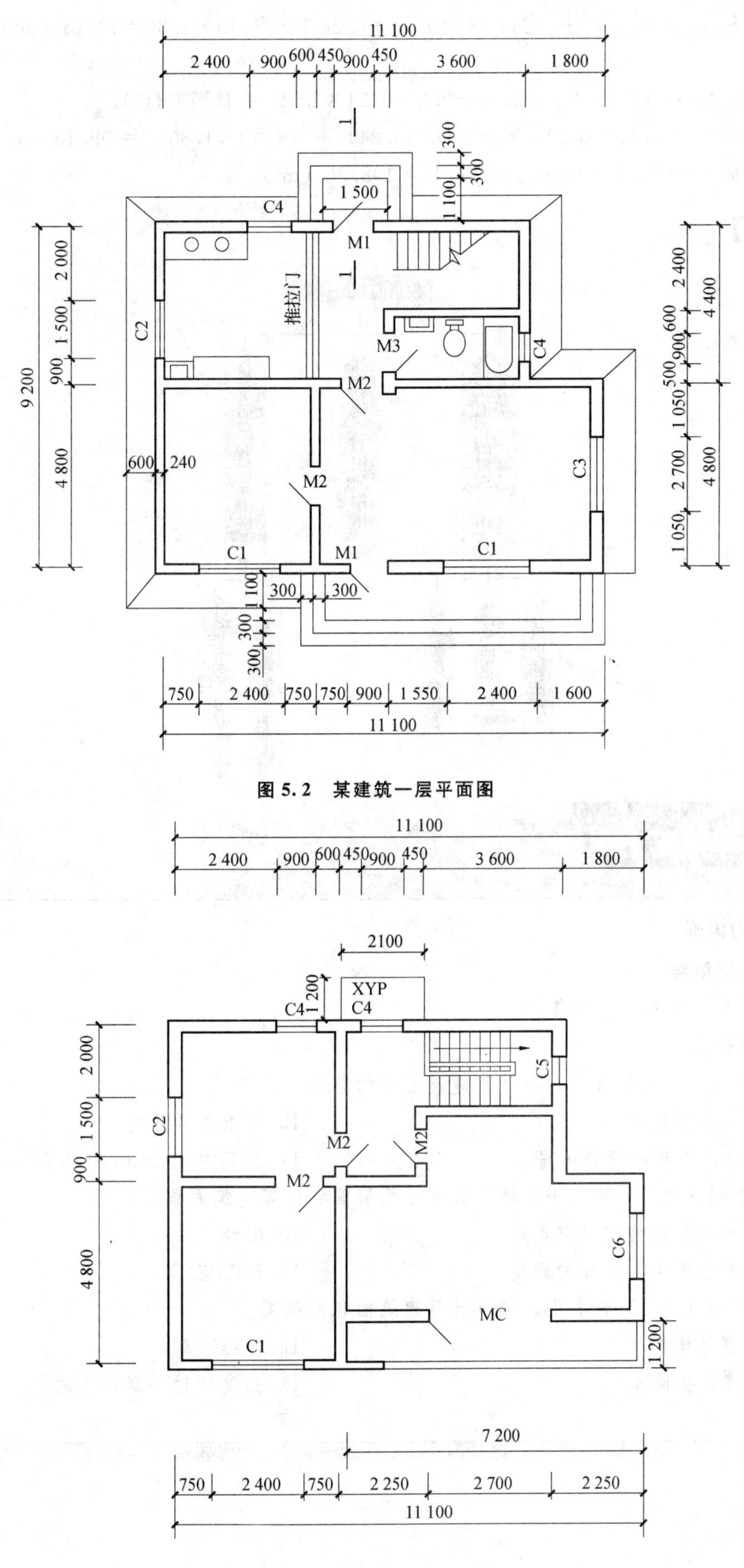

图 5.2　某建筑一层平面图

图 5.3　某建筑二层平面图

建筑面积 $S_{底}$：=（11.10+0.24）×（9.20+0.24）−4.40×1.80=99.13（m²）。

②楼层。

内墙净长线 $L_{内}$ = 11.1−1.8−0.24+9.2−0.24×2+2 = 19.78（m）。

建筑面积 S_2 =（11.10+0.24）×（9.20+0.24）−（4.40×1.80）= 99.13（m²）。

总建筑面积 $S = S_{底} + S_2$ =99.13+99.13=198.26（m²）。

【重点串联】

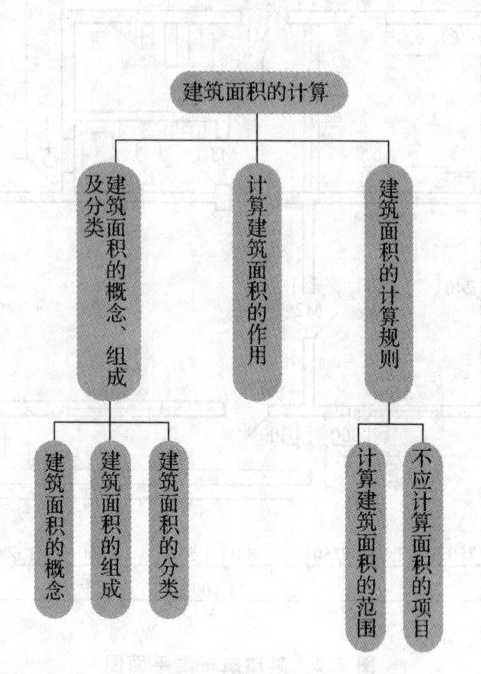

拓展与实训

职业能力训练

一、名词解释

建筑面积　净高　结构层

二、单选题

1. 下列（　　）情况下，不计算建筑面积的范围。

   A. 有围护结构　　B. 有永久性顶盖

   C. 临时搭建的简易用房　　D. 层高在 2.20 m 或 2.20 m 以上

2. 在下列（　　）情况下，按 1/2 水平投影面积计算建筑面积。

   A. 有围护结构的架空走廊　　B. 阳台

   C. 挑出宽度 1.5 m 的雨篷　　D. 地下室

3. 在下列（　　）情况下，属于计算建筑面积的范围。

   A. 室外楼梯　　B. 台阶

   C. 建筑物通道　　D. 高度超过一层以上的门厅部分

工程模拟训练

1. 绘制某宿舍楼的建筑平面图，并计算其建筑面积、使用面积、辅助面积和结构面积。
2. 多层住宅和高层住宅建筑面积中的公摊面积包括哪些？

链接执考

一、单选题

1. 下列项目应计算建筑面积的是（　　）。

A. 地下室的采光井　　B. 室外台阶

C. 建筑物内的操作平台　　D. 室外楼梯

2. 一幢6层住宅，勒脚以上结构的外围水平面积，每层为448.38 m^2，6层无围护结构的挑阳台的水平投影面积之和为108 m^2，则该工程的建筑面积为（　　）.

A. 556.38 m^2　　B. 2 480.38 m^2

C. 2 744.28 m^2　　D. 2 798.28 m^2

二、多选题

1. 下列不计算建筑面积的内容是（　　）。

A. 无围护结构的挑阳台　　B. 300 mm 的变形缝

C. 室外台阶　　D. 突出外墙有围护结构的橱窗

E. 1.2 m 宽的悬挑雨篷

2. 下列项目按水平投影面积1/2计算建筑面积的有（　　）。

A. 有围护结构的阳台　　B. 室外楼梯

C. 有永久性顶盖的车棚　　D. 独立柱雨篷

E. 屋顶上的水箱

模块 6

分部分项工程项目清单工程量计算及组价

【模块概述】

本模块以清单计价模式出发，介绍清单工程量的计算方法、清单计价的计算方法以及清单计价的组成，并着重介绍清单工程量的计算和分部分项工程综合单价的计算。本模块是本课程的核心内容，是进行工程造价的基础。具体任务是熟悉分部分项工程项目清单工程量计算规则；熟悉分部分项工程量计价的方法；掌握分部分项工程综合单价的确定；熟悉分部分项工程量清单报价的确定。

【知识目标】

1. 熟悉分部分项工程项目清单工程量计算规则。
2. 熟悉分部分项工程量计价的方法。
3. 掌握分部分项工程综合单价的确定。
4. 熟悉分部分项工程量清单报价的确定。

【技能目标】

1. 掌握清单工程量的计算。
2. 掌握综合单价的计算。
3. 熟悉《房屋建筑与装饰工程计量规范》(GB 500854—2013)。

【课时建议】

14 课时

工程导入

某房间地面装修工程如图 6.1 所示，承重墙厚 240 mm，门宽 900 mm。装修做法如下

1. 地面

(1) 夯实基础上 100 厚碎石垫层，60 厚 C10 混凝土，素水泥浆一遍，25 厚水泥砂浆粘贴块料面层，白水泥浆擦缝。

(2) 块料面层为 500 mm×500 mm，6.85 元/块。

2. 踢脚线

(1) 高 150 mm 地砖踢脚线，1∶3 水泥砂浆底，1∶2 水泥砂浆粘贴。

(2) 上口磨 45°角。

3. 黑色地砖镶边

(1) 宽 150 mm，做法同地面地砖。

(2) 用 500 mm×500 mm 黑色地砖切割，6.85 元/块。

问题：

1. 计算室内地面装修清单工程量，并填写清单工程量表。

2. 计算相应的分部分项工程清单综合单价，填写综合单价分析表。

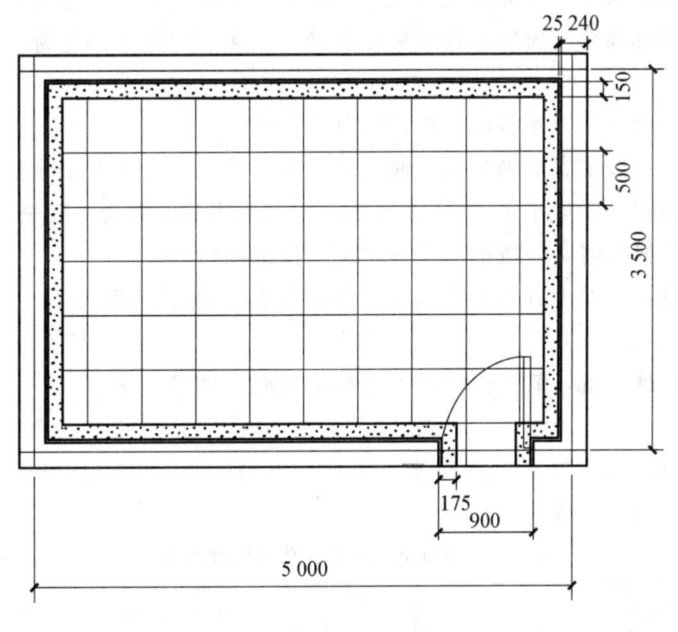

图 6.1 某房间地面装修工程

6.1 土石方工程

《房屋建筑与装饰工程计量规范》(GB 500854—2013) 共分附录 A 至附录 Q。

分部分项工程量清单应包括项目编码、项目名称、项目特征、计量单位和工程量。

分部分项工程量清单应根据附录规定的项目编码、项目名称、项目特征、计量单位和工程量计算规则进行编制。

分部分项工程量清单的项目编码，应采用 12 位阿拉伯数字表示，1～9 位应按附录的规定设置，10～12 位应根据拟建工程的工程量清单项目名称设置，同一招标工程的项目编码不得有重码。

分部分项工程量清单的项目名称应按附录的项目名称结合拟建工程的实际确定。

分部分项工程量清单项目特征应按附录中规定的项目特征，结合拟建工程项目的实际予以描述。

分部分项工程量清单中所列工程量应按附录中规定的工程量计算规则计算。

分部分项工程量清单的计量单位应按附录中规定的计量单位确定。

分部分项工程费采用综合单价计价，即分部分项工程费不仅包括人工费、材料费、机械费，还包括企业管理费、利润以及风险因素等费用。

6.1.1 工程量计算规则

设3个分部15个分项工程项目，包括土方工程、石方工程、土（石）方回填。本规则适用于建筑物和构筑物的土石方开挖及回填工程。

1. 挖土方

（1）土方体积均以挖掘前的天然密实体积计算。

（2）土壤的分类应按相关规定确定，如土壤类别不能准确划分时，招标人可注明为综合，由投标人根据地勘报告决定报价。

（3）挖土应按自然地面测量标高至设计地坪标高的平均厚度确定。竖向土方、山坡切土开挖深度应按基础垫层底表面标高至交付施工现场地标高确定，无交付施工场地标高时，应按自然地面标高确定。

（4）挖土方按挖一般土方、挖基坑、挖沟槽分别编码。

（5）沟槽、基坑、一般土方的划分为：底宽小于等于7 m，底长大于3倍底宽为沟槽；底长小于等于3倍底宽且底面积小于等于150 m^2 为基坑；超出上述范围则为一般土方。

（6）挖土方如需截桩头时，应按桩基工程相关项目编码列项。

（7）挖沟槽、基坑、一般土方因工作面和放坡增加的工程量（管沟工作面增加的工程量），按表6.1、表6.2、表6.3计算。

（8）推土机推土、推石碴，铲运机铲运土重车上坡时，如坡度大于5%，其运距按坡度区段斜长乘坡度斜长系数计算。

（9）管沟土方项目适用于管道（给排水、工业、电力、通信）、光（电）缆沟（包括人孔桩、接口坑）及连接井（检查井）等。

表6.1 基础施工所需工作面宽度计算表

基础材料	每边各增加工作面宽度/mm
砖基础	200
浆砌毛石、条石基础	150
混凝土基础垫层支模板	300
混凝土基础支模板	300
基础垂直面做防水层	1 000（防水层面）

表6.2 管沟施工每侧所需工作面宽度计算表

管沟材料 \ 管道结构宽	≤500	≤1 000	≤2 500	>2 500
混凝土及钢筋混凝土管道/mm	400	500	600	700
其他材质管道/mm	300	400	500	600

表 6.3 放坡系数表

土类别	放坡起点/m	人工挖土	机械挖土		
			在坑内作业	在坑上作业	顺沟槽在坑上作业
一、二类土	1.20	1∶0.5	1∶0.33	1∶0.75	1∶0.5
三类土	1.50	1∶0.33	1∶0.25	1∶0.67	1∶0.33
四类土	2.00	1∶0.25	1∶0.10	1∶0.33	1∶0.25

注：①沟槽、基坑中土类别不同时，分别按其放坡起点、放坡系数，以不同土类别厚度加权平均计算。
②计算放坡时，在交接处的重复工程量不予扣除，原槽、坑作基础垫层时，放坡自垫层上表面开始计算。

2. 平整场地

(1) 人工、机械平整场地是指厚度在±300 mm 以内的就地挖、填找平，应按“场地平整”项目编码列项；±300 mm 以上的竖向布置挖土应按“挖土方”项目编码列项。

(2) 平整场地工程量按“建筑物首层面积计算”，面积为建筑面积。如施工组织设计规定超面积平整场地时，超出部分应包括在报价内。

3. 挖石方

(1) 石方体积应按挖掘前的天然密实体积计算。

(2) 挖石应按自然地面测量标高至设计地坪标高的平均厚度确定。基础石方开挖深度应按基础垫层底表面标高至交付施工现场地标高确定，无交付施工场地标高时，应按自然地面标高确定。

(3) 厚度大于±300 mm 的竖向布置挖石或山坡凿石应，应按挖一般石方项目编码列项。

(4) 沟槽、基坑、一般石方的划分为：底宽小于等于 7 m，底长大于 3 倍底宽为沟槽；底长小于等于 3 倍底宽且底面积小于等于 150 m^2 为基坑；超出上述范围则为一般石方。

(5) 管沟石方项目适用于管道（给排水、工业、电力、通信）、电缆沟及连接井（检查井）等。

4. 土（石）方回填

(1) 适用于场地回填、室内回填、基础回填，并包括土方运输以及余、缺方运输。

(2) 室内回填工程量以主墙间面积乘以回填厚度计算，不扣除间隔墙。这里的主墙是指结构厚度在 120 mm 以上（不含 120 mm）的各类墙体。

6.1.2 工程量清单规范内容

工程量清单项目设置、项目特征描述的内容、计量单位及工程量计算规则，应按规范的规定执行。土方工程项目清单见表 6.4。

表 6.4 土方工程（编码：010101）

项目编码	项目名称	项目特征	计量单位	工程量计算规则	工作内容
010101001	平整场地	1. 土壤类别 2. 弃土运距 3. 取土运距	m^2	按设计图示尺寸以建筑物首层建筑面积计算	1. 土方挖填 2. 场地找平 3. 运输
010101002	挖一般土方	1. 土壤类别 2. 挖土深度	m^3	按设计图示尺寸以体积计算	1. 排地表水 2. 土方开挖 3. 围护（挡土板）、支撑 4. 基底钎探 5. 运输
010101003	挖沟槽土方			1. 房屋建筑按设计图示尺寸以基础垫层底面积乘以挖土深度计算 2. 构筑物按最大水平投影面积乘以挖土深度（原地面平均标高至坑底高度）以体积计算	
010101004	挖基坑土方				

续表 6.4

项目编码	项目名称	项目特征	计量单位	工程量计算规则	工作内容
010101005	冻土开挖	1. 冻土深度	m^3	按设计图示尺寸开挖面积乘以厚度以体积计算	1. 爆破 2. 开挖 3. 清理 4. 运输
010101006	挖淤泥、流砂	1. 挖土深度 2. 弃淤泥、流砂距离	m^3	按设计图示位置、界限以体积计算	1. 开挖 2. 运输
010101007	管沟土方	1. 土壤类别 2. 管外径 3. 挖土深度 4. 回填要求	1. m 2. m^3	1. 以米计量，按设计图示以管道中心线长度计算 2. 以立方米计量，按设计图示管底垫层面积乘以挖土深度计算；无管底垫层按管外径的水平投影面积乘以挖土深度计算	1. 排地表水 2. 土方开挖 3. 围护（挡土板）、支撑 4. 运输 5. 回填

6.1.3 应用案例

【例 6.1】某工程基础如图 6.2 所示，场地土为三类土，试编制工程量清单表和工程量清单计价表，并编制综合单价分析表（表 6.5）。

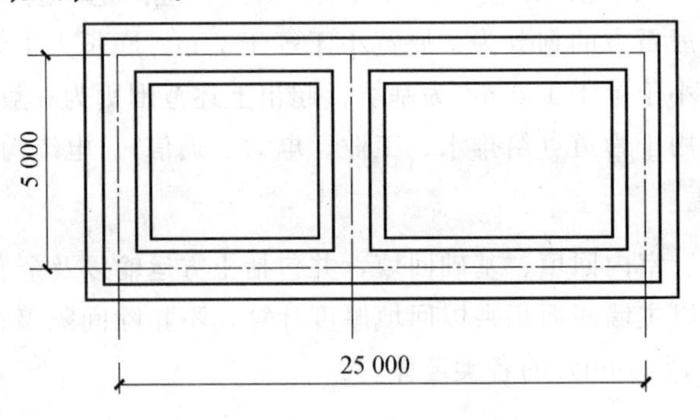

图 6.2 某工程基础

解 1. 工程量清单编制

场地平整按首层建筑面积计算工程量：（5+0.24）×（25+0.24）=132.26（m^2）。

挖基础土方：［（5+25）×2+（5−0.6）×2］×0.6×1.7≈70.18（m^3）。

表 6.5 分部分项工程量清单表

序号	项目编码	项目名称	项目特征	计量单位	工程数量
1	010101001001	场地平整	1. 土壤类别：三类土 2. 弃土运距：略 3. 取土运距：略	m^2	132.26
2	010101003001	挖基础土方	1. 土壤类别：三类土 2. 弃土运距：略 3. 取土运距：略	m^3	70.18

2. 工程量清单计价的编制（按内蒙古09预算定额）

（1）平整场地工程量。5.24×25.24≈132.26（m^2），132.26/132.26=1。

人工费：1.02×1=1.02（元/m^2）。

（2）挖基础土方工程量。

$(b+2c+k\times h)\times h\times L=(0.6+2\times 0.3+0.33\times 1.7)\times 1.7\times(30\times 2+5-0.6)=192.79$（$m^3$）

192.79/70.18=2.75

人工费：17.35×2.75=47.71（元/m^3）。

（3）管理费率取5%，利润率取6%，不考虑风险因素。

（4）确定综合单价。

①平整场地综合单价：1.02+1.02×5%+1.02×6%=1.13（元/m^2）。

②挖基础土方综合单价：47.71+47.71×5%+47.71×6%=52.96（元/m^3）。

（5）合计。

①平整场地合价：1.13×132.26=149.45（元）。

②挖基础土方合价：52.96×70.18=3 716.73（元）。

（6）填写综合单价分析表和分部分项工程量清单计价表（表6.6～6.8）。

表6.6　综合单价分析表1

项目编码：010101001001　　计量单位：m^2

项目名称：平整场地　　工程数量：1.00

综合单价：1.13元/m^2

定额编号	工程内容	单位	数量	其中			管理费/元	利润/元	综合单价/元
				人工费/元	材料费/元	机械费/元			
70	平整场地	m^2	1.00	1.02	0.00	0.00	0.05	0.06	1.13

表6.7　综合单价分析表2

项目编码：010101003001　　计量单位：m^3

项目名称：挖基础土方　　工程数量：1.00

综合单价：52.96元/m^3

定额编号	工程内容	单位	数量	其中			管理费/元	利润/元	综合单价/元
				人工费/元	材料费/元	机械费/元			
19	挖基础土方	m^3	1.00	47.71	0.00	0.00	2.39	2.86	52.96

表6.8　分部分项工程量清单计价表

序号	项目编码	项目名称	项目特征	计量单位	工程数量	金额/元	
						综合单价	合计
1	010101001001	场地平整	1. 土壤类别：三类土 2. 弃土运距：略 3. 取土运距：略	m^2	132.26	1.13	149.45
2	010101003001	挖基础土方	1. 土壤类别：三类土 2. 弃土运距：略 3. 取土运距：略	m^3	70.18	52.96	3 716.73

6.2 地基处理与边坡支护工程

6.2.1 工程量计算规则

设两个分部28个分项工程项目，包括地基处理、基坑与边坡支护。适用于地基与边坡的处理、加固工程。

1. 地基处理

(1) 项目特征中的桩长应包括桩尖，其中空桩长度＝孔深－桩长，孔深为自然地面至设计桩底深度。

(2) 高压喷射注浆类型包括旋喷、摆喷、定喷；高压喷射注浆方法包括单管法、双重管法及三重管法。

(3) 如采用泥浆护壁成孔，工作内容包括土方、废泥浆外运，如采用沉管灌注成孔，工作内容包括桩尖制作、安装。

(4) 沉管灌注桩的沉管方法包括锤击沉管法、振动沉管法、振动冲击沉管法、内夯沉管法等。

(5) 混凝土灌注桩的钢筋笼制作、安装，按钢筋工程相关项目编码列项。

2. 基坑与边坡支护

其他锚杆是指不施加预应力的土层锚杆和岩石锚杆。置入方法包括钻孔置入、打入或射入等。

6.2.2 工程量清单规范内容

工程量清单项目设置、项目特征描述的内容、计量单位及工程量计算规则，应按规范的规定执行（表6.9、表6.10）。

表6.9 地基处理（编码：010201）

项目编码	项目名称	项目特征	计量单位	工程量计算规则	工作内容
010201001	换填垫层	1. 材料种类及配比 2. 压实系数 3. 掺加剂品种	m^3	按设计图示尺寸以体积计算	1. 分层铺填 2. 碾压、振密或夯实 3. 材料运输
010201002	铺设土工合成材料	1. 部位 2. 品种 3. 规格		按设计图示尺寸以面积计算	1. 挖填锚固沟 2. 铺设 3. 固定 4. 运输
010201003	预压地基	1. 排水竖井种类、断面尺寸、排列方式、间距、深度 2. 预压方法 3. 预压荷载、时间 4. 砂垫层厚度		按设计图示尺寸以加固面积计算	1. 设置排水竖井、盲沟、滤水管 2. 铺设砂垫层、密封膜 3. 堆载、卸载或抽气设备安拆、抽真空 4. 材料运输

续表 6.9

项目编码	项目名称	项目特征	计量单位	工程量计算规则	工作内容
010201004	强夯地基	1. 夯击能量 2. 夯击遍数 3. 地耐力要求 4. 夯填材料种类	m^3	按设计图示尺寸以加固面积计算	1. 铺设夯填材料 2. 强夯 3. 夯填材料运输
010201005	振冲密实（不填料）	1. 地层情况 2. 振密深度 3. 孔距			1. 振冲加密 2. 泥浆运输
010201006	振冲桩（填料）	1. 地层情况 2. 空桩长度、桩长 3. 桩径 4. 填充材料种类	1. m 2. m^3	1. 以米计量，按设计图示尺寸以桩长计算 2. 以立方米计量，按设计桩截面乘以桩长以体积计算	1. 振冲成孔、填料、振实 2. 材料运输 3. 泥浆运输
010201007	砂石桩	1. 地层情况 2. 空桩长度、桩长 3. 桩径 4. 成孔方法 5. 材料种类、级配	1. m 2. m^3	1. 以米计量，按设计图示尺寸以桩长（包括桩尖）计算 2. 以立方米计量，按设计桩截面乘以桩长（包括桩尖）以体积计算	1. 成孔 2. 填充、振实 3. 材料运输
010201008	水泥粉煤灰碎石桩	1. 地层情况 2. 空桩长度、桩长 3. 桩径 4. 成孔方法 5. 混合料强度等级	m	按设计图示尺寸以桩长（包括桩尖）计算	1. 成孔 2. 混合料制作、灌注、养护
010201009	深层搅拌桩	1. 地层情况 2. 空桩长度、桩长 3. 桩截面尺寸 4. 水泥强度等级、掺量		按设计图示尺寸以桩长计算	1. 预搅下钻、水泥浆制作、喷浆搅拌提升成桩 2. 材料运输
010201010	粉喷桩	1. 地层情况 2. 空桩长度、桩长 3. 桩径 4. 粉体种类、掺量 5. 水泥强度等级、石灰粉要求		按设计图示尺寸以桩长计算	1. 预搅下钻、喷粉搅拌提升成桩 2. 材料运输

续表 6.9

项目编码	项目名称	项目特征	计量单位	工程量计算规则	工作内容
010201011	夯实水泥土桩	1. 地层情况 2. 空桩长度、桩长 3. 桩径 4. 成孔方法 5. 水泥强度等级 6. 混合料配比	m	按设计图示尺寸以桩长计算	1. 成孔、夯底 2. 水泥土拌和、填料、夯实 3. 材料运输
010201012	高压喷射注浆桩	1. 地层情况 2. 空桩长度、桩长 3. 桩截面 4. 注浆类型、方法 5. 水泥强度等级	m	按设计图示尺寸以桩长计算	1. 成孔 2. 水泥浆制作、高压喷射注浆 3. 材料运输
010201013	石灰桩	1. 地层情况 2. 空桩长度、桩长 3. 桩径 4. 成孔方法 5. 掺合料种类、配合比	m	按设计图示尺寸以桩长（包括桩尖）计算	1. 成孔 2. 混合料制作、运输、夯填
010201014	灰土（土）挤密桩	1. 地层情况 2. 空桩长度、桩长 3. 桩径 4. 成孔方法 5. 灰土级配	m	按设计图示尺寸以桩长（包括桩尖）计算	1. 成孔 2. 灰土拌和、运输、填充、夯实

表 6.10 基坑与边坡支护（编码：010202）

项目编码	项目名称	项目特征	计量单位	工程量计算规则	工作内容
010202001	地下连续墙	1. 地层情况 2. 导墙类型、截面 3. 墙体厚度 4. 成槽深度 5. 混凝土类别、强度等级 6. 接头形式	m^3	按设计图示墙中心线长乘以厚度以槽深以体积计算	1. 导墙挖填、制作、安装、拆除 2. 挖土成槽、固壁、清底置换 3. 混凝土制作、运输、灌注、养护 4. 接头处理 5. 土方、废泥浆外运 6. 打桩场地硬化及泥浆池、泥浆沟
010202002	咬合灌注桩	1. 地层情况 2. 桩长 3. 桩径 4. 混凝土类别、强度等级 5. 部位	1. m 2. 根	1. 以米计量，按设计图示尺寸以桩长计算 2. 以根计量，按设计图示数量计算	1. 成孔、固壁 2. 混凝土制作、运输、灌注、养护 3. 套管压拔 4. 土方、废泥浆外运 5. 打桩场地硬化及泥浆池、泥浆沟

续表 6.10

项目编码	项目名称	项目特征	计量单位	工程量计算规则	工作内容
010202003	圆木桩	1. 地层情况 2. 桩长 3. 材质 4. 尾径 5. 桩倾斜度 6. 混合料配比	1. m 2. 根	1. 以米计量，按设计图示尺寸以桩长（包括桩尖）计算 2. 以根计量，按设计图示数量计算	1. 工作平台搭拆 2. 桩机竖拆、移位 3. 桩靴安装 4. 沉桩
010202004	预制钢筋混凝土板桩	1. 地层情况 2. 送桩深度、桩长 3. 桩截面 4. 混凝土强度等级	1. m 2. 根	1. 以米计量，按设计图示尺寸以桩长（包括桩尖）计算 2. 以根计量，按设计图示数量计算	1. 工作平台搭拆 2. 桩机竖拆、移位 3. 沉桩 4. 接桩
010202005	型钢桩	1. 地层情况或部位 2. 送桩深度、桩长 3. 规格型号 4. 桩倾斜度 5. 防护材料种类 6. 是否拔出	1. t 2. 根	1. 以吨计量，按设计图示尺寸以质量计算 2. 以根计量，按设计图示数量计算	1. 工作平台搭拆 2. 桩机竖拆、移位 3. 打（拔）桩 4. 接桩 5. 刷防护材料
010202006	钢板桩	1. 地层情况 2. 桩长 3. 板桩厚度	1. t 2. m^2	1. 以吨计量，按设计图示尺寸以质量计算 2. 以平方米计量，按设计图示墙中心线长乘以桩长计算	1. 工作平台搭拆 2. 桩机竖拆、移位 3. 打拔钢板桩
010202007	预应力锚杆、锚索	1. 地层情况 2. 锚杆（索）类型、部位 3. 钻孔深度 4. 钻孔直径 5. 杆体材料品种、规格、数量 6. 浆液种类、强度等级	1. m 2. 根	1. 以米计量，按设计图示尺寸以钻孔深度计算 2. 以根计量，按设计图示数量计算	1. 钻孔、浆液制作、运输、压浆 2. 锚杆、锚索制作、安装 3. 张拉锚固 4. 锚杆、锚索施工平台搭设、拆除
010202008	其他锚杆、土钉	1. 地层情况 2. 钻孔深度 3. 钻孔直径 4. 置入方法 5. 杆体材料品种、规格、数量 6. 浆液种类、强度等级	1. m 2. 根	1. 以米计量，按设计图示尺寸以钻孔深度计算 2. 以根计量，按设计图示数量计算	1. 钻孔、浆液制作、运输、压浆 2. 锚杆、土钉制作、安装 3. 锚杆、土钉施工平台搭设、拆除

续表 6.10

项目编码	项目名称	项目特征	计量单位	工程量计算规则	工作内容
010202009	喷射混凝土、水泥砂浆	1. 部位 2. 厚度 3. 材料种类 4. 混凝土（砂浆）类别、强度等级	m^2	按设计图示尺寸以面积计算	1. 休整边坡 2. 混凝土（砂浆）制作、运输、喷射、养护 3. 钻排水孔、安装排水管 4. 喷射施工平台搭设、拆除
010202010	混凝土支撑	1. 部位 2. 混凝土强度等级	m^3	按设计图示尺寸以体积计算	1. 模板（支架或支撑）制作、安装、拆除、堆放、运输及清理模内杂物、刷隔离剂等 2. 混凝土制作、运输、浇筑、振捣、养护
010202011	钢支撑	1. 部位 2. 钢材品种、规格 3. 探伤要求	t	按设计图示尺寸以质量计算。不扣除孔眼质量，焊条、铆钉、螺栓等不另增加质量	1. 支撑、铁件制作（摊销、租赁） 2. 支撑、铁件安装 3. 探伤 4. 刷漆 5. 拆除 6. 运输

6.2.3 应用案例

【例 6.2】 某工程地基土需强夯，面积为 1 080 m^2，设计要求夯击能量为 200 t/m，每平方米夯击点数为 20，每点 5 击，试编制该工程清单工程量及计价。

解 1. 工程量清单编制（表 6.11）

表 6.11 分部分项工程量清单表

序号	项目编码	项目名称	项目特征	计量单位	工程数量
1	010201004001	强夯地基	1. 夯击能量：200 t/m 2. 夯击遍数：5 遍 3. 夯击点数：20 点/m^2	m^2	1 080

2. 工程量清单计价的编制（按内蒙古 09 预算定额）

(1) 强夯地基工程量：1 080 m^2。

1 080/1 080＝1。

人工费：5.12×1＝ 5.12（元/m^2）。

材料费：0.53×1＝ 0.53（元/m^2）。

机械费：17.75×1＝17.75（元/m^2）。

小计：23.40 元/m^2。

(2) 管理费率取 10%，利润率取 6%，不考虑风险因素。

(3) 确定综合单价：23.40＋（5.12＋17.75）×10%＋（5.12＋17.75）×6%＝27.06（元/m^2）。

(4) 合计：27.06×1 080＝29 224.8（元）。

(5) 填写综合单价分析表和分部分项工程量清单计价表（表 6.12、表 6.13）。

表 6.12 综合单价分析表

项目编码：010201004001　　计量单位：m^2

项目名称：地基强夯　　工程数量：1.00

综合单价：27.06 元/m^2

定额编号	工程内容	单位	数量	其中			管理费/元	利润/元	综合单价/元
				人工费/元	材料费/元	机械费/元			
299	地基强夯	m^2	1.00	5.12	0.53	17.75	2.28	1.37	27.06

表 6.13 分部分项工程量清单计价表

序号	项目编码	项目名称	项目特征	计量单位	工程数量	金额/元	
						综合单价	合计
1	010201004001	地基强夯	1. 夯击能量：200 t/m 2. 夯击遍数：5 遍 3. 夯击点数：20 点/m^2	m^2	1 080.00	27.06	29 224.80

【例 6.3】 某工程在基础施工阶段，为防止塌方，采用 C25 混凝土锚杆支护方法加固基坑四壁，加固面积 245 m^2。加固方案：C25 细石钢筋网混凝土护壁 60 mm 厚，每平方米 2 根锚杆，三角形布置，单根锚杆长度为 1.5 m，直径为 100 mm。试确定该工程清单工程量及计价。

解 1. 工程量清单编制（表 6.14）

表 6.14 分部分项工程量清单表

序号	项目编码	项目名称	项目特征	计量单位	工程数量
1	010202007001	锚杆支护	1. 混凝土锚杆 2. 锚入深度 1.5 m 3. 锚杆直径 100 mm 4. 混凝土强度等级 C25	根	490

2. 清单计价的编制（按内蒙古 09 预算定额）

(1) ①混凝土锚杆工程量：3.14×（0.10/2）2×1.5×2×245＝5.77（m^3）。

5.77/490＝0.012。

人工费：217.76×0.012＝2.61（元/根）。

材料费：225.73×0.012＝2.71（元/根）。

机械费：613.01×0.012＝7.36（元/根）。

小计：12.68 元/根。

②混凝土护坡工程量：初喷：245 m^2；增厚：245 m^2。

245/490＝0.50。

人工费：12.80×0.50＝6.40（元/根）；16.78×0.50＝8.39（元/根）。

材料费：12.16×0.50＝6.08（元/根）；2.26×0.50＝1.13（元/根）。

机械费：6.43×0.50＝3.22（元/根）；0.78×0.50＝0.39（元/根）。

小计：15.70 元/根；9.91 元/根。

(2) 管理费率取 10%，利润率取 6%，不考虑风险因素。

(3) 确定综合单价：（12.68＋15.70＋9.91）＋（2.61＋7.36＋6.40＋3.22＋8.39＋0.39）×10%＋（2.61＋7.36＋6.40＋3.22＋8.39＋0.39）×6%＝42.84（元/根）。

(4) 合计：42.84×490＝20 991.6（元）。

(5) 填写综合单价分析表和分部分项工程量清单计价表（表 6.15、表 6.16）。

表 6.15 综合单价分析表

计量单位：根

项目编码：010201004001　　工程数量：1

项目名称：锚杆支护　　综合单价：42.84 元/根

定额编号	工程内容	单位	数量	其中			管理费/元	利润/元	小计/元
				人工费/元	材料费/元	机械费/元			
304	混凝土锚杆	根	1	2.61	2.71	7.36	1.00	0.60	14.28
307	混凝土护坡	根	1	6.40	6.08	3.22	0.96	0.58	17.24
308	混凝土护坡增	根	1	8.39	1.13	0.39	0.88	0.53	11.32
	综合单价/元							42.84	

表 6.16 分部分项工程量清单计价表

序号	项目编码	项目名称	项目特征	计量单位	工程数量	金额/元	
						综合单价	合计
1	010201004001	锚杆支护	1. 混凝土锚杆 2. 锚入深度 1.5 m 3. 锚杆直径 100 mm 4. 混凝土强度等级 C25	根	490	42.84	20 991.60

6.3 桩基工程

6.3.1 工程量计算规则

设两个分部 11 个分项工程项目，包括混凝土桩及其他桩。适用于桩基工程。

1. 打桩

(1) 项目特征中的桩截面（桩径）、混凝土强度等级、桩类型等可直接用标准图代号或设计桩型进行描述。

(2) 项目特征中的桩长应包括桩尖，空桩长度＝孔深－桩长，其中孔深为自然地面至设计桩底的深度。

(3) 泥浆护壁成孔灌注桩是指在泥浆护壁条件下成孔，采用水下灌注混凝土的桩。其成孔方法包括冲击钻成孔、冲抓成孔、回旋钻成孔、潜水钻成孔、泥浆护壁的旋挖成孔等。

(4) 沉管灌注桩的沉管方法包括锤击沉管法、振动沉管法、振动冲击沉管法、内夯沉管法等。

(5) 干作业成孔灌注桩是指不用泥浆护壁和套管护壁的情况下，用钻机成孔后，下钢筋笼，灌注混凝土的桩，适用于地下水位以上的土层使用。其成孔方法包括螺旋钻成孔、螺旋钻成孔扩底、干作业的旋挖成孔等。

(6) 桩基的承载力检测、桩身完整性检测等费用按国家相关取费标准单独计算，不在本清单项目中。

(7) 混凝土灌注桩的钢筋笼制作、安装，按钢筋工程中相关项目编码列项。

2. 灌注桩

(1) 项目特征中的桩截面、混凝土强度等级、桩类型等可直接用标准图代号或设计桩型进行描述。

（2）打桩项目包括成品桩购置费，如果用现场预制桩，应包括现场预制的所有费用。

（3）打试验桩和打斜桩应按相应项目编码单独列项，并应在项目特征中注明试验桩或斜桩（斜率）。

6.3.2 工程量清单规范内容

工程量清单项目设置、项目特征描述的内容、计量单位及工程量计算规则，应按规范的规定执行。

表 6.17　打桩（编码：010301）

项目编码	项目名称	项目特征	计量单位	工程量计算规则	工作内容
010301001	预制钢筋混凝土方桩	1. 地层情况 2. 送桩深度、桩长 3. 桩截面 4. 桩倾斜度 5. 混凝土强度等级	1. m 2. 根	1. 以米计量，按设计图示尺寸以桩长（包括桩尖）计算 2. 以根计量，按设计图示数量计算	1. 工作平台搭拆 2. 桩机竖拆、移位 3. 沉桩 4. 接桩 5. 送桩
010301002	预制钢筋混凝土管桩	1. 地层情况 2. 送桩深度、桩长 3. 桩外径、壁厚 4. 桩倾斜度 5. 混凝土强度等级 6. 填充材料种类 7. 防护材料种类		1. 以米计量，按设计图示尺寸以桩长（包括桩尖）计算 2. 以根计量，按设计图示数量计算	1. 工作平台搭拆 2. 桩机竖拆、移位 3. 沉桩 4. 接桩 5. 送桩 6. 填充材料、刷防护材料
010301003	钢管桩	1. 地层情况 2. 送桩深度、桩长 3. 管径、壁厚 4. 桩外径、壁厚 5. 桩倾斜度 6. 填充材料种类 7. 防护材料种类	1. m 2. 根	1. 以米计量，按设计图示尺寸以桩长（包括桩尖）计算 2. 以根计量，按设计图示数量计算	1. 工作平台搭拆 2. 桩机竖拆、移位 3. 沉桩 4. 接桩 5. 送桩 6. 切割钢管、精割盖帽 7. 管内取土 8. 填充材料、刷防护材料
010301004	截（凿）桩头	1. 桩头截面、高度 2. 混凝土强度等级 3. 有无钢筋	1. m^3 2. 根	1. 以立方米计量，按设计桩截面乘以桩头长度以体积计算 2. 以根计量，按设计图示数量计算	1. 截桩头 2. 凿平 3. 废料外运

表 6.18 灌注桩（编码：010302）

项目编码	项目名称	项目特征	计量单位	工程量计算规则	工作内容
010302001	泥浆护壁成孔灌注桩	1. 地层情况 2. 空桩长度、桩长 3. 桩径 4. 成孔方法 5. 护筒类型、长度 6. 混凝土类别、强度等级	1. m 2. m^3 3. 根	1. 以米计量，按设计图示尺寸以桩长（包括桩尖）计算 2. 以立方米计量，按不同截面在桩上范围内以体积计算 3. 以根计量，按设计图示数量计算	1. 护筒埋设 2. 成孔、固壁 3. 混凝土制作、运输、灌注、养护 4. 土方、废泥浆外运 5. 打桩场地硬化及泥浆池、泥浆沟
010302002	沉管灌注桩	1. 地层情况 2. 空桩长度、桩长 3. 复打长度 4. 桩径 5. 沉管方法 6. 桩尖类型 7. 混凝土类别、强度等级	1. m 2. m^3 3. 根	1. 以米计量，按设计图示尺寸以桩长（包括桩尖）计算 2. 以立方米计量，按不同截面在桩上范围内以体积计算 3. 以根计量，按设计图示数量计算	1. 打（沉）拔钢管 2. 桩尖制作、安装 3. 混凝土制作、运输、灌注、养护
010302003	干作业成孔灌注桩	1. 地层情况 2. 空桩长度、桩长 3. 桩径 4. 扩孔直径、高度 5. 成孔方法 6. 混凝土类别、强度等级			1. 成孔、扩孔 2. 混凝土制作、运输、灌注、振捣、养护
010302004	挖孔桩土（石）方	1. 土（石）类别 2. 挖孔深度 3. 弃土（石）运距	m^3	按设计图示尺寸截面积乘以挖孔深度以立方米计算	1. 排地表水 2. 挖土、凿石 3. 基底钎探 4. 运输
010302005	人工挖孔灌注桩	1. 桩芯长度 2. 桩芯直径、扩底直径、扩底高度 3. 护壁厚度、高度 4. 护壁混凝土类别、强度等级 5. 桩芯混凝土类别、强度等级	1. m^3 2. 根	1. 以立方米计量，按桩芯混凝土体积计算 2. 以根计量，按设计图示数量计算	1. 护壁制作 2. 混凝土制作、运输、灌注、振捣、养护
010302006	钻孔压浆桩	1. 地层情况 2. 空钻长度、桩长 3. 钻孔直径 4. 水泥强度等级	1. m 2. 根	1. 以米计量，按设计图示尺寸以桩长计算 2. 以根计量，按设计图示数量计算	钻孔、下注浆管、投放骨料、浆液制作、运输、压浆

续表 6.18

项目编码	项目名称	项目特征	计量单位	工程量计算规则	工作内容
010302007	桩底注浆	1. 注浆导管材料、规格 2. 注浆导管长度 3. 单孔注浆量 4. 水泥强度等级	孔	按设计图示以注浆孔数计算	1. 注浆导管制作、安装 2. 浆液制作、运输、压浆

6.3.3 应用案例

【例 6.4】 如图 6.3 所示，螺旋钻钻机钻孔灌注混凝土桩 30 根。土质为二类土，试确定该工程清单工程量及计价。

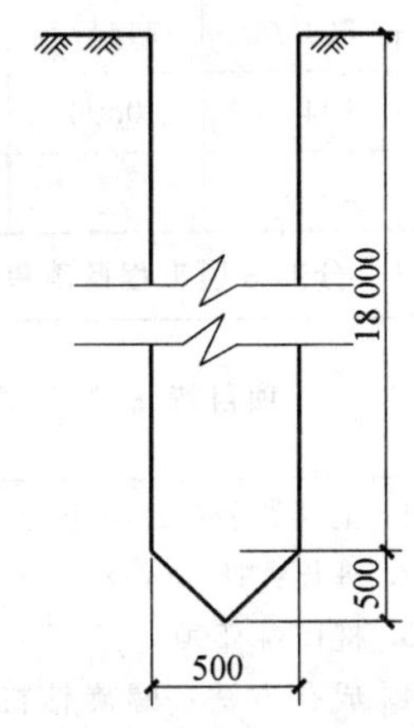

图 6.3 螺旋钻钻机钻孔灌注混凝土桩

解 1. 工程量清单编制（表 6.19）

表 6.19 分部分项工程量清单表

序号	项目编码	项目名称	项目特征	计量单位	工程数量
1	010302001001	混凝土灌注桩	1. 土壤类别：二类土 2. 桩长：18.5m 3. 桩径：ϕ500 4. 成孔方法：螺旋钻机钻孔 5. 混凝土强度等级：C30	根	30

2. 工程量清单计价的编制（按内蒙古 09 预算定额）

(1) ①混凝土螺旋钻孔灌注桩工程量：$3.14\times(0.50/2)^2\times18.5\times30=108.92$（$m^3$）。

108.92/30=3.63。

人工费：138.85×3.63=504.03（元/根）。

材料费：205.17×3.63=744.77（元/根）。

机械费：91.39×3.63=331.75（元/根）。

小计：1 580.55 元/根。

②泥浆运输工程量：108.92×1.3=141.60（m^3）。

141.6/30=4.72。

人工费：28.46×4.72=134.33 元/根。

机械费：101.25×4.72=477.90 元/根。

小计：612.23 元/根。

(2) 管理费率取10%，利润率取6%，不考虑风险因素。

(3) 确定综合单价。

(1 580.55+612.23) + (504.03+331.75+134.33+477.90) ×10%+ (504.03+331.75+134.33+477.90) ×6%=2 424.46 (元/根)。

(4) 合计：2424.46×30 =72 733.80 元。

(5) 填写综合单价分析表和分部分项工程量清单计价表（表6.20、表6.21）。

表6.20 综合单价分析表

计量单位：根

项目编码：010302001001　　工程数量：1

项目名称：混凝土灌注桩　　综合单价：2 424.46元/根

定额编号	工程内容	单位	数量	其中			管理费/元	利润/元	小计/元
				人工费/元	材料费/元	机械费/元			
206	混凝土灌注桩	根	1	504.03	744.77	331.75	83.58	50.15	1 714.28
222	混凝土护坡	根	1	134.33	0.00	477.90	61.22	36.73	710.18
	综合单价/元								2 424.46

表6.21 分部分项工程量清单计价表

序号	项目编码	项目名称	项目特征	计量单位	工程数量	金额/元	
						综合单价	合计
1	010302001001	混凝土灌注桩	1. 土壤类别：二类土 2. 桩长：18.5m 3. 桩径：ϕ500 4. 成孔方法：螺旋钻机钻孔 5. 混凝土强度等级：C30	根	30	2 424.46	72 733.80

6.4 砌筑工程

6.4.1 工程量计算规则

设4个分部28个分项工程项目，包括砖砌体、砌块砌体、石砌体、垫层。适用于建筑物、构筑物的砌筑工程。

(1) 标准砖尺寸为240 mm×115 mm×53 mm。标准砖墙厚度应按表6.22计算。

表6.22 标准墙计算厚度表

砖数（厚度）	1/4砖	1/2砖	3/4砖	1砖	1.5砖	2砖	2.5砖	3砖
计算厚度/mm	53	115	180	240	365	490	615	740

(2) 砖基础与砖墙（身）使用同一材料时，以设计室内地面为界（有地下室者，以地下室室内设计地面为界），以下为基础，以上为墙（柱）身。基础与墙身使用不同材料时，位于设计室内地面高度小于等于±300 mm时，以不同材料为分界线，高度大于±300 mm时，以设计室内地面为分界线。

(3) 砖围墙应以设计室外地坪为界，以下为基础，以上为墙身。

(4) 框架外表面的镶贴砖部分，按零星项目编码列项。

(5) 附墙烟囱、通风道、垃圾道，应按设计图示尺寸以体积（扣除孔洞所占体积）计算，并入所依附的墙体体积内。当设计规定孔洞内需抹灰时，应按零星抹灰项目编码列项。

(6) 空斗墙的窗间墙、窗台下、楼板下、梁头下等实砌部分，按零星砌砖项目编码列项。

（7）空花墙项目适用于各种类型的空花墙，使用混凝土花格砌筑的空花墙，实砌墙体与混凝土花格应分别计算，混凝土花格按混凝土及钢筋混凝土中预制构件相关项目编码列项。

（8）台阶、台阶挡墙、梯带、锅台、炉灶、蹲台、池槽、池槽腿、砖胎膜、花台、花池、楼梯栏板、阳台栏板、地垄墙、小于等于 0.3 m^2 的孔洞填塞等，应按零星砌砖项目编码列项。砖砌锅台与炉灶可按外形尺寸以个计算，砖砌台阶可按水平投影面积以平方米计算，小便槽、地垄墙可按长度计算，其他工程按立方米计算。

（9）砌块排列应上、下错缝搭砌，如果搭错缝长度满足不了规定的压搭要求，应采取压砌钢筋网片的措施，具体构造要求按设计规定。若设计无规定时，应注明由投标人根据工程实际情况自行考虑。

（10）砌体垂直灰缝宽大于 30 mm 时，采用 C20 细石混凝土灌实。

（11）石基础、石勒脚、石墙的划分。基础与勒脚应以设计室外地坪为界。勒脚与墙身应以设计室内地面为界。石围墙内外地坪标高不同时，应以较低地坪标高为界，以下为基础；内外标高之差为挡土墙时，挡土墙以上为墙身。

（12）石基础项目适用于各种规格（粗料石、细料石等）、各种材质（砂石、青石等）和各种类型（柱基、墙基、直形、弧形等）基础。

（13）石勒脚、石墙项目适用于各种规格（粗料石、细料石等）、各种材质（砂石、青石、大理石、花岗石等）和各种类型（直形、弧形等）勒脚和墙体。

（14）石挡土墙项目适用于各种规格（粗料石、细料石、块石、毛石、卵石等）、各种材质（砂石、青石、石灰石等）和各种类型（直形、弧形、台阶形等）挡土墙。

（15）石柱项目适用于各种规格、各种石质、各种类型的石柱。

（16）石栏杆项目适用于无雕饰的一般石栏杆。

（17）石护坡项目适用于各种石质和各种石料（粗料石、细料石、片石、块石、毛石、卵石等）。

（18）石台阶项目包括石梯带（垂带），不包括石梯膀，石梯膀应按石挡土墙项目编码列项。

6.4.2 工程量清单规范内容

工程量清单项目设置、项目特征描述的内容、计量单位及工程量计算规则，应按规范的规定执行（表 6.23）。

表 6.23　砖砖砌体（编码：010401）

项目编码	项目名称	项目特征	计量单位	工程量计算规则	工作内容
010401001	砖基础	1. 砖的品种、规格、强度等级 2. 基础类型 3. 砂浆强度等级 4. 防潮层材料种类	m^3	按设计图示尺寸以体积计算 包括附墙垛基础宽出部分体积，扣除地梁（圈梁）、构造柱所占体积，不扣除基础大放脚T形接头处的重叠部分及嵌入基础内的钢筋、铁件、管道、基础砂浆防潮层和单个面积小于等于0.3 m^2 的孔洞所占体积，靠墙暖气沟的挑檐不增加 基础长度：外墙按外墙中心线，内墙按内墙净长线计算	1. 砂浆制作、运输 2. 砌砖 3. 防潮层铺设 4. 材料运输
010401002	砖砌挖孔桩护壁	1. 砖的品种、规格、强度等级 2. 砂浆强度等级		按设计图示尺寸以立方米计算	1. 砂浆制作、运输 2. 砌砖 3. 材料运输

续表 6.23

项目编码	项目名称	项目特征	计量单位	工程量计算规则	工作内容
010401003	实心砖墙	1. 砖的品种、规格、强度等级 2. 墙体类型 3. 砂浆强度等级、配合比	m^3	按设计图示尺寸以体积计算 扣除门窗洞口、过人洞、空圈、嵌入墙内的钢筋混凝土柱、梁、圈梁、挑梁、过梁及凹进墙内的壁龛、管槽、暖气槽、消火栓箱所占体积，不扣除梁头、板头、檩头、垫木、木楞头、沿缘木、木砖、门窗走头、砖墙内加固钢筋、木筋、铁件、钢管及单个面积小于等于0.3 m^2的孔洞所占体积。凸出墙面的腰线、挑檐、压顶、窗台线、虎头砖、门窗套的体积也不增加。凸出墙面的砖垛并入墙体体积内计算 1. 墙长度：外墙按外墙中心线，内墙按内墙净长线计算 2. 墙高度。 (1) 外墙：斜（坡）屋面无檐口天棚者算至屋面板底；有屋架且室内外均有天棚者算至屋架下弦底另加200 mm；无天棚者算至屋架下弦底另加300 mm，出檐宽度超过600 mm时按实砌高度计算；与钢筋混凝土楼板隔层者算至板顶。平屋顶算至钢筋混凝土板底 (2) 内墙：位于屋架下弦者，算至屋架下弦底；无屋架者算至天棚底另加100 mm；有钢筋混凝土楼板隔层者算至楼板顶；有框架梁时算至梁底 (3) 女儿墙：从屋面板上表面算至女儿墙顶面（如有混凝土压顶时算至压顶下表面） (4) 内、外山墙：按其平均高度计算 3. 框架间墙：不分内外墙按墙体净尺寸以体积计算 4. 围墙：高度算至压顶上表面（如有混凝土压顶时算至压顶下表面），围墙柱并入围墙体积内	1. 砂浆制作、运输 2. 砌砖 3. 刮缝 4. 砖压顶砌筑 5. 材料运输

6.4.3 应用案例

【例 6.5】 如图 6.4 所示，标准机制红砖，水泥砂浆 M5.0，基础垫层为 C15 素混凝土 500 厚，基础防潮层采用抹防水砂浆 20 mm 厚。试确定该工程清单工程量及计价。

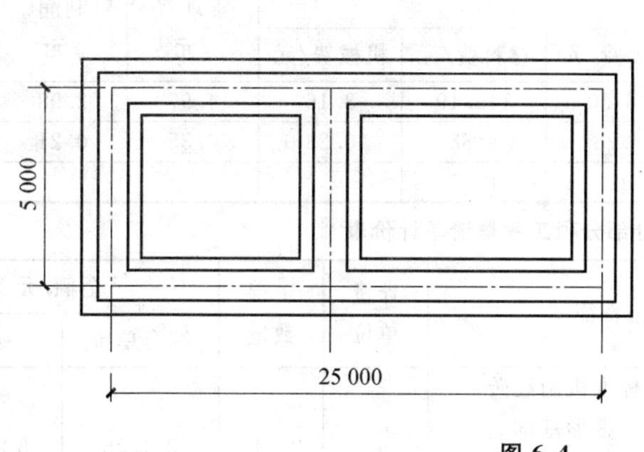

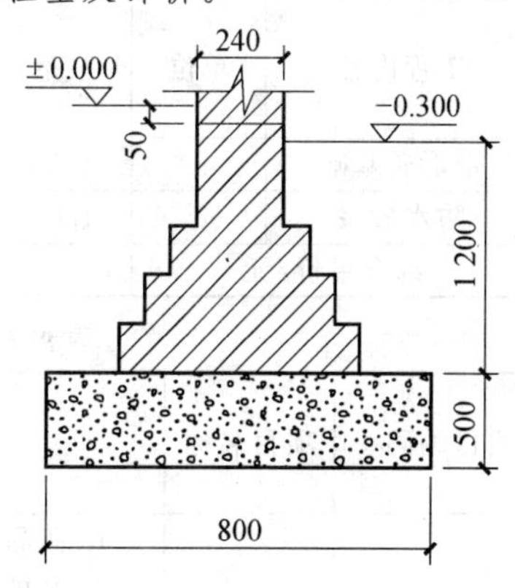

图 6.4

解 1. 工程量清单编制

外墙砖基础长度：$L_{外}=(5+25)\times2=60$（m）。

内墙砖基础长度：$L_{内}=5-0.24=4.76$（m）。

查表，三阶等高大放脚折加面积为 0.094 5 m^2。

$S_{断面}=(1.2+0.3)\times0.24+0.0945=0.455$（$m^2$）。

外墙砖基础：$V_{外}=60\times0.455=27.30$（$m^3$）。

内墙砖基础：$V_{内}=4.76\times0.455=2.17$（$m^3$）。

砖基础工程量：$V=V_{外}+V_{内}=27.30+2.17=29.47$（$m^3$）。

分部分项工程量清单表见表 6.24。

表 6.24 分部分项工程量清单表

序号	项目编码	项目名称	项目特征	计量单位	工程数量
1	010401001001	砖基础	1. 砖品种：标准机制红砖 2. 基础类型：带形基础 3. 砂浆强度等级：M5.0 4. 防潮层：防水砂浆 20 厚	m^3	29.47

2. 工程量清单计价的编制（按内蒙古 09 预算定额）

(1) 砖基础工程量：$L_{外}=60$m　$L_{内}=5-(0.24+0.06\times2)=4.64$（m）。

$S_{断面}=0.455$ m^2　$V=V_{外}+V_{内}=60\times0.455+4.64\times0.455=29.42$（$m^3$）。

29.42/29.47=0.998。

人工费：46.59×0.998= 46.50（元/m^3）。

材料费：145.48×0.998=145.19（元/m^3）。

机械费：3.17×0.998= 3.16（元/m^3）。

小计：194.85 元/m^3。

(2) 墙体防潮层工程量。

人工费：3.29×0.998=3.28（元/m^3）。

材料费：4.89×0.998=4.88（元/m^3）。

机械费：0.23×0.998=0.23（元/m^3）。

小计：8.39 元/m^3。

(3) 管理费率取 10%，利润率取 6%，不考虑风险因素。

(4) 确定综合单价，填写综合单价分析表和分部分项工程量清单计价表（表 6.25、表 6.26）。

表 6.25　综合单价分析表

计量单位：m³

项目编码：010401001001　　　　工程数量：1.00

项目名称：砖基础　　　　综合单价：211.75 元/m³

定额编号	工程内容	单位	数量	其中			管理费/元	利润/元	小计/元
				人工费/元	材料费/元	机械费/元			
329	带形砖基础	m³	1.00	46.50	145.19	3.16	4.97	2.98	202.80
1579	防水砂浆	m³	1.00	3.28	4.88	0.23	0.35	0.21	8.95
	综合单价/元								211.75

表 6.26　分部分项工程量清单计价表

序号	项目编码	项目名称	项目特征	计量单位	工程数量	金额/元	
						综合单价	合计
1	010401001001	砖基础	1. 砖品种：标准机制红砖 2. 基础类型：带形基础 3. 砂浆强度等级：M5.0 4. 防潮层：防水砂浆 20 厚	m³	29.47	211.75	6 240.27

6.5　混凝土及钢筋混凝土工程

6.5.1　工程量计算规则

设 16 个分部 79 个分项工程项目，包括现浇混凝土基础、现浇混凝土柱、现浇混凝土梁、现浇混凝土墙、现浇混凝土板、现浇混凝土楼梯、现浇混凝土其他构件、后浇带、预制混凝土柱、预制混凝土梁、预制混凝土屋架、预制混凝土板、预制混凝土楼梯、其他预制构件、钢筋工程、螺栓、铁件。适用于建筑物、构筑物的混凝土工程。

(1) 现浇混凝土基础。

①有肋带形基础、无肋带形基础应注明肋高。

②毛石混凝土基础，项目特征应描述毛石所占比例。

(2) 现浇混凝土类别指清水混凝土、彩色混凝土等，如在同一地区既使用预拌（商品）混凝土、又允许现场搅拌混凝土时，也应注明。

(3) 现浇混凝土墙。

①墙肢截面的最大长度与厚度之比小于或等于 6 倍的剪力墙，按短肢剪力墙项目列项。

②L、Y、T、十字、Z形、一字形等短肢剪力墙的单肢中心线长小于等于 0.4 m，按柱项目列项。

(4) 现浇挑檐、天沟板、雨篷、阳台与板（包括屋面板、楼板）连接时，以外墙外边线为分界线；与圈梁（包括其他梁）连接时，以梁外边线为分界线。外边线以外为挑檐、天沟、雨篷或阳台。

(5) 整体楼梯（包括直形楼梯、弧形楼梯）水平投影面积包括休息平台、平台梁、斜梁和楼梯的连接梁。当整体楼梯与现浇楼梯无梯梁连接时，以楼梯的最后一个踏步边缘加 300 mm 为界。

(6) 现浇混凝土其他构件。

①现浇混凝土小型池槽、垫块、门框等，应按现浇混凝土其他构件项目编码列项。

②架空式混凝土台阶，按现浇楼梯计算。

(7) 预制混凝土板。

①不带肋的预制遮阳板、雨篷板、栏板等，应按平板项目编码列项。

②预制 F 形板、双 T 形板、单肋板和带反挑檐的雨篷板、挑檐板、遮阳板等，应按带肋板项目编码列项。

③预制大型墙板、大型楼板、大型屋面板等应按大型板项目编码列项。

(8) 预制钢筋混凝土小型池槽、压顶、扶手、垫块、隔热板、花格等，应按预制其他构件项目编码列项。

(9) 钢筋工程。

①现浇构件中伸出构件的锚固钢筋应并入钢筋工程量内。除设计（包括规范规定）标明的搭接外，其他施工搭接不计算工程量，在综合单价中综合考虑。

②现浇构件中固定位置的支撑钢筋、双层钢筋用的“铁马”在编制工程量清单时，其工程数量可为暂估量，结算时按现场签证数量计算。

6.5.2 工程量清单规范内容

工程量清单项目设置、项目特征描述的内容、计量单位及工程量计算规则，应按规范的规定执行。具体内容见表6.27～6.42。

表6.27 现浇混凝土基础（编码：010501）

项目编码	项目名称	项目特征	计量单位	工程量计算规则	工作内容
010501001	垫层	1. 混凝土类别 2. 混凝土强度等级	m^3	按设计图示尺寸以体积计算。不扣除构件内钢筋、预埋铁件和伸入承台基础的桩头所占体积	1. 模板及支撑制作、安装、拆除、堆放、运输及清理模内杂物、刷隔离剂等 2. 混凝土制作、运输、浇筑、振捣、养护
010501002	带形基础				
010501003	独立基础				
010501004	满堂基础				
010501005	桩承台基础				
010501006	设备基础	1. 混凝土类别 2. 混凝土强度等级 3. 灌浆材料、灌浆材料强度等级			

表6.28 现浇混凝土柱（编码：010502）

项目编码	项目名称	项目特征	计量单位	工程量计算规则	工作内容
010502001	矩形柱	1. 混凝土类别 2. 混凝土强度等级	m^3	按设计图示尺寸以体积计算。不扣除构件内钢筋、预埋铁件和伸入承台基础的桩头所占体积 柱高： 1. 有梁板的柱高，应自柱基上表面（或楼板上表面）至上一层楼板上表面之间的高度计算 2. 无梁板的柱高，应自柱基上表面（或楼板上表面）至柱帽下表面之间的高度计算 3. 框架柱的柱高，应自柱基上表面至柱顶高度计算 4. 构造柱按全高计算，嵌接墙体部分（马牙槎）并入柱身体积 5. 依附柱上的牛腿和升板的柱帽，并入柱身体积计算	1. 模板及支撑制作、安装、拆除、堆放、运输及清理模内杂物、刷隔离剂等 2. 混凝土制作、运输、浇筑、振捣、养护
010502002	构造柱				
010502003	设备基础	1. 混凝土类别 2. 混凝土强度等级 3. 灌浆材料、灌浆材料强度等级			

表 6.29　现浇混凝土梁（编码：010503）

项目编码	项目名称	项目特征	计量单位	工程量计算规则	工作内容
010503001	基础梁	1. 混凝土类别 2. 混凝土强度等级	m^3	按设计图示尺寸以体积计算。不扣除构件内钢筋、预埋铁件所占体积，伸入墙内的梁头、梁垫并入梁体积内 梁长： 1. 梁与柱连接时，梁长算至柱侧面 2. 主梁与次梁连接时，次梁长算至主梁侧面	1. 模板及支架（撑）制作、安装、拆除、堆放、运输及清理模内杂物、刷隔离剂等 2. 混凝土制作、运输、浇筑、振捣、养护
010503002	矩形梁				
010503003	异形梁				
010503004	圈梁				
010503005	过梁				
010503006	弧形、拱形梁	1. 混凝土类别 2. 混凝土强度等级	m^3	按设计图示尺寸以体积计算。不扣除构件内钢筋、预埋铁件所占体积，伸入墙内的梁头、梁垫并入梁体积内。 梁长： 1. 梁与柱连接时，梁长算至柱侧面 2. 主梁与次梁连接时，次梁长算至主梁侧面	1. 模板及支架（撑）制作、安装、拆除、堆放、运输及清理模内杂物、刷隔离剂等 2. 混凝土制作、运输、浇筑、振捣、养护

表 6.30　现浇混凝土墙（编码：010504）

项目编码	项目名称	项目特征	计量单位	工程量计算规则	工作内容
010504001	直行墙	1. 混凝土类别 2. 混凝土强度等级	m^3	按设计图示尺寸以体积计算。不扣除构件内钢筋、预埋铁件所占体积，扣除门窗洞口及单个面积大于 $0.3\ m^2$ 的孔洞所占体积，墙垛及突出墙面部分并入墙体体积内计算	1. 模板及支架（撑）制作、安装、拆除、堆放、运输及清理模内杂物、刷隔离剂等 2. 混凝土制作、运输、浇筑、振捣、养护
010504002	弧形墙				
010504003	短肢剪力墙				
010504004	挡土墙				

表 6.31　现浇混凝土板（编码：010505）

项目编码	项目名称	项目特征	计量单位	工程量计算规则	工作内容
010505001	有梁板	1. 混凝土类别 2. 混凝土强度等级	m^3	按设计图示尺寸以体积计算。不扣除构件内钢筋、预埋铁件及单个面积小于等于0.3 m^2的柱、垛以及孔洞所占体积 压形钢板混凝土楼板扣除构件内压形钢板所占体积。 有梁板（包括主、次梁与板）按梁、板体积之和计算，无梁板按板和柱帽体积之和计算，各类板伸入墙内的板头并入板体积内，薄壳板的肋、基梁并入薄壳体积内计算	1. 模板及支架（撑）制作、安装、拆除、堆放、运输及清理模内杂物、刷隔离剂等 2. 混凝土制作、运输、浇筑、振捣、养护
010505002	无梁板				
010505003	平板				
010505004	拱板				
010505005	薄壳板				
010505006	栏板				
010505007	天沟（檐沟）、挑檐板	1. 混凝土类别 2. 混凝土强度等级		按设计图示尺寸以体积计算	
010505008	雨篷、悬挑板阳台板			按设计图示尺寸以墙外部分体积计算。包括伸出墙外的牛腿和雨篷反挑檐的体积	
010505009	其他板			按设计图示尺寸以体积计算	

表 6.32　现浇混凝土楼梯（编码：010506）

项目编码	项目名称	项目特征	计量单位	工程量计算规则	工作内容
010506001	直行楼梯	1. 混凝土类别 2. 混凝土强度等级	1. m^2 2. m^3	1. 以平方米计量，按设计图示尺寸以水平投影面积计算。不扣除宽度小于等于500 mm的楼梯井，伸入墙内部分不计算 2. 以立方米计量，按设计图示尺寸以体积计算	1. 模板及支撑制作、安装、拆除、堆放、运输及清理模内杂物、刷隔离剂等 2. 混凝土制作、运输、浇筑、振捣、养护
010506002	弧形楼梯				

表 6.33 现浇混凝土其他构件（编码：010507）

项目编码	项目名称	项目特征	计量单位	工程量计算规则	工作内容
010507001	散水、坡道	1. 垫层材料种类、厚度 2. 面层厚度 3. 混凝土类别 4. 混凝土强度等级 5. 变形缝填塞材料种类	m^2	以平方米计量，按设计图示尺寸以面积计算 不扣除单个小于等于 0.3 m^2 的孔洞所占面积	1. 地基夯实 2. 铺设垫层 3. 模板及支撑制作、安装、拆除、堆放、运输及清理模内杂物、刷隔离剂等 4. 混凝土制作、运输、浇筑、振捣、养护 5. 变形缝填塞
010507002	电缆沟、地沟	1. 土壤类别 2. 沟截面净空尺寸 3. 垫层材料种类、厚度 4. 混凝土类别 5. 混凝土强度等级 6. 防护材料种类	m	以米计量，按设计图示以中心线长计算	1. 挖填、运土石方 2. 铺设垫层 3. 模板及支撑制作、安装、拆除、堆放、运输及清理模内杂物、刷隔离剂等 4. 混凝土制作、运输、浇筑、振捣、养护 5. 刷防护材料
010507003	台阶	1. 踏步高宽比 2. 混凝土类别 3. 混凝土强度等级	1. m^2 2. m^3	1. 以平方米计量，按设计图示尺寸以水平投影面积计算 2. 以立方米计量，按设计图示尺寸以体积计算	1. 模板及支撑制作、安装、拆除、堆放、运输及清理模内杂物、刷隔离剂等 2. 混凝土制作、运输、浇筑、振捣、养护
010507004	扶手、压顶	1. 断面尺寸 2. 混凝土类别 3. 混凝土强度等级	1. m 2. m^3	1. 以米计量，按设计图示的延长米计算 2. 以立方米计量，按设计图示尺寸以体积计算	1. 模板及支撑制作、安装、拆除、堆放、运输及清理模内杂物、刷隔离剂等 2. 混凝土制作、运输、浇筑、振捣、养护
010507005	化粪池底	1. 混凝土强度等级 2. 防水、抗渗要求	m^3	按设计图示尺寸以体积计算。不扣除构件内钢筋、预埋铁件所占体积	1. 模板及支撑制作、安装、拆除、堆放、运输及清理模内杂物、刷隔离剂等 2. 混凝土制作、运输、浇筑、振捣、养护
010507006	化粪池壁				
010507007	化粪池顶				
010507008	检查井底				
010507009	检查井壁				
010507010	检查井顶				
010507011	其他构件	1. 构件的类型 2. 构件规格 3. 部位 4. 混凝土类别 5. 混凝土强度等级			

表 6.34 后浇带（编码：010508）

项目编码	项目名称	项目特征	计量单位	工程量计算规则	工作内容
010508001	后浇带	1. 混凝土类别 2. 混凝土强度等级	m^3	按设计图示尺寸以体积计算	1. 模板及支架（撑）制作、安装、拆除、堆放、运输及清理模内杂物、刷隔离剂等 2. 混凝土制作、运输、浇筑、振捣、养护及混凝土交接面、钢筋等的清理

表 6.35 预制混凝土柱（编码：010509）

项目编码	项目名称	项目特征	计量单位	工程量计算规则	工作内容
010509001	矩形柱	1. 图代号 2. 单件体积 3. 安装高度 4. 混凝土强度等级 5. 砂浆强度等级、配合比	1. m^3 2. 根	1. 以立方米计量，按设计图示尺寸以体积计算。不扣除构件内钢筋、预埋铁件所占体积 2. 以根计量，按设计图示尺寸以数量计算	1. 构件安装 2. 砂浆制作、运输 3. 接头灌缝、养护
010509002	异形柱				

表 6.36 预制混凝土梁（编码：010510）

项目编码	项目名称	项目特征	计量单位	工程量计算规则	工作内容
010510001	矩形梁	1. 图代号 2. 单件体积 3. 安装高度 4. 混凝土强度等级 5. 砂浆强度等级、配合比	1. m^3 2. 根	1. 以立方米计量，按设计图示尺寸以体积计算。不扣除构件内钢筋、预埋铁件所占体积 2. 以根计量，按设计图示尺寸以数量计算	1. 构件安装 2. 砂浆制作、运输 3. 接头灌缝、养护
010510002	异形梁				
010510003	过梁				
010510004	拱形梁				
010510005	鱼腹式吊车梁				
010510006	风道梁				

表 6.37 预制混凝土屋架（编码：010511）

项目编码	项目名称	项目特征	计量单位	工程量计算规则	工作内容
010511001	折线型屋架	1. 图代号 2. 单件体积 3. 安装高度 4. 混凝土强度等级 5. 砂浆强度等级、配合比	1. m^3 2. 榀	1. 以立方米计量，按设计图示尺寸以体积计算。不扣除构件内钢筋、预埋铁件所占体积 2. 以榀计量，按设计图示尺寸以数量计算	1. 构件安装 2. 砂浆制作、运输 3. 接头灌缝、养护
010511002	组合屋架				
010511003	薄腹屋架				
010511004	门式刚架屋架				
010511005	天窗架屋架				

表 6.38　预制混凝土板（编码：010512）

项目编码	项目名称	项目特征	计量单位	工程量计算规则	工作内容
010512001	平板	1. 图代号 2. 单件体积 3. 安装高度 4. 混凝土强度等级 5. 砂浆强度等级、配合比	1. m^3 2. 块	1. 以立方米计量，按设计图示尺寸以体积计算。不扣除构件内钢筋、预埋铁件及单个尺寸小于等于 300 mm×300 mm 的孔洞所占体积，扣除空心板空洞体积 2. 以块计量，按设计图示尺寸以“数量”计算	1. 构件安装 2. 砂浆制作、运输 3. 接头灌缝、养护
010512002	空心板				
010512003	槽形板				
010512004	网架板				
010512005	折线板				
010512006	带肋板				
010512007	大型板				
010512008	沟盖板、井盖板、井圈	1. 单件体积 2. 安装高度 3. 混凝土强度等级 4. 砂浆强度等级、配合比	1. m^3 2. 块（套）	1. 以立方米计量，按设计图示尺寸以体积计算。不扣除构件内钢筋、预埋铁件所占体积 2. 以块计量，按设计图示尺寸以“数量”计算	1. 构件安装 2. 砂浆制作、运输 3. 接头灌缝、养护

表 6.39　预制混凝土楼梯（编码：010513）

项目编码	项目名称	项目特征	计量单位	工程量计算规则	工作内容
010513001	楼梯	1. 楼梯类型 2. 单件体积 3. 混凝土强度等级 4. 砂浆强度等级	1. m^3 2. 块	1. 以立方米计量，按设计图示尺寸以体积计算。不扣除构件内钢筋、预埋铁件所占体积，扣除空心踏步板空洞体积 2. 以块计量，按设计图示尺寸数量计算	1. 构件安装 2. 砂浆制作、运输 3. 接头灌缝、养护

表 6.40　其他预制构件（编码：010514）

项目编码	项目名称	项目特征	计量单位	工程量计算规则	工作内容
010514001	垃圾道、通风道、烟道	1. 单件体积 2. 混凝土强度等级 3. 砂浆强度等级	1. m^3 2. m^2 3. 根	1. 以立方米计量，按设计图示尺寸以体积计算。不扣除构件内钢筋、预埋铁件及单个面积小于等于 300 mm×300 mm 的孔洞所占体积，扣除烟道、垃圾道、通风道的孔洞所占体积。 2. 以平方米计量，按设计图示尺寸以面积计算。不扣除构件内钢筋、预埋铁件及单个面积小于等于 300 mm×300 mm 的孔洞所占面积 3. 以根计量，按设计图示尺寸以数量计算	1. 构件安装 2. 砂浆制作、运输 3. 接头灌缝、养护 4. 酸洗、打蜡
010514002	其他构件	1. 单件体积 2. 构件的类型 3. 混凝土强度等级 4. 砂浆强度等级			
010514003	水磨石构件	1. 构件的类型 2. 单件体积 3. 水磨石面层厚度 4. 混凝土强度等级 5. 水泥石子浆配合比 6. 石子品种、规格、颜色 7. 酸洗、打蜡要求			

表 6.41　钢筋工程（编码：010515）

项目编码	项目名称	项目特征	计量单位	工程量计算规则	工作内容
010515001	现浇构件钢筋	钢筋的种类、规格	t	按设计图示钢筋（网）长度（面积）乘以单位理论质量计算	1. 钢筋制作、运输 2. 钢筋安装 3. 焊接
010515002	钢筋网片				1. 钢筋网制作、运输 2. 钢筋网安装 3. 焊接
010515003	钢筋笼				1. 钢筋笼制作、运输 2. 钢筋笼安装 3. 焊接
010515004	先张法预应力钢筋	1. 钢筋的种类、规格 2. 锚具的种类		按设计图示钢筋长度乘以单位理论质量计算	1. 钢筋制作、运输 2. 钢筋张拉
010515005	后张法预应力钢筋	1. 钢筋的种类、规格 2. 钢丝的种类、规格 3. 钢绞线的种类、规格 4. 锚具的种类 5. 砂浆的强度等级		按设计图示钢筋（丝束、绞线）长度乘单位理论质量计算 1. 低合金钢筋两端均采用螺杆锚具时，钢筋长度按孔道长度减 0.35 m 计算，螺杆另行计算 2. 低合金钢筋一端采用镦头插片、另一端采用螺杆锚具时，钢筋长度按孔道长度计算，螺杆另行计算 3. 低合金钢筋一端采用镦头插片、另一端采用帮条锚具时，钢筋增加 0.15 m 计算；两端均采用帮条锚具时，钢筋长度按孔道长度增加 0.3 m 计算 4. 低合金钢筋采用后张混凝土自锚时，钢筋长度按孔道长度增加 0.35 m 计算 5. 低合金钢筋（钢绞线）采用 JM、XM、QM 型锚具，孔道长度小于等于 20 m 时，钢筋长度增加 1 m 计算；孔道长度大于 20 m 时，钢筋长度增加 1.8 m 计算 6. 碳素钢丝采用锥形锚具，孔道长度小于等于 20 m 时，钢丝束长度按孔道长度增加 1 m计算；孔道长度大于 20 m 时，钢丝束长度按孔道长度增加1.8 m计算 7. 碳素钢丝采用镦头锚具时，钢丝束长度按孔道长度增加 0.35 m 计算	1. 钢筋、钢丝、钢绞线制作、运输 2. 钢筋、钢丝、钢绞线安装 3. 预埋管孔道铺设 4. 锚具安装 5. 砂浆制作、运输 6. 孔道压浆、养护
010515006	预应力钢丝				
010515007	预应力钢绞线				

续表 6.41

项目编码	项目名称	项目特征	计量单位	工程量计算规则	工作内容
010515008	支撑钢筋（铁马）	1. 钢筋的种类 2. 规格	t	按钢筋长度乘以单位理论质量计算	钢筋制作、焊接、安装
010515009	声测管	1. 材质 2. 规格型号	t	按设计图示尺寸质量计算	1. 检测管截断、封头 2. 套管制作、焊接 3. 定位、固定

表 6.42　螺栓、铁件（编码：010516）

项目编码	项目名称	项目特征	计量单位	工程量计算规则	工作内容
010516001	螺栓	1. 螺栓的种类 2. 规格	t	按设计图示尺寸以质量计算	1. 螺栓、铁件制作、运输 2. 螺栓、铁件安装
010516002	预埋铁件	1. 钢材的种类 2. 规格 3. 铁件尺寸	t	按设计图示尺寸以质量计算	1. 螺栓、铁件制作、运输 2. 螺栓、铁件安装
010516003	机械连接	1. 连接方式 2. 螺纹套筒的种类 3. 规格	个	按数量计算	1. 钢筋套丝 2. 套筒连接

6.5.3 钢筋工程

钢筋用量按理论重量计算。

1. 钢筋长度计算

（1）直钢筋长度计算。

直钢筋长度的计算公式为

$$l=l_1-2c+l_z$$

式中　l_1——构件长度，mm；

l_z——弯钩增加的长度，mm；

c——保护层厚度，mm。

钢筋的弯钩形式可分为 3 种：半圆弯钩（180°）、直弯钩（90°）和斜弯钩（135°或 45°），如图 6.5 所示。图中，L_z 为弯钩增加的长度；$L_P=3d$。

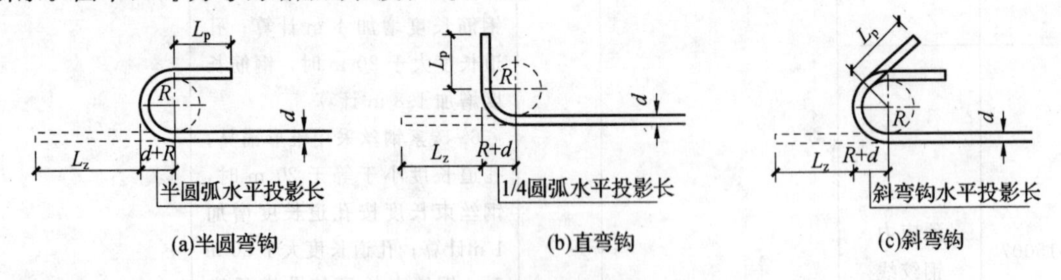

图 6.5　钢筋的弯钩形式

（2）弯起钢筋长度计算。

弯起钢筋长度的计算公式为

$$l=l_1+l_2+l_z$$

或

$$l=l_1-2c+l_2+l_z$$

式中 l_1——直段钢筋长度，mm；

l_z——弯钩增加的长度，mm；

l_2——斜段钢筋长度，mm。

弯起钢筋的弯起角度有3种，即30°、45°、60°，弯起钢筋中间部分弯折处的弯曲直径 $D\geqslant 5d$，h 为减去保护层的弯起钢筋净高。弯起钢筋斜长增加长度见表6.43。

表6.43

弯起角度 α	300	450	600
增加长度 ΔL	$0.268h_0$	$0.414h_0$	$0.575h_0$

(3) 箍筋长度的计算。

箍筋长度的计算公式为

$$l=[(b+h)-4c]\times 2+l_z$$

式中 b——构件断面的宽，mm；

h——构件断面的高，mm。

(4) 钢筋搭接增加的长度按设计规范规定计算。

钢筋弯钩长度按设计规定计算，如设计无规定时，按设计规范规定计算。

2. 钢筋根数计算

箍筋根数的计算公式为

$$n=\frac{l_l-2c}{a}+1$$

式中 n——箍筋根数，取整数；

a——箍筋间距，mm。

3. 钢筋的理论质量计算

钢筋的理论质量的计算公式为

钢筋理论质量=钢筋长度×该钢筋每米质量

6.5.4 应用案例

【例6.6】 框梁（KL）如图6.6所示，混凝土强度C30，钢筋HRB335，抗震等级三级，钢筋保护层厚度为35 mm。A、C柱主筋直径20 mm，B柱主筋直径22 mm。计算框架梁的混凝土工程量和钢筋工程量，并计价。

解 1. KL混凝土工程量清单编制

$V=0.3\times 0.7\times[6.6-(0.25+0.3)+7.5-(0.25+0.3)]=2.73\ (m^3)$。

2. KL钢筋工程量清单编制

(1) 上部通长钢筋（2Φ25）。

单根长度=[(6.6+7.5+0.25×2)−2×0.35−2×0.02−2×0.35+2×15×0.025]=13.91 (m)。

2Φ25长度=13.91×2=27.82 (m)。

搭接长度=1.2×31×0.025×2=1.86 (m)。

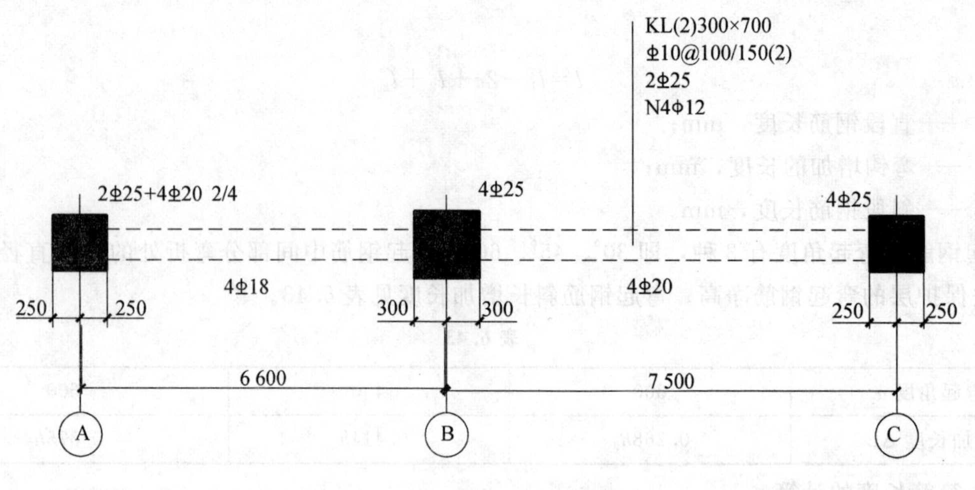

图 6.6

(2) 支座钢筋。

A 支座：(4 ⌀ 20)。

单根长度＝（6.6－0.25－0.3）÷4＋0.5－0.035－0.02－0.035＋15×0.020＝2.22（m）。

4 ⌀ 20 长度＝2.22×4＝8.88（m）。

B 支座：(2 ⌀ 25)。

单根长度＝2×［（7.5－0.25－0.3）÷3］＋0.6＝5.23（m）。

2 ⌀ 25 长度＝5.23×2＝10.46（m）。

C 支座：(2 ⌀ 25)。

单根长度＝（7.5－0.25－0.3）÷3＋0.5－0.035－0.02－0.035＋15×0.025＝3.10（m）。

2 ⌀ 25 长度＝3.10×2＝6.20（m）。

(3) 下部纵筋。

AB 跨：(4 ⌀ 18)。

单根长度＝（6.6－0.3＋0.25－0.035－0.020－0.035）＋15×0.018＋max｛1.05×31×0.018，0.5×0.6＋5×0.018｝＝6.46＋0.27＋0.59＝7.32（m）。

4 ⌀ 18 长度＝7.32×4＝29.28（m）。

BC 跨：(4 ⌀ 20)。

单根长度＝（7.5－0.3＋0.25－0.035－0.020－0.035）＋15×0.020＋max｛1.05×31×0.020，0.5×0.6＋5×0.020｝＝7.36＋0.3＋0.65＝8.31（m）。

4 ⌀ 20 长度＝8.31×4＝33.24（m）。

(4) 构造钢筋。

AB 跨：(4 ⌀ 12)。

单根长度＝（6.6－0.3＋0.25－0.035－0.020－0.035）＋15×0.012＋max｛1.05×31×0.012，0.5×0.6＋5×0.012｝＝6.46＋0.18＋0.39＝7.03（m）。

4 ⌀ 12 长度＝7.03×4＝28.12（m）。

BC 跨：(4 ⌀ 12)。

单根长度＝（7.5－0.3＋0.25－0.035－0.020－0.035）＋15×0.012＋max｛1.05×31×0.012，0.5×0.6＋5×0.012｝＝7.36＋0.18＋0.39＝7.93（m）。

4 ⌀ 12 长度＝7.93×4＝31.72（m）。

(5) 箍筋 (⌀ 10)。

单根箍筋长度＝［（0.3＋0.7）－4×0.035］×2＋2×11.9×0.01＝1.96（m）。

AB跨箍筋根数＝［（1.5×0.7－0.05）÷0.1］×2＋［（6.6－0.25－0.3－1.5×0.7×2）÷0.15＋1］＝48（根）。

BC跨箍筋根数＝［（1.5×0.7－0.05）÷0.1］×2＋［（7.5－0.25－0.3－1.5×0.7×2）÷0.15＋1］＝54（根）。

箍筋总长＝1.96×（48＋54）＝199.92（m）。

（6）钢筋质量。

Φ25：（27.82＋1.86＋10.46＋6.2）×3.85＝178.41（kg）。

Φ20：（8.88＋33.24）×2.47＝104.04（kg）。

Φ18：29.28×2.00＝58.561（kg）。

Φ12：（28.12＋31.72）×0.888＝53.14（kg）。

Φ10：199.92×0.617＝123.35（kg）。

分部分项工程量清单表见表6.44。

表6.44 分部分项工程量清单表

序号	项目编码	项目名称	项目特征	计量单位	工程数量
1	010503002001	框架梁	1. 混凝土类别 2. 混凝土强度等级C30	m^3	2.73
2	010515001001	现浇构件钢筋	钢筋种类HRB335 规格Φ25	t	0.178
3	010515001002	现浇构件钢筋	钢筋种类HRB335 规格Φ20	t	0.104
4	010515001003	现浇构件钢筋	钢筋种类HRB335 规格Φ18	t	0.059
5	010515001004	现浇构件钢筋	钢筋种类HRB335 规格Φ12	t	0.053
6	010515001005	现浇构件钢筋	钢筋种类HRB335 规格Φ10	t	0.123

2. 工程量清单计价的编制（按内蒙古09预算定额）

混凝土工程量：2.73 m^3。

管理费率取10%，利润率取6%，不考虑风险因素。

确定综合单价，填写综合单价分析表和分部分项工程量清单计价表（表6.45～6.51）。

表6.45 综合单价分析表1

计量单位：m^3

项目编码：010503002001　　工程数量：1.00

项目名称：框架梁现浇混凝土　　综合单价：342.64元/m^3

定额编号	工程内容	单位	数量	其中			管理费/元	利润/元	小计/元
				人工费/元	材料费/元	机械费/元			
617	框架梁（换）	m^3	1.00	19.22	292.10		1.92	1.15	314.39
837	混凝土运输车	m^3	1.00	0.9		17.57	1.85	1.11	21.43
850	混凝土输送泵车	m^3	1.00	2.25		3.63	0.59	0.35	6.82
	综合单价/元								342.64

表 6.46 综合单价分析表 2

计量单位：t

项目编码：010515001001 工程数量：1.000

项目名称：现浇构件钢筋⌀25 综合单价：4311.24 元/ t

定额编号	工程内容	单位	数量	其中			管理费/元	利润/元	小计/元
				人工费/元	材料费/元	机械费/元			
865	⌀25	t	1.00	191.88	4 044.02	38.48	23.04	13.82	4 311.24
	综合单价/元							4 311.24	

表 6.47 综合单价分析表 3

计量单位：t

项目编码：010515001002 工程数量：1.000

项目名称：现浇构件钢筋⌀20 综合单价：4 351.93 元/ t

定额编号	工程内容	单位	数量	其中			管理费/元	利润/元	小计/元
				人工费/元	材料费/元	机械费/元			
863	⌀20	t	1.00	236.43	4 030.81	40.40	27.68	16.61	4 351.93
	综合单价/元							4 351.93	

表 6.48 综合单价分析表 4

计量单位：t

项目编码：010515001003 工程数量：1.000

项目名称：现浇构件钢筋⌀18 综合单价：4385.93 元/ t

定额编号	工程内容	单位	数量	其中			管理费/元	利润/元	小计/元
				人工费/元	材料费/元	机械费/元			
862	⌀18	t	1.00	263.16	4 032.78	41.28	30.44	18.27	4 385.93
	综合单价/元							4 385.93	

表 6.49 综合单价分析表 5

计量单位：t

项目编码：010515001004 工程数量：1.000

项目名称：现浇构件钢筋⌀12 综合单价：4 533.67 元/ t

定额编号	工程内容	单位	数量	其中			管理费/元	利润/元	小计/元
				人工费/元	材料费/元	机械费/元			
859	⌀12	t	1.00	388.31	4 029.76	46.10	43.44	26.06	4 533.67
	综合单价/元							4 533.67	

表 6.50 综合单价分析表 6

计量单位：t

项目编码：010515001005 工程数量：1.000

项目名称：现浇构件钢筋⌀10 综合单价：元/ t

定额编号	工程内容	单位	数量	其中			管理费/元	利润/元	小计/元
				人工费/元	材料费/元	机械费/元			
858	⌀10	t	1.00	443.39	4 007.33	18.01	46.14	27.68	4 542.55
	综合单价/元							4 542.55	

表 6.51 分部分项工程量清单计价表

序号	项目编码	项目名称	项目特征	计量单位	工程数量	金额/元	
						综合单价	合计
1	010503002001	框架梁	1. 混凝土类别 2. 混凝土强度等级 C30	m^3	2.73	342.64	935.41
2	010515001001	现浇构件钢筋	钢筋种类 HRB335 规格Φ25	t	0.178	4 311.24	767.40
3	010515001002	现浇构件钢筋	钢筋种类 HRB335 规格Φ20	t	0.104	4 351.93	452.60
4	010515001003	现浇构件钢筋	钢筋种类 HRB335 规格Φ18	t	0.059	4 385.93	258.77
5	010515001004	现浇构件钢筋	钢筋种类 HRB335 规格Φ12	t	0.053	4 533.67	240.28
6	010515001005	现浇构件钢筋	钢筋种类 HRB335 规格Φ10	t	0.123	4 542.55	558.73

6.6 金属结构工程

设 7 个分部 31 个分项工程项目，包括钢网架、钢屋架、钢托架、钢桁架、钢桥架、钢柱、钢梁、钢板楼板、墙板、钢构件、金属制品。适用于建筑物、构筑物的钢结构工程。

（1）型钢混凝土柱、梁浇筑混凝土和压型钢板楼板上浇筑钢筋混凝土，混凝土和钢筋应按相关项目编码列项。

（2）钢墙架项目包括墙架柱、墙架梁和连接杆件。

（3）钢支撑、钢拉条类型指单式、复式；钢檩条类型指型钢式、格构式；钢漏斗形式指方形、圆形；天沟形式指矩形沟或半圆形沟。

（4）加工铁件等小型构件，应按零星钢构件项目编码列项。

（5）钢屋架项目适用于一般钢屋架、轻钢屋架、冷弯薄壁型钢屋架。

（6）钢网架项目适用于一般钢网架和不锈钢网架。

（7）实腹钢柱类型指十字、T 形、L 形、H 形等。

（8）空腹钢柱类型指箱形、格构等。

（9）型钢混凝土柱、梁浇筑钢筋混凝土，其混凝土和钢筋应按混凝土及钢筋混凝土工程中相关项目编码列项。

（10）梁类型指 H 形、L 形、T 形、箱形、格构式等。

（11）压型钢楼板按钢楼板项目编码列项。

（12）金属构件的切边，不规则及多边形钢板发生的损耗在综合单价中考虑。

6.7 木结构工程

6.7.1 工程量计算规则

设 3 个分部 8 个分项工程项目，包括木屋架、木构件及屋面木基层。适用于建筑物、构筑物的木结构工程。

（1）屋架的跨度应以上、下弦中心线两交点之间的距离计算。

（2）带气楼的屋架和马尾、折角以及正交部分的半屋架，按相关屋架项目编码列项。

（3）以榀计量，按标准图设计，项目特征必须标注标准图代号。

6.7.2 工程量清单规范内容

工程量清单项目设置、项目特征描述的内容、计量单位及工程量计算规则，应按规范的规定执行（表6.52～6.54）。

表6.52 木屋架（编码：010701）

项目编码	项目名称	项目特征	计量单位	工程量计算规则	工作内容
010701001	木屋架	1. 跨度 2. 材料品种、规格 3. 刨光要求 4. 拉杆及夹板的种类 5. 防护材料的种类	1. 榀 2. m^3	1. 以榀计量，按设计图示数量计算 2. 以立方米计量，按设计图示的规格尺寸以体积计算	1. 制作 2. 运输 3. 安装 4. 刷防护材料
010701002	钢木屋架	1. 跨度 2. 木材品种、规格 3. 刨光要求 4. 钢材品种、规格 5. 防护材料种类	榀	以榀计量，按设计图示数量计算	

表6.53 木构件（编码：010702）

项目编码	项目名称	项目特征	计量单位	工程量计算规则	工作内容
010702001	木柱	1. 构件规格尺寸 2. 木材种类 3. 刨光要求 4. 防护材料种类	m^3	按设计图示尺寸以体积计算	1. 制作 2. 运输 3. 安装 4. 刷防护材料
010702002	木梁		1. m^3 2. m	1. 以立方米计量，按设计图示尺寸以体积计算 2. 以米计量，按设计图示接触边以长度计算	
010702003	木檩				
010702004	木楼梯	1. 楼梯形式 2. 木材种类 3. 刨光要求 4. 防护材料种类	m^2	按设计图示尺寸以水平投影面积计算。不扣除宽度小于等于300 mm的楼梯井，伸入墙内部分不计算	
010702005	其他木构件	1. 构件名称 2. 构件规格尺寸 3. 木材种类 4. 刨光要求 5. 防护材料种类	1. m^3 2. m	1. 以立方米计量，按设计图示尺寸以体积计算 2. 以米计量，按设计图示尺寸以长度计算	

表 6.54 屋面木基层（编码：010703）

项目编码	项目名称	项目特征	计量单位	工程量计算规则	工作内容
010703001	屋面木基层	1. 椽子断面尺寸及椽距 2. 木材的种类 3. 防护材料的种类	m^2	按设计图示尺寸以斜面积计算。不扣除房上烟囱、风帽底座、风道、小气窗、斜沟等所占面积。小气窗的出檐部分不增加面积	1. 椽子制作、安装 2. 望板制作、安装 3. 顺水条和挂瓦条制作、安装 4. 刷防护材料

6.8 门窗工程

6.8.1 工程量计算规则

设 10 个分部 53 个分项工程项目，包括木门、金属门、金属卷帘（闸）门、厂库房大门、特种门、其他门、门窗、金属窗、门窗套、窗台板、窗帘、窗帘盒、轨。适用于建筑物、构筑物的门窗工程。

(1) 木质门应区分镶板木门、企口木板门、实木装饰门、胶合板门、夹板装饰门、木纱门、全玻门（带木质扇框）、木质半玻门（带木质扇框）等项目，分别编码列项。

(2) 木门五金应包括折页、插销、门碰珠、弓背拉手、搭机、木螺丝、弹簧折页（自动门）、管子拉手（自由门、地弹门）、地弹簧（地弹门）、角铁、门轧头（地弹门、自由门）等。

(3) 木质门带套计量按洞口尺寸以面积计算，不包括门套的面积。

(4) 单独制作安装木门框按木门框项目编码列项。

(5) 金属门应区分金属平开门、金属推拉门、金属地弹门、全玻门（带金属扇框）、金属半玻门（带扇框）等项目，分别编码列项。

(6) 铝合金门五金包括地弹簧、门锁、拉手、门插、门铰、螺丝等。

(7) 其他金属门五金包括 L 形执手插锁（双舌）、执手锁（单舌）、门轨头、地锁、防盗门机、门眼（猫眼）、门碰珠、电子锁（磁卡锁）、闭门器、装饰拉手等。

(8) 特种门应区分冷藏门、冷冻间门、保温门、变电室门、隔音门、防射电门、人防门、金库门等项目，分别编码列项。

(9) 门开启方式指推拉或平开。

(10) 木质窗应区分木百叶窗、木组合窗、木天窗、木固定窗、木装饰空花窗等项目，分别编码列项。

(11) 木窗五金包括折页、插销、疯钩、木螺丝、滑楞滑轨（推拉窗）等。

(12) 窗开启方式指平开、推拉、上或中悬。

(13) 窗形状指矩形或异形。

(14) 金属窗应区分金属组合窗、防盗窗等项目，分别编码列项。

(15) 金属窗中铝合金窗五金应包括卡锁、滑轮、铰拉、执手、拉把、拉手、风撑、角码、牛角制等。

(16) 其他金属窗五金包括折页、螺丝、执手、卡锁、风撑、滑轮滑轨（推拉窗）等。

6.8.2 工程量清单规范内容

工程量清单项目设置、项目特征描述的内容、计量单位及工程量计算规则，应按规范的规定执行（表6.55～6.62）。

表6.55　木门（编码：010801）

<table>
<tr><th>项目编码</th><th>项目名称</th><th>项目特征</th><th>计量单位</th><th>工程量计算规则</th><th>工作内容</th></tr>
<tr><td>010801001</td><td>木质门</td><td rowspan="5">1. 门代号及洞口尺寸
2. 镶嵌玻璃的品种、厚度</td><td rowspan="5">1. 樘
2. m²</td><td rowspan="5">1. 以樘计量，按设计图示数量计算
2. 以平方米计量，按设计图示洞口尺寸以面积计算</td><td rowspan="3">1. 门安装
2. 玻璃安装
3. 五金安装</td></tr>
<tr><td>010801002</td><td>木质门带套</td></tr>
<tr><td>010801003</td><td>木质连窗门</td></tr>
<tr><td>010801004</td><td>木质防火门</td><td rowspan="2">1. 木门制作、安装
2. 运输
3. 刷防护材料</td></tr>
<tr><td>010801005</td><td>木门框</td></tr>
<tr><td>010801006</td><td>门锁安装</td><td>1. 锁品种
2. 锁规格</td><td>个（套）</td><td>按设计图示数量计算</td><td>安装</td></tr>
</table>

表6.56　金属门（编码：010802）

<table>
<tr><th>项目编码</th><th>项目名称</th><th>项目特征</th><th>计量单位</th><th>工程量计算规则</th><th>工作内容</th></tr>
<tr><td>010802001</td><td>金属（塑钢）门</td><td>1. 门代号及洞口尺寸
2. 门框或扇外围尺寸
3. 门框、扇材质
4. 玻璃品种、厚度</td><td rowspan="4">1. 樘
2. m²</td><td rowspan="4">1. 以樘计量，按设计图示数量计算
2. 以平方米计量，按设计图示洞口尺寸以面积计算</td><td rowspan="3">1. 门安装
2. 玻璃安装
3. 五金安装</td></tr>
<tr><td>010802002</td><td>彩板门</td><td>1. 门代号及洞口尺寸
2. 门框或扇外围尺寸</td></tr>
<tr><td>010802003</td><td>钢质防火门</td><td>1. 门代号及洞口尺寸
2. 门框或扇外围尺寸
3. 门框、扇材质</td></tr>
<tr><td>010702004</td><td>防盗门</td><td>1. 门代号及洞口尺寸
2. 门框或扇外围尺寸
3. 门框、扇材质</td><td>1. 门安装
2. 五金安装</td></tr>
</table>

表6.57　金属卷帘（闸）门（编码：010803）

<table>
<tr><th>项目编码</th><th>项目名称</th><th>项目特征</th><th>计量单位</th><th>工程量计算规则</th><th>工作内容</th></tr>
<tr><td>010803001</td><td>金属卷帘（闸）门</td><td rowspan="2">1. 门代号及洞口尺寸
2. 门材质
3. 启动装置品种、规格</td><td rowspan="2">1. 樘
2. m²</td><td rowspan="2">1. 以樘计量，按设计图示数量计算
2. 以平方米计量，按设计图示洞口尺寸以面积计算</td><td rowspan="2">1. 门运输、安装
2. 启动装置、活动小门、五金安装</td></tr>
<tr><td>010803002</td><td>防火卷帘（闸）门</td></tr>
</table>

表 6.58 厂库房大门、特种门（编码：010804）

项目编码	项目名称	项目特征	计量单位	工程量计算规则	工作内容
010804001	木板大门	1. 门代号及洞口尺寸 2. 门框或扇外围尺寸 3. 门框、扇材质 4. 五金种类、规格 5. 防护材料种类	1. 樘 2. m^2	1. 以樘计量，按设计图示数量计算 2. 以平方米计量，按设计图示洞口尺寸以面积计算	1. 门（骨架）制作、运输 2. 门、五金配件安装 3. 刷防护材料
010804002	钢木大门				
010804003	全钢板大门			1. 以樘计量，按设计图示数量计算 2. 以平方米计量，按设计图示门框或扇以面积计算	
010804004	防护铁丝门				
010804005	金属格栅门	1. 门代号及洞口尺寸 2. 门框或扇外围尺寸 3. 门框、扇材质 4. 启动装置品种、规格		1. 以樘计量，按设计图示数量计算 2. 以平方米计量，按设计图示洞口尺寸以面积计算	1. 门安装 2. 启动装置、五金配件安装
010804006	钢质花饰大门	1. 门代号及洞口尺寸 2. 门框或扇外围尺寸 3. 门框、扇材质		1. 以樘计量，按设计图示数量计算 2. 以平方米计量，按设计图示门框或扇以面积计算	1. 门安装 2. 五金配件安装
010804007	特种门	1. 门代号及洞口尺寸 2. 门框或扇外围尺寸 3. 门框、扇材质		1. 以樘计量，按设计图示数量计算 2. 以平方米计量，按设计图示洞口尺寸以面积计算	

表 6.59 其他门（编码：010805）

项目编码	项目名称	项目特征	计量单位	工程量计算规则	工作内容
010805001	平开电子感应门	1. 门代号及洞口尺寸 2. 门框或扇外围尺寸 3. 门框、扇材质 4. 玻璃品种、厚度 5. 启动装置品种、规格 6. 电子配件品种、规格	1. 樘 2. m^2	1. 以樘计量，按设计图示数量计算 2. 以平方米计量，按设计图示洞口尺寸以面积计算	1. 门安装 2. 启动装置、五金电子配件安装
010805002	旋转门				
010805003	电子对讲门				
010805004	电动伸缩门				
010805005	全玻自由门	1. 门代号及洞口尺寸 2. 门框或扇外围尺寸 3. 框材质 4. 玻璃品种、厚度	1. 樘 2. m^2	1. 以樘计量，按设计图示数量计算 2. 以平方米计量，按设计图示洞口尺寸以面积计算	1. 门安装 2. 五金安装
010805006	镜面不锈钢饰面门				

表 6.60　木窗（编码：010806）

<table>
<tr><th>项目编码</th><th>项目名称</th><th>项目特征</th><th>计量单位</th><th>工程量计算规则</th><th>工作内容</th></tr>
<tr><td>010806001</td><td>木质窗</td><td>1. 窗代号及洞口尺寸
2. 玻璃品种、厚度
3. 防护材料种类</td><td rowspan="4">1. 樘
2. m^2</td><td>1. 以樘计量，按设计图示数量计算
2. 以平方米计量，按设计图示洞口尺寸以面积计算</td><td rowspan="3">1. 窗制作、运输、安装
2. 五金、玻璃安装
3. 刷防护材料</td></tr>
<tr><td>010806002</td><td>木橱窗</td><td rowspan="2">1. 窗代号及洞口尺寸
2. 框截面及外围展开面积
3. 玻璃品种、厚度
4. 防护材料种类</td><td rowspan="2">1. 以樘计量，按设计图示数量计算
2. 以平方米计量，按设计图示尺寸以框外围展开面积计算</td></tr>
<tr><td>010806003</td><td>木飘（凸）窗</td></tr>
<tr><td>010806004</td><td>木质成品窗</td><td>1. 窗代号及洞口尺寸
2. 玻璃品种、厚度</td><td>1. 以樘计量，按设计图示数量计算
2. 以平方米计量，按设计图示洞口尺寸以面积计算</td><td>1. 窗制作、运输、安装
2. 五金、玻璃安装</td></tr>
</table>

表 6.61　金属窗（编码：010807）

<table>
<tr><th>项目编码</th><th>项目名称</th><th>项目特征</th><th>计量单位</th><th>工程量计算规则</th><th>工作内容</th></tr>
<tr><td>010807001</td><td>金属（塑钢、断桥）窗</td><td rowspan="3">1. 窗代号及洞口尺寸
2. 框、扇材质
3. 玻璃品种、厚度</td><td rowspan="8">1. 樘
2. m^2</td><td rowspan="5">1. 以樘计量，按设计图示数量计算
2. 以平方米计量，按设计图示洞口尺寸以面积计算</td><td rowspan="2">1. 窗安装
2. 五金、玻璃安装</td></tr>
<tr><td>010807002</td><td>金属防火窗</td></tr>
<tr><td>010807003</td><td>金属百叶窗</td><td rowspan="3">1. 窗安装
2. 五金安装</td></tr>
<tr><td>010807004</td><td>金属纱窗</td><td>1. 窗代号及洞口尺寸
2. 框材质
3. 窗纱材料品种、规格</td></tr>
<tr><td>010807005</td><td>金属格栅窗</td><td>1. 窗代号及洞口尺寸
2. 框外围尺寸
3. 框、扇材质</td></tr>
<tr><td>010807006</td><td>金属（塑钢、断桥）橱窗</td><td>1. 窗代号
2. 框外围展开面积
3. 框、扇材质
4. 玻璃品种、厚度
5. 防护材料种类</td><td rowspan="2">1. 以樘计量，按设计图示数量计算
2. 以平方米计量，按设计图示尺寸以框外围展开面积计算</td><td>1. 窗制作、运输、安装
2. 五金、玻璃安装
3. 刷防护材料</td></tr>
<tr><td>010807007</td><td>金属（塑钢、断桥）飘（凸）窗</td><td>1. 窗代号
2. 框外围展开面积
3. 框、扇材质
4. 玻璃品种、厚度</td><td rowspan="2">1. 窗安装
2. 五金、玻璃安装</td></tr>
<tr><td>010807008</td><td>彩板窗</td><td>1. 窗代号
2. 框外围尺寸
3. 框、扇材质
4. 玻璃品种、厚度</td><td>1. 以樘计量，按设计图示数量计算
2. 以平方米计量，按设计图示洞口尺寸或框外围以面积计算</td></tr>
</table>

表 6.62 窗帘、窗帘盒、轨（编码：010810）

项目编码	项目名称	项目特征	计量单位	工程量计算规则	工作内容
010810001	窗帘（杆）	1. 窗帘材质 2. 窗帘高度、宽度 3. 窗帘层数 4. 带幔要求	1. m 2. m^2	1. 以米计量，按设计图示尺寸以长度计算 2. 以平方米计量，按图示尺寸以展开面积计算	1. 制作、运输 2. 安装
010810002	木窗帘盒	1. 窗帘材质、规格 2. 防护材料种类	m	按设计图示尺寸以长度计算	1. 制作、运输、安装 2. 刷防护材料
010810003	饰面夹板、塑料窗帘盒				
010510004	铝合金窗帘盒				
010810005	窗帘轨	1. 窗帘轨材质、规格 2. 防护材料种类			

6.9 屋面及防水工程

设 4 个分部 21 个分项工程项目，包括瓦、型材及其他屋面、屋面防水及其他、墙面防水、防潮、楼（地）面防水、防潮。适用于建筑物、构筑物的屋面及防水工程。

(1) 型材屋面、阳光板屋面、玻璃钢屋面的柱、梁、屋架，按金属结构工程、木结构工程中相关项目编码列项。

(2) 屋面刚性层防水，按屋面卷材防水、屋面涂膜防水项目编码列项；屋面刚性层无钢筋，其钢筋项目特征不必描述。

(3) 屋面找平层按楼地面装饰工程“平面砂浆找平层”项目编码列项。

(4) 屋面、墙面、楼（地）面防水搭接及附加层用量不另行计算，在综合单价中考虑。

(5) 墙面变形缝，若做双面，工程量乘以系数 2。

(6) 墙面找平层按墙、柱面装饰与隔断工程立面砂浆找平层项目编码列项。

(7) 楼（地）面防水找平层按楼地面装饰工程平面砂浆找平层项目编码列项。

6.10 保温、隔热及防腐工程

设 3 个分部 16 个分项工程项目，包括保温、隔热、防腐面层及其他防腐。适用于建筑物、构筑物的保温、隔热及防腐工程。

(1) 柱帽保温隔热应并入天棚保温隔热工程量内。

(2) 池槽保温隔热应按其他保温隔热项目编码列项。

(3) 保温隔热方式：内保温、外保温及夹心保温。

(4) 浸渍砖砌法指平砌及立砌。

6.11 楼地面装饰工程

设 8 个分部 43 个分项工程项目，包括楼地面抹灰、楼地面镶贴、橡塑面层、其他材料面层、踢脚线、楼梯面层、台阶装饰及零星装饰项目。适用于建筑物、构筑物的楼地面装饰工程。

(1) 水泥砂浆面层处理是拉毛还是提浆压光，应在面层做法要求中描述。

(2) 平面砂浆找平层只适用于仅做找平层的平面抹灰。

(3) 间壁墙指墙厚小于等于 120 mm 的墙。

(4) 石材、块料与黏结材料的结合面刷防渗材料的种类，应在防护层材料种类中描述。

(5) 楼梯、台阶牵边和侧面镶贴块料面层，小于等于 0.5 m^2 的少量分散的楼地面镶贴块料面层，应按零星装饰项目执行。

6.12 墙、柱面装饰与隔断、幕墙工程

设 10 个分部 34 个分项工程项目，包括墙面抹灰、柱（梁）面抹灰、零星抹灰、墙面块料面层、柱（梁）面镶贴块料、镶贴零星块料、墙饰面、柱（梁）饰面、幕墙工程、隔断等。

(1) 立面砂浆找平项目适用于仅做找平层的立面抹灰。

(2) 抹石灰砂浆、水泥砂浆、混合砂浆、聚合物水泥砂浆、麻刀石灰浆、石膏灰浆等按墙面一般抹灰列项，水刷石、斩假石、干粘石、假面砖等按装饰抹灰列项。。

(3) 飘窗凸出外墙面增加的抹灰不计算工程量，在综合单价中考虑。

(4) 墙、柱（梁）面小于等于 0.5 m^2 的少量分散的抹灰、饰面，按零星抹灰、饰面项目编码列项。

6.13 天棚工程

设 4 个分部 10 个分项工程项目，包括天棚抹灰、天棚吊顶、采光天棚工程及天棚其他装饰。

6.14 油漆、涂料及裱糊工程

设 8 个分部 37 个分项工程项目，包括门油漆、窗油漆、木扶手及其他板条、线条油漆、木材面油漆、金属面油漆、抹灰面油漆、喷刷涂料、裱糊。

(1) 木门油漆应区分木大门、单层木门、双层（一玻一纱）木门、双层（单裁口）木门、全玻自由门、半玻自由门、装饰门及有框门或无框门等项目，分别编码列项。

(2) 木窗油漆应单层木窗、双层（一玻一纱）木窗、双层框扇（单裁口）木窗、双层框三层（二玻一纱）木窗、单层组合窗、双层组合窗、木百叶窗、木推拉窗等项目，分别编码列项。

(3) 金属门油漆应区分平开门、推拉门、钢制防火门列项。

(4) 金属窗油漆应区分平开窗、推拉窗、固定窗、组合窗、金属隔栅窗分别列项。

(5) 木扶手应区分带托板与不带托板，分别编码列项，若是木栏杆代扶手，木扶手不应单独列项，应包含在木栏杆油漆中。

(6) 喷刷墙面涂料部位要注明内墙或外墙。

6.15 其他装饰工程

设 8 个分部 58 个分项工程项目，包括柜类、货架、装饰线、扶手、栏杆、栏板装饰、暖气罩、浴厕配件、雨篷、旗杆、招牌、灯箱及美术字。

(1) 屋架的跨度应以上、下弦中心线两交点之间的距离计算。

(2) 带气楼的屋架和马尾、折角以及正交部分的半屋架，按相关屋架项目编码列项。

(3) 以榀计量，按标准图设计，项目特征必须标注标准图代号。

6.16 拆除工程

设 15 个分部 37 个分项工程项目，包括砖砌体拆除、混凝土及钢筋混凝土构件拆除、木构件拆除、抹灰面拆除、块料面层拆除、龙骨及饰面拆除、屋面拆除、铲除油漆涂料裱糊面、栏杆、轻质隔断隔墙拆除、门窗拆除、金属构件拆除、管道及卫生洁具拆除、灯具、玻璃拆除、其他构件拆除及开孔（打洞）。

【重点串联】

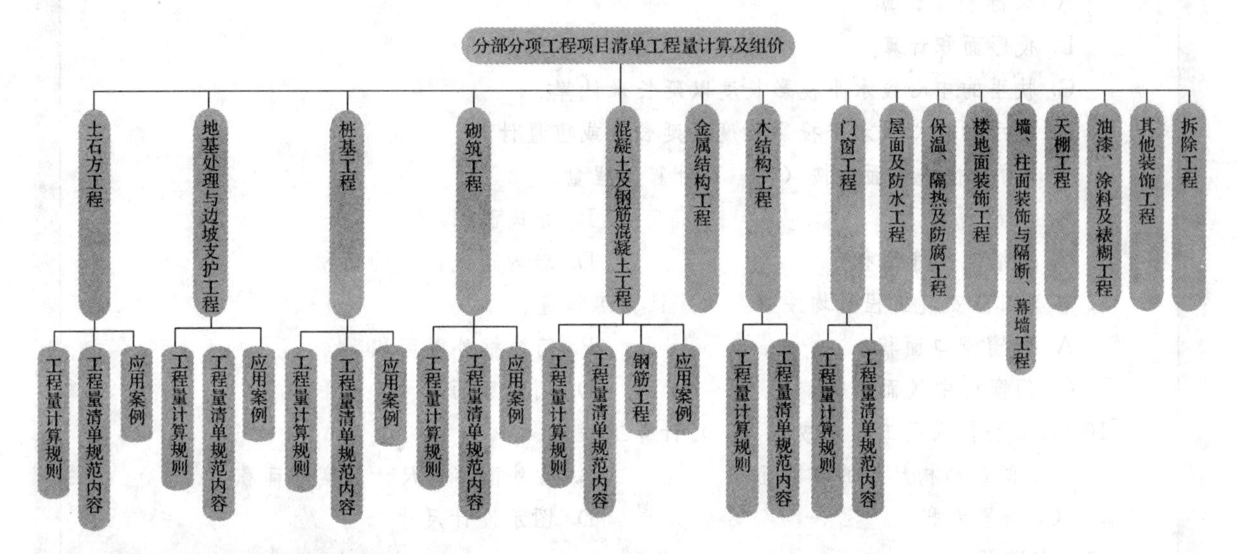

拓展与实训

职业能力训练

一、单选题

1. 平整场地工程量计算按（　　）。

   A. 设计图示尺寸以建筑物首层建筑面积计算

   B. 设计图示尺寸以建筑物面积计算

   C. 以建筑物外围尺寸各加 2 m 计算

   D. 以建筑物首层建筑面积加 4 m^2 计算

2. 下列属于基坑开挖的是（　　）。

   A. 底长小于等于 3 倍底宽，且底面积小于等于 210 m^2

   B. 底长小于等于 3 倍底宽，且底面积小于等于 180 m^2

   C. 底长小于等于 3 倍底宽，且底面积小于等于 170 m^2

   D. 底长小于等于 3 倍底宽，且底面积小于等于 150 m^2

3. 人工、机械平整场地是指厚度在（　　）以内的就地挖、填找平。

   A. ±500 mm　　B. ±300 mm　　C. 大于 500 mm　　D. 大于 300 mm

4. 砖基础工程量计算时，外墙砖基础长度应按（　　）计算。

A. 按外墙轴线　B. 按外墙外围线　C. 按外墙中心线　D. 按外墙净长线

5. 现浇混凝土楼梯工程量计算规则：不扣除（　　）。

A. 宽度小于等于 300 mm 的楼梯井　B. 宽度小于等于 200 mm 的楼梯井

C. 宽度小于等于 100 mm 的楼梯井　D. 宽度小于等于 500 mm 的楼梯井

6. 瓦屋面按设计图示尺寸以（　　）计算工程量。

A. 水平投影面积　B. 斜面积　C. 建筑面积　D. 体积

7. 楼梯的栏杆（栏板）扶手工程量按（　　）。

A. 实际长度计算

B. 投影面积计算

C. 扶手的中心线水平投影长度以延长米计算

D. 扶手的中心线水平投影长度以延长米或重量计算

8. 楼地面工程块料面层按（　　）计算工程量。

A. 实铺面积　B. 建筑面积

C. 主墙间的净面积　D. 墙内边线围成的面积

9. 各类门窗安装工程量均按（　　）计算工程量。

A. 门窗洞口面积　B. 门窗框外围面积

C. 门窗框中线面积　D. 门窗扇面积

10. 柱面块料面层工程量按（　　）计算工程量。

A. 图示结构尺寸的实贴面积　B. 柱外围装饰尺寸的实贴面积

C. 投影面积　D. 图示设计尺寸

二、多选题

1. 下列表述错误的是（　　）。

A. 柜类、货架，如设计要求或与实际施工不同时，不能调整

B. 装饰线条以墙面上直线安装编制的，实际施工不同时，人工和材料可乘以系数

C. 柜类、吧台、服务台等工程量计算以延长米计算

D. 各种装饰线条按成品编制

E. 石材磨边、台面开孔定额项目均按现场制作考虑。

2. 内墙面装饰抹灰工程量计算按内墙图示结构尺寸以 m^3 计算，不扣除（　　）。

A. 踢脚板　B. 挂镜线

C. 装饰条　D. 0.3 m^2 的孔洞

E. 门窗洞口面积

3. 属于分部分项工程量清单表的“五统一”的是（　　）。

A. 工作内容　B. 项目编码　C. 计量单位　D. 工程量

E. 项目特征

4. 下列属于综合单价的组成的有（　　）。

A. 人工费　B. 材料费　C. 机械费　D. 企业管理费

E. 规费

5. 下列属于工程量清单的组成的有（　　）。

A. 分部分项工程量清单　　B. 措施项目清单

C. 税金和规费清单　　D. 利润清单

E. 其他项目清单

工程模拟训练

如图 6.7 所示，内墙面为 1∶2 水泥砂浆，外墙面为普通水泥白石子水刷石，门窗尺寸分别为：M—1 (900 mm×2 000 mm)，M—2 (1 200 mm×2 000 mm)，M—3 (1 000 mm×2 000 mm),C—1 (1 500 mm×1 500 mm)，C—2 (1 800 mm×1 500 mm)，C—3 (3 000 mm×1 500 mm),试列出分部分项工程量清单表并确定清单计价。

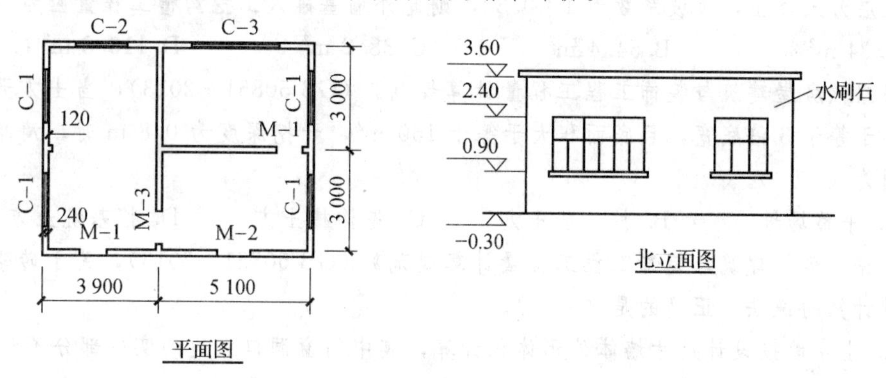

图 6.7

步骤：

一、清单工程量计算

1. 识图施工图纸。

2. 熟悉工程量清单规范的分项工程及其工程量计算规则。

3. 列出所有分部分项工程名称、项目编码、项目特征及计量单位。

4. 按清单规范的工程量计算规则，计算各分项工程的工程量。

5. 填写分部分项工程量清单表。

二、清单计价

1. 熟悉预算定额（或企业定额）的内容和工程量的计算规则。

2. 熟悉取费定额的内容和计算。

3. 按预算定额的内容列出所有需计价的分项工程名称，并按定额工程量计算规则计算相应工程量。

4. 计算出清单工程量与定额工程量比值。

5. 套用预算定额的基价，并计算出相应的企业管理费和利润，视工程实际考虑一定的风险因素。

6. 填写分部分项工程综合单价分析表。

7. 根据确定的综合单价，填写分部分项工程量清单计价表。

链接执考

一、单选题

1. 根据《房屋建筑与装饰工程工程量计算规范》(GB 50851—2013)，某建筑物首层建筑面积为 2 000 m^2，场地内有部分 150 mm 以内的挖土用 6.5 T 自卸汽车（斗容量 4.5 m^3）运土，弃土共计 20 车，运距 150 m，则共平整场地的工程量为（　　）。

A. 69.2 m^2　　B. 83.3 m^2　　C. 90 m^2　　D. 2 000 m^2

2. 根据《房屋建筑与装饰工程工程量计算规范》(GB 50851—2013)，当建筑物外墙砖基础垫层底宽为 850 mm，基槽挖土深度为 1 600 mm，设计中心线长为 40 000 mm，土层为三类土，放坡系数为 1∶0.33，则此外墙基础人工挖沟槽工程量应为（　　）。

A. 34 m^2　　B. 54.4 m^2　　C. 88.2 m^2　　D. 113.8 m^2

3. 根据《房屋建筑与装饰工程工程量计算规范》(GB 50851—2013)，当土方开挖底长小于等于 3 倍底宽，且底面积大于等于 150 m^2，开挖深度为 0.8 m 时，清单项目应列为（　　）。

A. 平整场地　　B. 挖一般土方　　C. 挖沟槽土方　　D. 挖基坑土方

4. 根据《房屋建筑与装饰工程工程量计算规范》(GB 50851—2013)，关于砖砌体工程量计算的说法，正确的是（　　）。

A. 空斗墙按设计尺寸墙体外形体积计算，其中门窗洞口立边的实砌部分不计入

B. 空花墙按设计尺寸墙体外形体积计算，其中空洞部分体积应予以扣除

C. 实心体柱按设计尺寸以柱体积计算，钢筋混凝土梁垫、梁头所占体积应予以扣除

D. 空心砖墙中心线长乘以高以面积计算

5. 综合单价的组价包括如下工作：①根据政策规定或造价信息确定工料机单价；②根据工程所在地的定额规定计算工程量；③将定额项目的合价除以清单项目的工程量；④根据费率和利率计算出组价定额项目的合价。正确的工作顺序是（　　）。

A. ①④②③　　B. ①③②④　　C. ②①③④　　D. ②①④③

二、多选题

1. 根据《房屋建筑与装饰工程工程量计算规范》(GB 50851—2013)，关于油漆工程量技术的说法，正确的有（　　）。

A. 金属门油漆按设计图示洞口尺寸以面积计算

B. 封檐板油漆按设计图示尺寸以面积计算

C. 门窗套油漆按设计图示尺寸以面积计算

D. 木隔断油漆按设计图示尺寸以单面外围面积计算

E. 窗帘盒油漆按设计图示尺寸以面积计算

2. 编制工程量清单时，可以依据施工组织设计、施工规范、验收规范确定的要素有（　　）。

A. 项目名称　　B. 项目编码　　C. 项目特征　　D. 计量单位

E. 工程量

模块 7

措施项目清单工程量计算及组价

【模块概述】

措施项目清单由发生于工程施工前和施工过程中不构成工程实体的项目组成，分为通用项目和专业项目。措施项目工程计量是建筑工程计量的重要组成部分。具体任务是明确措施项目、其他项目、规费、税金的相关概念；掌握脚手架工程量计算，混凝土模板及支架（撑）工程量计算，垂直运输费及超高施工增加费等有关措施项目工程计量的内容；掌握措施项目费相关费用计算，熟悉相关项目清单的清单编制。

【知识目标】

1. 熟悉措施项目的组成内容，掌握措施项目的计算方法。
2. 熟悉其他项目费、规费、税金等概念。
3. 掌握其他项目费、规费、税金的计算方法。

【技能目标】

能够熟练计算所提供的实际案例的措施费、其他项目费、规费及税金。

【课时建议】

4 课时

7.1 措施项目清单

7.1.1 一般措施项目清单

措施项目费包括安全文明施工（含环境保护、文明施工、安全施工、临时设施），夜间施工、二次搬运，冬雨季施工，大型机械进出场及安拆，施工排水，施工降水，地上、地下设施，建筑物的临时保护设施，已完工程及设备保护，脚手架，垂直运输机械，室内空气污染测试等费用。

清单中措施项目费计算方法《建筑工程工程量清单计价规范》4.1.4条规定：措施项目是以“项”为计量单位的综合单价计价。投标人按照招标人提供的措施项目清单，根据拟建工程特点、施工方案或施工组织设计，结合本企业实际情况计算措施项目费。措施项目费组价可以针对不同的措施项目采取不同的方法，一般有以下3种计价方法：

①综合单价计价。综合单价计价是指可以计算工程量的措施项目应按分部分项工程量清单的方式采用综合单价计价，与其相乘得到措施项目费用，如脚手架费、成品保护费等。

措施项目费＝工程量清单中措施项目工程量×措施项目综合单价

【例7.1】 某工程大厅地面铺贴大理石材500 m^2，该地面铺贴完成后依甲方要求进行保护，参考某地区《装饰装修工程消耗量定额及统一基价表》计算得该成品保护费清单项目基价为81.36元/100 m^2，假设管理费为4%，利润为2%，试计算其成品保护费用。

解 根据已知条件：

综合单价＝81.36×（1＋4%＋2%）＝86.24（元/100 m^2）。

成品保护费＝500×86.24/100＝431.21（元）。

②实物计价。实物计价是指措施项目费中有些费用可以通过实物消耗所计算的费用获得等。

【例7.2】 某工程室外雨篷装修，高4.5 m，施工方搭设钢管扣件和安全网维护，钢管共计300 m，安全网100 m^2，钢管摊销费为0.3元/m，安全网为8.5元/m^2，试计算其安全措施费用。

解 安全措施费＝300×0.3＋100×8.5＝940（元）。

③费率计价。费率计价是指措施项目费中有些非竞争费用，是按政府规定计取的，如文明施工费、安全施工费、环境保护费、临时设施费等。

7.1.2 措施项目清单

措施项目清单由通用项目（表7.1）、建筑工程（表7.2）、装饰装修工程（表7.3）、安装工程和市政工程所涉及的相关措施项目构成。

表7.1 措施项目一览表（通用项目）

序号	项目名称
1	安全文明施工（含环境保护、文明施工、安全施工及临时设施）
2	夜间施工
3	二次搬运
4	冬雨季施工
5	大型机械设备进出场及安拆
6	施工排水
7	施工降水
8	地上、地下设施；建筑物的临时保护设施
9	已完工程及设备保护

表 7.2　建筑工程措施项目

序号	项目名称
1.1	混凝土、钢筋混凝土模板及支架
1.2	脚手架
1.3	垂直运输机械

表 7.3　装饰装修工程措施项目

序号	项目名称
2.1	脚手架
2.2	垂直运输机械
2.3	室内空气污染测试

7.1.3 措施项目清单与计价表（一）

措施项目清单与计价表（表 7.4）适用于以“项”计价的措施项目。

表 7.4　措施项目清单与计价表（一）

工程名称：　　　　标段：　　　　共　页　第　页

序号	项目名称	计算基础	费率/%	金额/元
1	安全文明施工费			
2	夜间施工费			
3	二次搬运费			
4	冬雨季施工			
5	大型机械设备进出场及安拆费			
6	施工排水			
7	施工降水			
8	地上、地下设施、建筑物的临时保护设施			
9	已完工程及设备保护			
10	各专业工程的措施项目			
合计				

7.1.4 措施项目清单与计价表（二）

措施项目清单与计价表（表 7.5）适用于以分部分项工程量清单项目综合单价方式计价的措施项目。

表 7.5　措施项目清单与计价表（二）

工程名称：　　　　标段：　　　　第　页　共　页

序号	项目编码	项目名称	项目特征描述	计量单位	工程量	金额/元	
						综合单价	合价
1							
2							
3							
本页小计							
合计							

7.2 其他项目清单

其他项目清单是指部分分项工程量清单和措施项目清单以外，该工程项目施工中可能发生的其他项目。同时，根据拟建工程情况，可能出现的零星工作项目，也编入其他项目清单。其他项目清单由 4 部分组成：暂列金额、暂估价、计日工和总承包服务费。

(1) 暂列金额。

招标人在工程量清单中暂定并包括在合同价款中的一笔款项，属于预估费用。一般可以以分部分项工程量清单费的 10%～15%为参考。索赔费用、签证费用从此项扣支。

(2) 暂估价。

招标人在工程量清单中提供的用于支付必然发生但暂时不能确定的材料单价以及专业工程的金额。

材料暂估价：甲方列出暂估的材料单价及使用范围，乙方按照此价格来进行组价，并计入到相应清单的综合单价中，其他项目合计中不包含，只是列项。

专业工程暂估价：按相列支，如塑钢门窗、玻璃幕墙、防水等，价格中包含除规费、税金外的所有费用，此费用计入其他项目合计中。

(3) 计日工。

计日工包括计日工人工、材料和施工机械，是指在施工过程中，完成发包人提出的施工图样以外的零星项目或工作。

(4) 总承包服务费。

总承包人为配合协调发包人进行的工程分包自行采购的设备、材料等进行管理、服务以及施工现场管理、竣工资料汇总整理等服务所需的费用。规范中列出的参考计算标准如下：

①招标人仅要求对分包的专业工程进行总承包管理和协调时，按分包的专业工程估算造价的 1.5%计算。

②招标人要求对分包的专业工程进行总承包管理和协调并同时要求提供配合服务时，根据招标文件中列出的配合服务内容和提出的要求按分包的专业工程估算造价的 3%～5%计算。

③招标人自行供应材料的，按招标人供应材料价值的 1%计算。

(5) 在编制竣工结算书时，对于变更、索赔项目，也应列入其他项目。

7.3 规　　费

规费是按规定计取并上缴上级有关部门的费用，编制标底时按参考费率计入工程造价，结算时按实际进行调整。

(1) 规费的组成。

① 工程排污费。工程排污费是指施工现场按规定交纳的工程排污费。

② 工程定额测定费。工程定额测定费是指按规定支付工程造价（定额）国立部门的定额测定费。

③ 社会保障费。养老保险费是指企业按规定标准为职工缴纳的基本养老保险费；失业保险费是指企业按照国家规定标准为职工缴纳的失业保险费；医疗保险费是指企业按照规定标准为职工缴纳的基本医疗保险费。

④住房公积金。住房公积金是指企业按照国家规定为职工缴纳的住房公积金。

⑤危险作业意外伤害保险。危险作业意外伤害保险是指按照建筑法规定，企业为从事危险作业

的建筑安装施工人员支付的意外伤害保险费。

(2) 规费费率的计算。

根据本地区典型工程发承包价的分析资料综合取定规费计算汇总所需数据：每万元发承包价中人工费含量和机械费含量；人工费占直接工程费的比例；每万元发承包价中所含规费缴纳标准的各项基数。

规费费率一般以当地政府或有关部门制定的费率标准执行。

(3) 规费的计算。

规费＝计算基数×规费费率

投标人在投标报价时，规费一般按国家有关部门规定的计算公式及费率标准计算。

陕西省规费费率参考标准（表 7.6）。

表 7.6 规费（适用于各专业且属于不可竞争费率） %

计算基础	劳保统筹基金	失业保险	医疗保险	工伤及意外伤害保险	残疾人就业保险	工程定额测定费	
分部分项工程费＋措施项目费＋其他项目费	3.55	0.21	0.48	0.18	0.04	西安市	0.14
						其他市	0.16

序号	项目名称	取费基数	费率/%	金额/元
一	规费	1＋2＋3＋4＋5		
1	工程排污费	按工程所在地环保部门规定计数		
2	社会保障费	(1) ＋ (2) ＋ (3)		
(1)	养老保险费	分部分项项目清单人工费＋措施项目清单人工费		
(2)	失业保险费	分部分项项目清单人工费＋措施项目清单人工费		
(3)	医疗保险费	分部分项项目清单人工费＋措施项目清单人工费		
3	住房公积金	分部分项项目清单人工费＋措施项目清单人工费		
4	危险作业意外伤害保险费	分部分项项目清单人工费＋措施项目清单人工费		
5	工程定额测定费	分部分项项目清单人工费＋措施项目清单人工费		
二	税金	税前工程造价		
三	合计			

工程造价计价程序见表 7.7。

表 7.7 工程造价计价程序

序号	内容	计算式
	工程造价	5＋6
1	分部分项工程费	$\sum$（综合单价×工程量）
2	措施项目费	$\sum$（综合单价×工程量）或按“项”“次”计
3	其他项目费	$\sum$（综合单价×工程量）或按“项”“次”计
4	规费	(1＋2＋3) ×费率
5	工程不含税造价	1＋2＋3＋4
6	税金	5×费率

7.4 税　金

(1) 税金的组成。

建筑安装工程税金是指国家书法规定的应计入建筑安装工程造价内的营业税、城乡维护建设税金及教育费附加。

①营业税。营业税是按营业额乘以营业税税率确定。其中建筑安装企业营业税税率为3%。其计算公式为

应纳营业税＝营业额×3%

营业额是指从事建筑、安装、修缮、装饰及其他工程作业收取的全部收入，还包括建筑、修缮、装饰工程所用原材料及其他物资和动力的价款。当安装的设备的价值作为安装工程产值时，已包括所安装设备的价款。但建筑安装工程总承包方将工程分包或转包给其他人的，其营业额中不包括付给分包或转包方的价款。

②城乡维护建设税。城乡维护建设税原名为城市维护建设税，它是国家为了加强城乡的维护建设，稳定和扩大城市、乡镇维护建设的资金来源，而对有经营收入的建设单位和个人征收的一种税。

城乡维护建设税是按应纳营业税额乘以适用税率确定，计算公式为

应纳税额＝应纳营业税额×适应税率

城乡维护建设税的纳税人所在地为社区的，其适用税率为营业税的7%；所在地为县城的，其适用税率为营业税的5%；所在地为农村的，其适用税率为营业税的1%。

③教育费附加。教育费附加是按应纳营业数额乘以3%确定，计算公式为

应纳税额＝应纳营业税额×3%

建筑安装企业的教育费附加要与其营业税同时缴纳。即使办有职工子弟学校的建筑安装企业，也应当先缴纳教育费附加，教育部门可根据企业的办学情况，酌情返还给办学单位，作为对办学经费的补助。

(2) 税金的计算。

税金＝（分部分项工程费＋措施费＋其他项目费＋规费）×税率

7.5 脚手架工程量计算一般规则

(1) 综合脚手架按建筑面积以平方米计算。

(2) 建筑物的檐高应以设计室外地坪至檐口滴水的高度为准，如有女儿墙者，其高度算至女儿墙顶面，带挑檐者，其高度算至挑檐下皮，多跨建筑物如高度不同时，应分别按不同高度计算，同一建筑有不同结构时，应以建筑面积比重较大者为准，前后檐高度不同时，以较高的高度为准。

(3) 执行综合脚手架基价的工程，其中另列单项脚手架基价计算的项目，按下列计算方法执行：①满堂基础及高度（指垫层上皮至基础顶面）超过1.2 m的混凝土或钢筋混凝土基础的脚手架按槽底面积计算，套用钢筋混凝土基础脚手架基价。②多层建筑室内净高超过3.6 m的天棚或顶板抹灰的脚手架，按满堂脚手架基价执行。③室内净高超过3.6 m的屋面板勾缝、油漆或喷浆的脚手架按主墙间的面积计算，执行活动脚手架（无露明屋架者）或悬空脚手架（有露明屋架者）基价。④砌筑高度超过1.2 m的屋顶烟囱，按外围周长另加3.6 m乘以烟囱出顶高度以面积计算，执行里脚手架基价。⑤砌筑高度超过1.2 m的管沟墙及基础，按砌筑长度乘高度以面积计算，执行里脚手架基价。⑥水平防护架，按建筑物临街长度另加10 m，乘搭设宽度，以平方米计算。⑦垂直防护

架，按建筑物临街长度乘建筑物檐高，以平方米计算。⑧电梯安装脚手架按座计算。

(4) 满堂脚手架按室内主墙间净面积计算，其高度以室内地面至天棚底（斜形天棚按平均高度计算）为准，凡天棚高度在 3.6～5.2 m 之间者，计算满堂脚手架基本层，超过 5.2 m 时，再计算增加层，每增加 1.2 m 计算一个增加层，尾数超过 0.6 m 时，可按一个增加层计算。

(5) 悬空脚手架和活动脚手架，按室内地面净面积计算，不扣除垛、柱、间壁墙、烟囱所占面积。

(6) 混凝土梁脚手架按脚手架垂直面积以平方米计算，高度从自然地坪或楼层上表面算至梁下皮，长度按梁中心线长度计算。

(7) 挑脚手架，按搭设长度乘层数，以米计算。

(8) 单独斜道与上料平台以外墙面积计算，其中门窗洞口面积不扣除。

(9) 烟囱脚手架的高度，以自然地坪至烟囱顶部的高度为准，工程量按不同高度以座计算，地面以下部分脚手架已包括在基价内。

(10) 水塔脚手架的高度以自然地坪至塔顶的高度为准，工程量按不同高度以座计算；水塔脚手架按相应的烟囱脚手架人工费乘以系数 1.11，管理费乘以系数 1.075，其他不变。

(11) 贮仓、贮水（油）池脚手架分两项计算，池外脚手架以平方米计算。套用双排外脚手架基价，计算公式如下。圆形：(外径＋1.8 m) ×3.14×高；方形：(周长＋3.6 m) ×高。池内脚手架按池底水平投影面积计算，不扣除柱子所占面积，套用满堂脚手架基价。

(12) 凡不适宜使用综合脚手架基价的建筑物，可按以下规定计算，执行单项脚手架基价。①砌墙脚手架，按墙面垂直投影面积计算。外墙脚手架长度按外墙外边线计算，内墙脚手架长度按内墙净长计算。高度按自然地坪至墙顶的总高计算（山尖高度算至山尖部位的 1/2）。②檐高 15 m 以外的建筑外墙砌筑，按双排外脚手架计算。外双排脚手架应按外墙垂直投影面积计算，不扣除墙上的门、窗、洞口的面积。③檐高 15 m 以内的建筑，室内净高在 4.5 m 以内者，外墙砌筑，按里脚手架以平方米计算。④室内净高在 4.5 m 以外者檐高 16 m 以内的单层建筑物的外墙的砌筑，按单排外脚手架计算，但有下列情况之一者，按双排外脚手架以平方米计算。a. 框架结构的填充墙。b. 外墙门窗口面积占外墙总面积（包括门窗口在内）40%以外。c. 外檐混水墙占外墙总面积（包括门窗口在内）20%以外。d. 墙厚小于 24 cm。e. 清水外檐墙的挑檐、腰线等装饰线抹灰所需的脚手架，如无外脚手架可利用时，应按装饰线长度以米计算，套用挑脚手架基价。f. 室内净高超过 3.6 m 的内墙抹灰按抹灰墙面垂直投影面积计算，套用单排外脚手架基价。g. 凡外墙砌筑脚手架按里脚手架计算者，应同时计算上料平台，单独斜道及外檐装修用吊篮脚手架，其工程量均按外墙垂直投影面积以平方米计算，不扣除门窗洞口所占面积。

(13) 独立砖石柱的脚手架，按单排外脚手架基价执行，其工程量按柱截面的周长另加 3.6 m，再乘以柱高以平方米计算。

(14) 围墙脚手架按里脚手架执行，其高度以自然地平至围墙顶面，长度按围墙中心线计算，不扣除大门面积，也不增加独立门柱的脚手架。

【例 7.3】 某综合楼外墙外边线长度为 122.8 m，室外地坪至檐口高度为 20.8 m。计算外脚手架的面积和套用消耗量定额。

解 外脚手架面积为 122.8×20.8＝2554.24 (m^2)。

消耗量定额套用，按 100 m^2 为计量单位直接套用子目 13—22（表 7.8）。

表 7.8 子目 13—22

序号	定额编号	工程内容	单位	数量	金额 /元	
					综合单价	合价
1	13—2	外脚手架	100 m²	25.54	720.59	18 403.87

【例 7.4】某钢筋混凝土烟囱直径 6.8 m，室外地坪至烟囱顶面高度为 31.45 m。计算烟囱脚手架并套用消耗量定额。

解 按烟囱的直径和室外地坪至顶面高度，以座为单位直接套用消耗量定额 13—35（表 7.9）

表 7.9 子目 13—35

序号	定额编号	工程内容	单位	数量	金额/元	
					综合单价	合价
1	13—35	烟囱脚手架	座	1.0	7 397.06	7 397.06

7.6 建筑物垂直运输机械

某办公楼工程，建筑面积 300 m²，砖混结构，二层。

(1) 根据《陕西省建筑工程量计算规则》计算工程量。

①定额工程量计算规则。凡定额计量单位为平方米的，均按“建筑面积计算规则”规定计算。

②建筑物垂直运输机械工程量：300 m²。

(2) 计算清单项目每计量单位，应包含的工程内容的工程数量。

建筑物垂直运输机械工程量清单 300 m²，项目编码 AB001，见表 7.10。

清单项目每计量单位建筑物垂直运输机械＝300÷300＝1.00（m²/m²）

(3) 根据“建筑物垂直运输机械工程”选定额，确定人工、材料、机械消耗量。参照《陕西省建筑工程消耗量定额》20 m 内建筑混合结构垂直运输：套定额 14-3（表 7.10）。

表 7.10 定额 14-3

定额编号		14—1	14—2	14—3	14—4
项目		住宅及服务用房		教学及办公用房	
		混合结构	现浇框架	混合结构	现浇框架
名称	单位	数量			
电动卷扬机（单筒快速）20 kN	台班	11.700	15.600	12.000	17.600
械卷扬机架 高 30 m	台班	11.700	15.600	12.000	17.600

(4) 确定人工、材料、机械单价，计算人工、材料、机械费用。

选用某地区单价，计算人工、材料、机械费用，见表 7.11。

表 7.11 建筑物垂直运输机械人工、材料、机械费用计算

单位：100 m²

工作内容：20 m（6 层）以内卷扬机施工

定额编号	项目名称	单位	基价/元	其中		
				人工费	材料费	机械费
14—3	教学及办公用房，混合结构	100 m²	1 368.84			1 368.84

(5) 确定管理费和利润。参照《陕西省建筑工程费用及计算规则》(或根据企业情况) 确定管理费费率为 5.11%，利润率为 3.11%。

清单项目每计量单位管理费和利润=13.69×(5.11%+3.11%)=1.13(元)

(6) 计算综合单价：13.69+1.13=14.82 (元/m^2)。

(7) 根据工程量清单填写措施项目清单与计价表(二)，以某办公楼为例，进行具体计算。合价见表 7.12。

表 7.12　某办公楼建筑工程措施项目计价表

工程名称：某办公楼建筑工程　标段：　　第 1 页　共 1 页

序号	项目编码	项目名称	项目特征描述	计量单位	工程量	金额/元	
						综合单价	合价
1	AB003001	垂直运输机械	1. 建筑物檐高：7.39 m 2. 结构类型：砖混	m^2	300.00	14.82	4 446.00

7.7　超高施工增加

1. 计取条件

本定额适用于建筑物檐高 20 m (层数 6 层) 以上的工程。

檐高是指设计室外地坪至檐口板顶的高度，突出主体建筑屋顶的电梯间、水箱间等不计入檐高。

2. 计算规则

(1) 人工降效按规定内容中的全部人工费乘以定额系数计算。

(2) 其他机械降效按规定内容中的全部机械费 (不包括吊装机械) 乘以定额系数计算。

(3) 吊装机械降效按构件运输及安装工程吊装项目中的全部机械费乘以定额系数计算。

(4) 建筑物施工用水加压增加的水泵台班，按建筑面积以平方米计算。

(5) 装饰装修层 (包括楼层所有装饰装修工程量) 区别不同垂直运输高度 (单层建筑物是指檐口板顶高度)，按装饰装修工程的人工与机械费以元为单位乘以本定额中规定的降效系数。

(6) 地下层超过二层或层高超过 3.6 m 时，应计取垂直运输消耗量定额。

3. 超高施工增加说明

(1) 本定额未包括吊装机械的场外运输费、安装拆卸费等。

(2) 各项降效系数中包括的内容指建筑物基础以上的全部工程项目，但不包括垂直运输、各类构件的水平运输及各项脚手架。

(3) 同一建筑物高度不同时，按不同高度的建筑面积，分别按相应子目计算。

【重点串联】

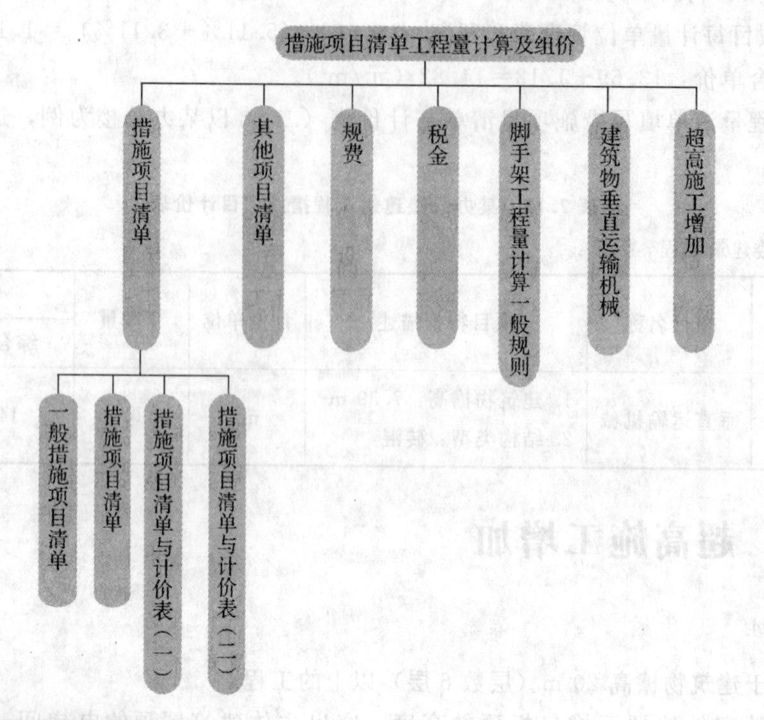

拓展与实训

职业能力训练

一、多选题

1. 安全文明施工包括（　　）。

A. 环境保护　　B. 文明施工

C. 安全施工　　D. 临时设施

E. 夜间施工　　F. 冬雨季施工

2. 投标报价时，措施项目费的主要计价原则是（　　）。

A. 由投标人自主确定，但其中安全文明施工费应按国家或省级、行业建设主管部门的规定确定

B. 采用综合单价计价的措施项目，应依据发、承包双方确认的工程量和综合单价计算

C. 按国家或省级、行业建设主管部门颁发的计价定额、计价办法和工程造价管理机构发布的工程造价信息等进行计价

D. 以上都不对

二、简答题

1. 什么是措施项目费？它是如何计算的？

2. 其他项目费如何计算？

3. 脚手架工程中同一建筑物檐高不同时，脚手架应如何计算？

4. 某建筑物大厅高度为7.2 m，如何计算满堂脚手架，其增加层为几层？

5. 某建筑物主体和装饰施工分别由两个施工单位承包，其主体工程建筑物超高费如何计算？

链接执考

单选题

1. 工程量清单中措施费的主要计算方法不包括（　　）。

   A. 参数法　　B. 综合单价法

   C. 分包计算法　　D. 全费用综合单价法

2. 税金是指国家税法规定的应计入建筑安装工程造价内的营业税、城市维护建设税及教育费附加。营业税的税额为营业额的3%，城乡维护建设税的纳税人所在地为市区的，按营业税的7%征收，教育费附加为营业税的3%，则纳税地点在市区的企业缴纳税金的税率为（　　）。

   A. 7%　　B. 3.41%　　C. 3.35%　　D. 3.32%

模块 8 投资估算的编制

【模块概述】

本模块主要介绍投资估算的概念、投资估算的内容和编制依据、步骤。具体任务是掌握投资估算的概念、内容、编制依据和具体步骤。

【学习目标】

1. 掌握投资估算的概念。
2. 熟练投资估算的内容及编制依据。
3. 了解投资估算编制的步骤。
4. 掌握投资估算编制的方法，正确进行投资估算。

【课时建议】

8 课时

工程导入

已知某工厂，预计新建设一座新的年产 25 万套橡胶轮胎的工厂，已知该工厂的设备到达工地的费用为 2 206 万元。新的橡胶轮胎工厂投资的估算是多少？

8.1 投资估算概述

8.1.1 投资估算的概念

投资估算是指在建设项目整个投资决策过程中，依据已有的资料，运用一定方法和手段，对项目的建设规模、可行性、技术方案、设备方案、工程方案、施工及项目进度计划等进行研究，并在初步确定的基础上对项目全部投资费用进行的预测和估算。

8.1.2 投资估算的作用

投资估算在建设项目开发建设中的作用如下：

(1) 项目建议书阶段的投资估算，是多方案比选、优化设计、合理确定项目投资的基础，是项目主管部门审批项目建议书的依据之一，并对项目的规划、规模起参考作用。

(2) 项目可行性研究阶段的投资估算，是项目投资决策的重要依据，是正确评价建设项目投资合理性，分析投资效益，为项目决策提供依据的基础。

(3) 项目投资估算对工程设计概算起控制作用，它为设计提供了经济依据和投资限额，设计概算不得突破批准的投资估算额。投资估算一经确定，即成为限额设计的依据，用以对各设计专业实行投资切块分配，作为控制和指导设计的尺度或标准。

(4) 进行工程设计招标，优选设计方案的依据是项目投资估算。

(5) 项目资金筹措及制定建设贷款计划的依据可以是项目投资估算。建设单位向银行申请贷款是可以依据批准的投资估算额。

8.1.3 投资估算的内容

按照国家相关规定，从满足建设项目、投资规模和投资计划两个角度，建设项目投资估算由铺地流动资金估算和固定资产投资估算组成。如果满足建设醒目经济评价，其总投资估算则由固定资产投资估算和流动资金估算组成。无论哪种投资估算，固定资产投资估算和流动资金估算都是必需的。

【例 8.1】 固定资产投资的静态部分包括（　　）。

A. 工程建设其他费用　　B. 固定资产投资方向调节税

C. 建设期贷款利息　　D. 措施费

E. 基本预备费

【答案】AE

【解题要点】 该题考核世界银行工程造价构成的规定。本题各选项中除开工试车费外，均属于项目直接建设成本的内容。

8.2 投资估算的编制

8.2.1 投资估算编制的依据

估算依据：

(1) 项目的建议书、可行性研究报告及项目内各阶段工程的建设内容及工程量。

(2) 投资估算指标、概算指标及技术经济指标。

(3) 专门机构发布的同类项目建设工程造价及费用构成、估算指标、计算方法以及其他有关估算工程造价的文件。

(4) 建设标准、技术、设备和工程方案。

(5) 设计参数，包括各种建筑面积指标、能源消耗指标等

(6) 资金来源与项目所需设备、材料的市场价格。

(7) 影响建设工程的动态因素，如汇率、税率等。

8.2.2 投资估算的编制

建设投资估算的方法，主要以类似工程为对比基础，利用各种模型和经验进行估算。投资估算的编制主要包括静态投资的估算和动态投资的估算。

1. 静态投资的估算

(1) 生产能力指数法。

这种方法根据已建成项目的、性质类似的建设项目的投资额生产能力与拟建项目的生产能力估算拟建项目的投资额。其计算公式为

$$C_2=C_1\left(\frac{Q_2}{Q_1}\right)^n\times f$$

式中 x——生产能力指数；

C_1——已建类似项目的投资；

C_2——拟建项目的投资额；

Q_1——已建类似项目的生产能力；

Q_2——拟建项目的生产能力。

公式中，利用生产能力指数需要合理的生产能力指数。当已建类似项目的生产规模与拟建项目生产规模比值在0.5～2之间时，能力生产指数x的取值近似为1。当已建类似项目的生产规模与拟建项目生产规模相差不大于50倍，且拟建项目生产规模的扩大仅靠增大设备规模来达到时，则生产能力指数x的取值为0.6～0.7；当增加相同规格设备的数量达到时，生产能力指数的取值为0.8～0.9。

技术提示

运用这种方法估算项目投资的重要条件是要有合理的生产能力指数。生产能力指数法计算简单、速度快，但是要求类似工程的资料可靠、基本相同，否则误差大。

【例8.2】 已知2005年某项目生产能力为55万件，投资额为1 200万元，若2007年在该地开工建设生产能力为60万件的项目，计划于2010年完工，则用生产能力指数法估算该项目的静态投资为多少元？(x=0.8，2005～2007年每年平均工程造价指数为1.05，2007～2010年预计年平均工程造价指数为1.08)。

解 $C_2 = C_1 (Q_2/Q_1)^x \times f = 1\,200 \times (60/45)^{0.8} \times 1.05^{12} = 2\,712.71$。

(2) 系数估算法。

系数估算法也称为因子估算法，是以拟建项目的主体工程费或主要设备购置费为基数，以其他工程费与主体工程费的百分比为系数估算项目总投资的方法。

①设备系数法。以拟建项目的设备费用为基数，根据已建成的同类项目的建筑安装费和其他工程费等占设备价值的百分比，求出拟建项目建筑安装工程费和其他工程费而求出项目总投资。其计算公式为

$$C = E(1 + f_1P_1 + f_2P_2 + f_3P_3 + \cdots) + I$$

式中 C——拟建项目的投资额；

E——根据拟建项目当时当地价格计算的设备购置费（含运杂费）；

P_1、P_2、P_3…——已建项目中建筑、安装工程费及其他工程费等占设备费百分比；

f_1、f_2、f_3…——由于时间因素引起的定额、价格、费用标准等综合调整系数；

I——拟建项目的其他费用。

【例 8.3】 已建同类项目统计情况，建筑工程占设备投资的38.4%，安装工程占设备投资的11.5%，其他工程费占设备投资的15.6%，该项目其他费用估计为970万元，估算该项目的投资额（调整系数 $f=1$）。

解 该项目的投资额为

$$C = E(1 + f_1P_1 + f_2P_2 + f_3P_3 + \cdots) + I =$$
$$10\,000 \times (1 + 38.4\% + 11.5\% + 15.6\%) + 970 =$$
$$17\,520 \text{（万元）。}$$

②主体专业系数法。主体专业系数法方法根据同类项目的已建项目有关统计资料，计算出拟建项目各专业工程（总图、土建、采暖、给排水、管道、电气、自控及其他工程费用等）与工艺设备投资的百分比。其计算公式为

$$C = E(1 + f_1P_1 + f_2P_2 + f_3P_3 + \cdots) + I$$

式中 P_1、P_2、P_3——已建项目中各专业工程费用占设备投资费用的比重。

③朗格系数法。朗格系数法是以设备购置费为基数，乘以适当系数来推算项目的静态投资。这种方法在国内不常见，是世界银行项目投资估算常采用的方法。该方法的基本原理是将项目建设中的总成本费用中的直接成本和间接成本分别计算，再合为项目的静态投资。其计算公式为

$$C = E \times (1 + \sum K_i) K_c$$

式中 K_i——管线、仪表、建筑物等项费用的估算系数；

K_c——管理费、合同费、应急费等间接费在内的总估算系数；

C——总建设费用；

E——主要设备费用。

朗格系数包含的内容见表 8.1。

表 8.1 朗格系数包含的内容

项目		固体流程	固流流程	流体流程
朗格系数 L		3.1	3.63	4.74
内容	a. 包括基础、设备、绝热、油漆及设备安装费	$E \times 1.43$		
	b. 包括上述在内和配管工程费	a×1.1	a×1.25	a×1.6
	c. 装置直接费	b×1.5		
	d. 包括上述在内和间接费，总费用 C	c×1.31	c×1.35	c×1.38

（3）比例估算法。

工业净产值按分配法计算，包括利润、税金、工资及职工福利基金、其他支出等。其中，利润或税金就是应用比例估算法，根据现行价格计算的工业总产值按产品销售收入中销售利润或税金所占的比例推算的。

【例 8.4】 设某工厂按现行价格计算年总产值为 450 万元；商品销售收入为 600 万元，销售利润为 50 万元，行业税率为 7%；工资及职工福利基金为 75 万元；其他支出为 18.7 万元。要求：估算该工厂年净产值。

解 利润＝450×50/600＝37.5（万元）。

税金＝450×7%＝31.5（万元）。

年净产值＝37.5＋31.5＋75＋18.7＝162.7（万元）。

2. 流动投资的估算

流动资金的特点是在生产过程中不断周转，其周转额的大小与生产规模及周转速度直接相关。流动资金三维估算一般采用分项详细估算法。流动资产的构成要素一般包括存货、库存现金、应收账款、预付账款。流动资金等于流动资产和流动负债的差额。

分项详细估算法是根据周转额与周转速度之间的关系，对构成流动资金的各项流动资产和流动负债分别进行估算。在设计项目深浅度或小型可行性项目中，为简化计算存货、库存现金、应收账款和预付账款进行估算。其计算公式为

$$流动资金＝流动资产－流动负债$$

$$流动资产＝应收账款＋预付账款＋存货＋现金$$

$$流动负债＝应付账款＋预收账款$$

$$流动资金本年增加额＝本年流动资金－上年流动资金$$

根据分项详细估算法公式的具体步骤，首先计算各类流动资金和流动负债的年周转次数，然后再分项估算拟建项目所需流动资金的总资金额。

（1）周转次数计算。

周转次数是指流动资金的各项目在一年内完成生产过程的次数，即

$$周转次数＝\frac{360}{流动资金最低周转天数}$$

$$各项流动资金年平均占用额＝\frac{流动资金年周转额}{周转次数}$$

（2）应收账款估算。

应收账款是指企业对外赊销商品、提供劳务尚未收回的资金。其计算公式为

$$应收账款＝\frac{年经营成本}{应收账款周转次数}$$

（3）预付账款估算。

预付账款是指企业为购买各类材料、半成品或服务所预先支付的款项，其计算公式为

$$预付账款＝\frac{外购商品或服务年费用金额}{预付账款周转次数}$$

（4）存货估算。

存货是企业为销售或者生产耗用而储备的各种物资，主要有原材料、辅助材料、燃料、低值易耗品、维修备件、包装物、商品、在产品、自制半成品和产成品等。为简化计算，仅考虑外购原材料、燃料、其他材料、在产品和产成品，并分项进行计算。其计算公式为

$$存货＝外购原材料＋其他材料＋在产品＋产成品$$

$$外购原材料=\frac{年外购原材料或燃料费用}{分项周转次数}$$

$$其他材料=\frac{年其他材料费用}{其他材料周转次数}$$

$$产成品=\frac{年经营成本-年其他营业费用}{产成品周转次数}$$

（5）现金需要量估算。

项目流动资金中的现金是指货币资金，即企业生产运营活动中停留于货币形态的那部分资金，包括企业库存现金和银行存款。其计算公式为

$$现金=\frac{年工资及福利费+年其他费用}{现金周转次数}$$

年其他费用=制造费用+管理费用+营业费用−（以上3项费用中所含的工资及福利费、折旧费、摊销费、修理费）

（6）流动负债估算。

$$应付账款=\frac{外购原材料+其他材料年费用}{应付账款周转次数}$$

$$预收账款=\frac{预收的营业收入年金额}{预收账款周转次数}$$

【例8.5】某建设项目达到设计能力后，全场定员1 500人，工资和福利费按照每人每年20 000元估算。每年的其他费用为1 500万元，其中其他制造费600万元，现金的周转次数为每年12次。流动资金估算中应收账款估算额为3 500万元，预收账款估算额为413万元，应付账款估算额为1 750万元，存货估算额为8 530万元，预付账款估算额为650万元，则该项目流动资金估算额为多少万元？

解 流动资金=流动资产−流动负债=

（应收账款+存货+现金+预付账款）−（应付账款+预收账款）

应收账款、存货、预付账款、应付账款和预收账款都已给出，只需估算现金。

现金=（年工资及福利+年其他费）/现金周转次数=（2×1 500+1 500）/12=375（万元）。

最后的计算结果为：3 500+8 530+375+650−（1 750+413）=10 302（万元）。

【例8.6】下面有关单位生产能力估算法的叙述，正确的是（ ）。

A. 此种方法估算误差小，是一种常用的方法

B. 这种方法一般用于项目建议书阶段

C. 在总承包工程报价时，承包商大多采用此方法估价

D. 这种方法把项目的建设投资与其生产能力的关系视为简单的线性关系

【答案】D

【解题思路】本题考核的是拟建静态项目投资，单位生产能力估算法是利用相近规模的单位生产能力投资乘以建设规模，这种方法把项目的建设投资与其生产能力的关系视为简单的线性关系，估算误差较大，可达±30%。而经过调整的生产能力指数法尽管估价误差仍较大，但具有独特好处：这种估价方法不需要详细的工程设计资料，只知道工艺流程及规模即可；对于总承包工程而言，可作为估价的旁证，在总承包工程报价时，承包商大多采用这种方法估价。

【重点串联】

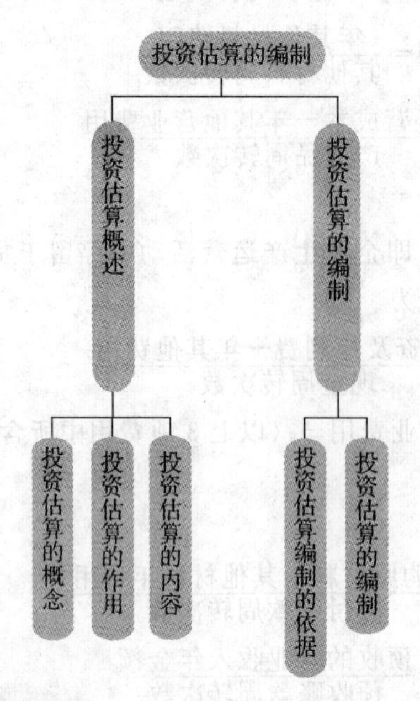

拓展与实训

职业能力训练

一、单选题

1. 某拟建项目的生产能力比已建的同类项目的生产能力增加3倍。按生产能力指数法计算，拟建项目的投资额将增加（　　）倍。（已知 $n=0.6$，$f=1.1$）

   A. 1.13　　B. 4.25　　C. 4.33　　D. 4.75

2. 2006年已建成年产25万t的某钢厂，其投资额为3 500万元，2009年拟建生产50万t的钢厂项目，建设期为两年。自2006年至2009年每年平均造价指数递增6%，预计建设期两年，平均造价指数递减3%，估算拟建钢厂的静态投资额为（　　）万元（生产能力指数 x 取0.8）

   A. 16 958　　B. 16 815　　C. 14 496　　D. 15 304

3. 以拟建项目的设备购置费为基数，根据已建成的同类项目的建筑安装费和其他工程费等与设备价值的百分比，求出拟建项目建筑安装工程费和其他工程费，这种方法称为（　　）。

   A. 主体专业系数法　B. 朗格系数法　　C. 指标估算法　　D. 设备系数法

4. 国家依据（　　）来确定和控制基本建设投资额。

   A. 投资估算　　B. 设计概算　　C. 设计预算　　D. 施工预算

二、简答题

1. 什么是投资估算？投资估算的内容和作用是什么？
2. 静态投资估算的种类有哪些？分别用于什么条件？
3. 如何编制项目的投资估算？

工程模拟训练

1. 按照生产能力指数法（x=0.6，f=1.2），如将设计中的化工生产系统的生产能力提高 3 倍，投资额将增加多少？

2. 某地拟于 2009 年兴建一座工厂，年生产某种产品 70 万 t。已知 2010 年在另一地区已建类似工厂，年生产同类产品 30 万 t，投资 6.43 亿元。若综合调整系数为 2.5，用单位生产能力估算法计算南京项目的投资额应为多少亿元？

链接执考

单选题

1. 某拟建项目的设备投资占总投资的 60%以上，拟采用的主要工艺设备已经明确，则编制该项目投资估算进度较高的方法是（　　）。

A. 指标估算法　　B. 比例估算法
C. 资金周转法　　D. 生产能力指数法

2. 拟建一个年产 10 万 t 的某日用品生产系统，在该项目建议书阶段的投资估算为 6 000 万元，则该投资估算的误差应控制在（　　）以内。

A. ±30%　　B. ±20%　　C. ±10%　　D. ±50%

3. 若将设计中苯甲酸钠生产系统的生产能力（其生产能力指数为 0.6）在原有基础上增加 3 倍，则按生产能力指数法估计其投资在原有的基础上应增加（　　）。

A. 0.90 倍　　B. 1.30 倍　　C. 2.30 倍　　D. 2.63 倍

模块 9

设计概算的编制

【模块概述】

本模块主要介绍设计概算的概念及作用。具体任务是了解概算的编制依据、编制内容、方法和步骤；能运用所学到的知识编制设计概算。

【学习目标】

1. 了解设计概算的概念。
2. 了解设计概算的编制依据、编制内容、方法和步骤。
3. 能够运用设计概算的基本知识编制设计概算。

【课时建议】

8 课时

工程导入

拟建某工程建筑面积 3 520 m^2，设计为：水磨石地坪 3 800 m^2，水磨石地坪概算单价 35 元/m^2；钢窗面积 650 m^2，概算单价 150 元/m^2。而概算指标为 550 元/m^2，地面砖 2 600 m^2，概算单价 60 m^2，铝合金窗 650 m^2，概算单价 115 元。请根据题中条件计算拟建工程的概算。

9.1 概　　述

9.1.1 设计概算的概念

设计概算是初步设计文件的重要组成部分，是在投资估算的控制下由设计单位根据初步设计或者扩大初步设计的图纸及说明书、设备清单、概算定额或概算指标、各项费用取费标准等资料、类似工程预（决）算文件等资料，用科学的方法计算和确定建筑安装工程全部建设费用的经济文件。

利用国家或地区颁发的概算指标、概算定额或综合指标预算定额、设备材料预算价格等资料，按照设计要求，概略地计算建筑物或构筑物造价的文件。设计概算包括单位工程概算、单项工程综合概算、其他工程的费用概算、建设项目总概算以及编制说明等。设计概算是由单个到综合，局部到总体，逐个编制，层层汇总而成。

9.1.2 设计概算的作用

（1）设计概算是设计方案经济评价与选择的依据。

（2）设计概算是国家确定和控制基本建设投资、编制基本建设计划的依据。

（3）设计概算是考核建设项目投资效果的依据。

（4）设计概算是衡量设计方案技术经济合理性和选择最佳设计方案的依据。

9.2 设计概算的编制依据及内容

9.2.1 编制依据

（1）经国家、行业和地方政府有关建设和造价管理的法律、法规、规定的有关文件。

（2）经批准的建设项目的设计文件。

（3）初步设计项目一览表。

（4）能满足编制设计概算的各专业设计图纸、文字说明和主要设备表。

（5）正常施工组织设计。

（6）当地和主管部门的现行建筑工程和专业安装工程的概算定额、概算指标、建安工程间接费定额、其他有关费用规定的文件等资料和有关取费标准。

（7）现行有关设备原价及运杂费率。

（8）现行的有关其他费用定额、指标和价格。

（9）建设工程场地的地质勘测资料。

（10）类似工程的概算及技术经济指标。

（11）建设单位提供的有关工程造价的其他资料。

（12）有关合同、协议等其他资料。

9.2.2 编制内容

设计概算可分单位工程概算、单项工程综合概算和建设工程总概算三级。三者的关系如图9.1所示。

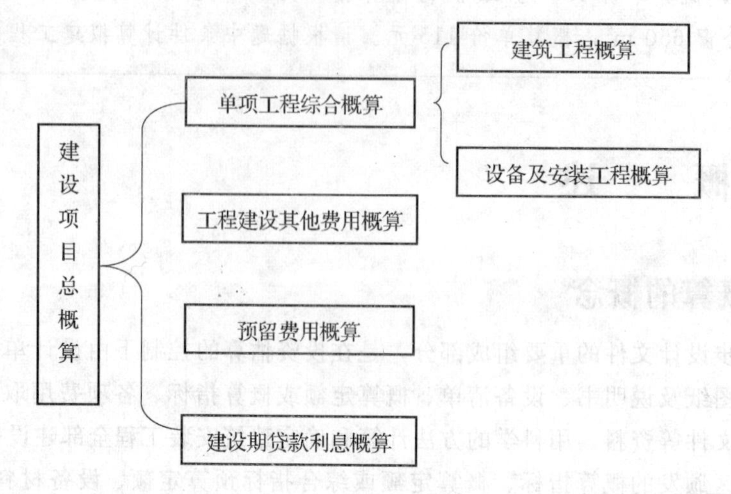

图9.1 单位工程概算、单项工程综合概算和建设工程总概算三级关系图

9.3 单位工程设计概算的编制方法

单位工程设计概算是确定各个单位工程概算造价的文件，是编制综合概算的依据。按照工程性质分为建筑工程概算和设备及安装工程概算。

9.3.1 建筑工程概算的编制

(1) 单位工程概算文件应，包括建筑（安装）工程直接工程费计算表、建筑（安装）工程人工、材料、机械台班价差表及建筑（安装）工程费用构成表。

(2) 建筑工程概预算的方法。

①根据概算定额编制概算（又称扩大单价法或扩大结构定额法）。

它是采用概算定额编制建筑工程概算的方法。它根据初步设计图纸资料和概算定额的项目划分计算出工程量，然后套用概算定额单价（基价），计算汇总后，再计取有关费用，便可得出单位工程概算造价。

概算定额法要求根据初步设计，建筑结构比较明确，比较准确，误差率小，能按照初步设计的平面、立面、剖面图纸计算出楼地面、墙身、门窗和屋面等分部工程（或扩大结构件）项目的工程量时，具备一定的设计基本知识，可以凭借经验和利用工具手册，构思出其工程量。

概算定额法的步骤如下：

a. 列出单位工程中设计图纸和概算定额工程量计算规则，分项工程或扩大分项工程的项目名称，并计算其工程量。

b. 确定各分部分项工程项目的概算定额单价；按规定的调整系数或换算方法进行调整或换算。

c. 根据市场价格信息计算分部分项工程的直接工程费，合计得到单位工程直接工程费总和。

d. 按照有关固定标准计算措施费，合计得到单位工程直接费。将计算所得的各分项工程的工程量分别乘以选定的概算定额人工、材料、施工机械消耗量指标，再乘以确定人工、材料、施工机械单价，即得各扩大分项工程的直接费。

e. 按照一定的取费标准计算间接费、利润和利税。

f. 将建筑工程概算价值除以建筑面积，即得技术经济指标（每平方米建筑面积的概算价值）。

②根据概算指标编制概算。

概算指标法是采用直接工程费指标。概算指标法是用拟建的厂房、住宅的建筑面积（或体积）乘以技术条件相同或基本相同工程的概算指标，得出直接工程费，然后按规定计算出措施费、间接费、利润和税金等，编制出单位工程概算的方法。

概算指标法的适用范围是当初步设计深度不够，不能准确地计算出工程量，但工程设计技术比较成熟而又有类似工程概算指标可以利用时，可采用此法。

由于概算指标是按整幢建筑物单位面积或单位体积表示的价值或工料消耗量，因此它比概算定额更扩大、更综合。所以，按概算指标编制设计概算也就更简化，但是概算的精度要差些。

在初步设计的工程内容与概算指标规定内容有局部差异时，必须先对原概算指标进行修正，然后用修正后的概算指标来编制工程概算。概算指标修正的计算公式为

单位建筑面积造价修正概算指标＝原单位面积造价概算指标－应换出的分项工程价值/拟建工程建筑面积＋应换入的分项工程价值/拟建工程建筑面积

式中，应换出（或换入）的分项工程价值可利用概算定额计算：

应换出（或换入）的分项工程价值＝应换出（或换入）的分项工程工程量×相应概算定额单价

9.3.2 设备及安装工程概算的编制

1. 主要内容

设备安装工程概算的主要内容包括设备购置费概算和设备安装工程费概算。

2. 计算方法

（1）设备购置费概算。

设备购置费由设备原价和设备运杂费两项组成。其计算公式为

$$设备购置费概算=\sum(设备清单中的设备数量\times设备原价)\times(1+运杂费率)$$

国产非标准设备原价在设计概算时可按表 9.1 确定。

表 9.1 非标准设备估价指标

序号	方法	内容
1	非标准设备台（件）估价指标法	根据非标准设备的类别、性能、质量、材质等情况，以每台设备规定的估价指标计算，即：非标准设备原价＝设备台班×每台设备估价指标（元/台）
2	非标准设备吨重估价指标法	根据非标准设备的类别、性能、质量、材质等情况，以每台设备规定的吨重估价指标计算，即：非标准设备原价＝设备吨重×每吨设备估价指标（元/t）

（2）设备安装工程概算编制方法。

①预算单价法。当初步设计较深，有详细的设备清单时，可直接按安装工程预算定额单价编制安装工程概算。用预算单价法编制概算，计算比较具体，精确性较高。

②扩大单价法。当初步设计深度不够，设备清单不完整，只有主体设备或仅有成套设备质量时，可采用主体设备、成套设备的综合扩大安装单价来编制概算。

③设备价值百分比法。设备价值百分比法又称安装设备百分比法。当初步设计深度不够，只有设备出厂价而无详细规格质量时，安装费可按占设备费的百分比计算。该法常用于价格波动较非标准设备和引进设备的安装工程概算。其计算公式为

$$设备安装费=设备吨重\times每吨设备安装费指标$$

④综合吨位指标法。当初步设计提供的设备清单有规格和设备质量时，可采用综合吨位指标编制概算，其综合吨位指标由主管部门制定或由设计单位根据已建类似工程确定。其计算公式为

设备安装费＝设备吨重×每吨设备安装费指标

9.4　工程建设项目总概算的编制方法

9.4.1　总概算书的组成

建筑项目总概算书，是确定一个建筑项目从筹建到竣工验收全过程的全部建筑费用的总件。它由该建筑项目的各生产车间、特种建筑物、构筑物等单项工程的综合概算书及其他工程和费用概算综合汇总而成。

总概算书一般由编制说明和总概算表及所属的综合概算表、工程建设其他费用概算表组成。它包括建成一项建设项目所需要的全部投资。

9.4.2　总概算书的编制方法与步骤

（1）收集编制总概算的基本资料。

（2）根据初步设计说明、建筑总平面图、全部工程项目一览表等资料，对各工程项目内容的性质、建设单位的要求进行概括性了解。

（3）根据初步设计文件、单位工程概算书、定额和费用文件等资料，审核各单项工程综合概算书及其他工程与费用概算书。

（4）编制总概算书表，填写方法与综合概算类似。

（5）编制总概算说明，并将总概算封面、总概算说明、总概算表等按顺序汇编成册，构成建设工程总概算书。

根据总概算的各项费用内容，将已批准的各项综合概算及其他工程和费用概算，分建筑工程费、安装工程费、设备购置费、工器具以及生产用具购置费等其他费用概算，汇总列入总概算书表内，按取费标准计算预备费用，计算回收金额及技术经济指标。

【例 9.1】拟建某工程建筑面积为 3 520 m^2，设计为：水磨石地坪 3 800 m^2，水磨石地坪概算单价 35 元/m^2；钢窗面积 650 m^2，概算单价 150 元/m^2。而概算指标为 550 元/m^2，地面砖 2 600 m^2，概算单价60 m^2，铝合金窗 650 m^2，概算单价 115 元。请根据题中条件计算拟建工程的概算。

解　1. 套用概算指标计算该工程概算 3 520×550＝193.6（万元）。

2. 调出概算指标中地面砖和铝合金窗概算价值

地面砖价值＝2 600×60＝15.60（万元）。

铝合金窗价值＝550×115＝6.33（万元）。

累计调出价值＝6.33＋15.60＝21.93（万元）。

3. 调入水磨石地坪和钢窗概算价值

水磨石价值＝2 800×35＝9.80（万元）。

钢窗价值＝650×150＝9.75（万元）。

累计调入价值＝9.80＋9.75＝19.55（万元）。

4. 求出该工程度设计概算

设计概算＝套用概算指标计算该工程概算＋调入水磨石地坪和钢窗概算价值－调出概算指标中地面砖和铝合金窗概算价值＝193.6＋19.55－21.93＝191.22（万元）。

【重点串联】

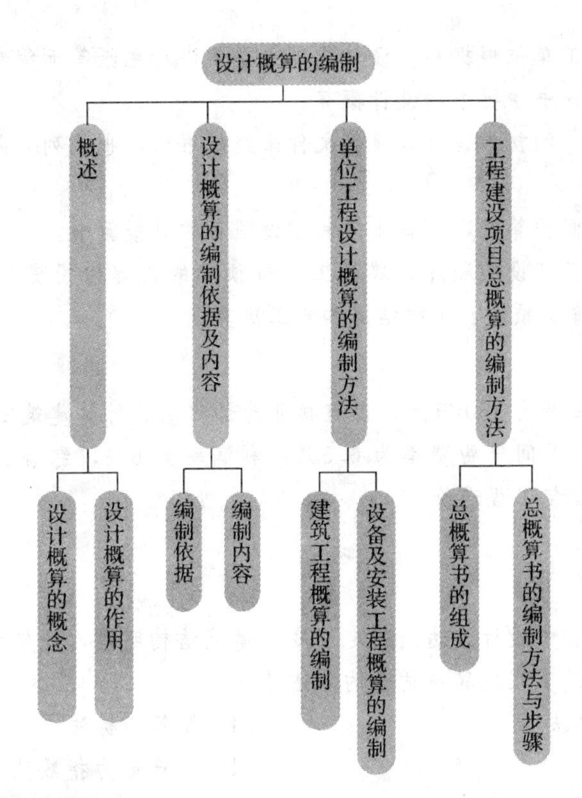

拓展与实训

职业能力训练

一、单选题

1. 在采用三阶段设计的建设工程项目中，在技术设计阶段必须编制（　　）。

   A. 总概算　　B. 施工图预算　　C. 修正总概算　　D. 施工预算

2. 项目建设单位向国家计划部门申请建设项目立项，或国家对拟立项目进行决策时，应编制（　　）。

   A. 设计概算　　B. 投资估算　　C. 修正概算　　D. 设计预算

3. 由施工单位内部编制，并作为指导施工、控制工料、实行经济核算及统计依据的是（　　）。

   A. 施工图预算　　B. 施工预算　　C. 设计概算　　D. 投资概算

4. 下列各选项中（　　）不是设计概算的作用。

   A. 国家批准设计任务书的重要依据　　B. 实行建设项目投资大包干的依据

   C. 国家确定和控制基本建设投资额的依据　　D. 选择最优设计方案的重要依据

5. 当一般民用建筑工程或小型通用厂房等工程，在初步设计文件尚不齐备，还处在方案阶段，无法计算工程量时，可采用（　　）编制建设工程概算。

   A. 概算定额　　B. 概算指标

   C. 类似工程预（决）算　　D. 以上均不对

二、判断题

1. 设计概算是由施工单位根据初步设计或扩大初步设计图纸等而编制的。（　）
2. 国家审批项目建议书主要依据设计概算。（　）
3. 每个建设项目当它的初步设计和概算文件未经批准时，也能列入基本建设年度计划。（　）
4. 在编制建设工程概预算时，应首先编制建设项目的总概算书。（　）
5. 根据建设工程项目建设的顺序，建设工程概预算的内容为投资估算、设计概算、修正概算、施工图预算、施工预算、工程结算和竣工决算。（　）

工程模拟训练

某土方工程直接工程费为350万元，以直接费为计算基础计算建筑安装工程费，其中措施费为直接工程费的7%，间接费费率为6.5%，利润率为6%，综合计税系数为3.41%，列表计算该工程的建筑安装工程造价。

链接执考

一、单选题

1. 某单位建筑工程初步设计已达到一定深度，建筑结构明确，能够计算出概算工程量，则编制该单位建筑工程概算最适合的方法是（　）。

A. 类似工程预算法　　B. 概算指标法
C. 概算定额法　　D. 生产能力指数法

2. 设计概算是设计单位编制和确定的建设工程项目从筹建至（　）所需全部费用的文件。

A. 竣工交付使用　　B. 办理完竣工决算
C. 项目报废　　D. 施工保修期满

二、多选题

单位建筑工程概算的常用编制方法有（　）。

A. 概算定额法　　B. 预算定额法
C. 概算指标法　　D. 类似工程预算法
E. 生产能力指数法

模块 10

施工图预算编制

【模块概述】

本模块主要介绍利用定额计价和工程量清单计价两种计价方式。具体任务是掌握施工图预算的编制依据、步骤和方法；掌握施工图预算中各组成费用的确定及计算方法；熟练掌握工程量清单的编制，工程量清单计价编制施工图预算的方法。

【知识目标】

1. 掌握建筑工程施工图预算的编制方法、步骤及特点。
2. 了解施工图预算的编制程序，熟练掌握利用定额计价编制土建单位工程的施工图预算。
3. 理解工程量清单及工程量清单计价的概念及内容。
4. 利用工程量清单计价方法正确编制单位工程的施工图预算及招投标文件。

【课时建议】

6 课时

工程导入

依据插图部分施工图图纸、设计说明、施工组织设计、施工现场及现有施工条件，内蒙古自治区建筑、装饰工程预算定额，混凝土、砂浆配合比，建筑工程费用定额（2009年），2009年内蒙古呼和浩特市各项费用标准及相关调价规定，建设工程费用参考标准编制本建筑工程的施工图预算。

施工图预算是确定建筑工程的造价及工料消耗的文件。编制建筑工程施工图预算，就是根据施工设计图纸及施工组织设计，按照现行预算定额或单位估价表，逐项计算分项工程量，并套用预算单价计算定额直接费、汇总工料用量，再根据当地现行取费标准以及地区设备、材料、人工、施工机械台班等预算价格，计算间接费、利润、税金，确定建筑工程造价的经济技术文件。

《建筑工程施工发包与承包计价管理办法》（建设部令第107号）第五条规定：施工图预算、招标标底及投标报价由成本（直接费、间接费）、利润和税金构成。其编制可采用以下计价方法。

（1）传统定额计价法，主要为工料单价法和实物法。分部分项工程量的单价为直接费。直接费以人工、材料、机械的消耗量及其相应价格确定，间接费、利润、税金按照有关规定另行计算。

（2）工程量清单计价法，即综合单价法。分部分项工程量的单价分为半费用单价或全费用单价。半、全费用单价综合计算完成分部分项工程所发生的直接费、企业管理费及利润。全费用单价综合计算完成分部分项工程所发生的直接费、企业管理费、利润、规费和税金。

10.1 定额计价方式

10.1.1 施工图预算的作用

施工图预算在建设工程中具有十分重要的作用，主要体现在下列方面：

（1）施工图预算是设计阶段控制工程造价的重要环节，是控制施工图设计不突破设计概算的重要措施。

（2）施工图预算是进行招投标的基础，是建设单位编制与确定标底、拨付工程价款、承包商投标报价决策、发承包双方建立工程承包合同价格、进行工程索赔及结算与决算的重要依据。

（3）对于不宜实行招标而采用施工图预算加调整价结算的工程，施工图预算可作为确定合同价款的基础或作为审查施工企业提出的施工图预算的依据。

（4）施工图预算是施工单位组织材料、机具、设备及劳动力供应的依据；是施工企业编制进度计划、进行经济核算的依据；也是施工单位拟定降低成本措施和按照工程量计算结果编制施工预算的依据。

（5）施工图预算是控制施工成本的依据。根据施工图预算确定的中标价格是施工企业收取工程款的依据，企业只有合理利用各项资源，采取技术措施、经济措施和组织措施降低成本，将成本控制在施工图预算以内，企业才能获得良好的经济效益。

（6）施工图预算是工程造价管理部门监督、检查执行定额标准、合理确定工程造价、测算造价指数及审定招标工程标底的依据。

10.1.2 施工图预算编制的依据

1. 设计资料

设计资料是编制概预算的主要工作对象，经审定的施工设计图纸、说明书和有关标准图集反映了工程的具体内容，各分部的结构尺寸、具体做法、技术特征及施工方法等，是编制施工图预算的重要依据。

2. 现行预算定额及单位估价表

现行预算定额、单位估价表、费用定额及计价程序，是确定分项工程子目、计算工程量、选用单位估价表、计算直接工程费、编制施工图预算的主要依据。

3. 施工组织设计或施工方案

施工组织设计或施工方案是编制施工图预算必不可少的资料，如建设地点的土质、地质情况，土石方开挖的施工方法及余土外运方式及运距，构件预制加工方法及运距，重要的梁、板、柱的施工方案，重要或特殊机械设备的安装方法等。这些资料在工程量计算、定额项目的套用等方面都起着重要作用。

4. 预算员工作手册及工具书

在编制预算过程中，经常用到各种结构构件面积和体积的计算公式，钢材、木材等各种材料规格型号及用量数据，特殊断面、结构构件工程量的速算方法，金属材料质量表等。为提高工作效率，简化计算过程，预算人员可直接查用上述资料。所以预算员工作手册及工具书是编制施工图预算必不可少的依据。

5. 其他有关文件

(1) 工程费用随地区不同其取费标准也有所不同。按照国家规定，各地区均制定了建筑工程各项费用取费标准。

(2) 材料、人工、机械台班预算价格及调价规定，合理确定材料、人工、机械台班预算价格及其调价规定是编制施工图预算的重要依据。

6. 工程承包合同和协议

工程承包合同和协议包括在材料加工订货方面的分工、材料供应方式等的协议。

10.1.3 传统定额下施工图预算编制方法

施工图预算的编制方法，根据取用定额的分项单价不同有两种不同的计算方法，即单价法与实物法。

1. 单价法

用单价法编制施工图预算，就是利用各地区、各部门编制的建筑安装工程单位估价表或预算定额基价，根据施工图计算出的各分项工程量，分别乘以相应单价或预算定额基价并求和，得到直接工程费，再加上措施费，即为该工程的直接费；再以直接费或其中的人工费为计算基础，按有关部门规定的各项取费费率，求出该工程的间接费、利润及税金等费用；最后将上述各项费用汇总即为一般建筑单位工程施工图预算造价。

2. 实物法

用实物法编制建筑单位工程施工图预算，就是根据施工图计算的各分项工程量分别乘以人工、材料、施工机械台班的定额消耗量，分类汇总得出该单位工程所需的全部人工、材料、施工机械台班消耗数量，然后再乘以当时、当地人工工日单价、各种材料单价、施工机械台班单价，求出相应的人工费、材料费、机械使用费，再加上措施费，就可以求出该工程的直接费。间接费、利润及税金等费用计取方法与单位估价法相同。

在市场经济条件下，人工、材料、机械台班单价是随市场而变化的，是影响工程造价最主要的因素。用实物法编制施工图预算，采用工程所在地当时的人工、材料、机械台班价格，反应实际价格水平，工程造价准确性高。

实物法与单价法相比，主要是预算人工、材料和机械使用费的算法不同。在实物法中，预算人工、材料、机械使用费的计算步骤如下：

(1) 工程量计算出来后，套用定额规定的预算人工、材料、机械台班的定额用量。

(2) 求出各分项工程人工、材料、机械台班的消耗数量，并汇总单位工程所需各类人工、材料、机械台班的消耗量，其中各分项工程的预算消耗量是用该分项工程的工程量分别乘以预算人工定额用量、预算材料定额用量和预算机械台班定额用量而求出的。

(3) 用当时当地的各类人工、材料、机械台班的实际价格分别乘以相应的消耗量，然后汇总便得到单位工程的人工费、材料费和机械使用费。

10.1.4 施工图预算编制步骤

1. 单价法编制施工图预算

用工料单价法编制施工图预算的步骤如图 10.1 所示。

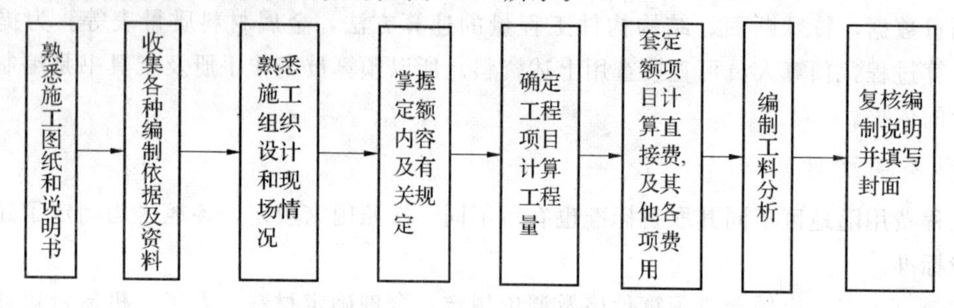

图 10.1 单价法编制施工图预算步骤

(1) 熟悉施工图图纸和施工说明书等基础资料。

施工图图纸和施工说明书中工程构造、材料品种、工程做法及规格质量，为编制工程预算提供并确定了所应该套用的工程项目。施工图纸中的各种设计尺寸、标高等为计算工程量提供了基础数据。因此，编制施工图预算前，应熟悉并检查施工图纸是否齐全、尺寸是否清楚，了解设计意图，掌握工程全貌。

另外，针对要编制预算的工程内容搜集有关资料，包括熟悉并掌握预算定额的使用范围、工程内容及工程量计算规则等。

(2) 收集各种编制依据和基础资料。

主要收集编制施工图预算的编制依据。包括招标文件、设计施工图纸、有关的通用标准图、图纸会审记录、设计变更通知、地质与水文资料、施工组织设计、设计概算文件、预算定额、间接费取费标准及市场材料价格、工程承包合同、预算工作手册等文件和资料。

(3) 了解施工组织设计和施工现场情况。

编制施工图预算前，应了解施工组织设计中影响工程造价的有关内容。例如，各分部分项工程的施工方法，土方工程中余土外运使用的工具、运距，施工平面图对建筑材料、构件等堆放点到施工操作地点的距离，需要进行地下降水、打护坡桩、机械的选择、模板类型的选择等，以便能正确计算工程量和正确套用或确定某些分项工程的基价，使编制的施工图预算符合施工实际。

(4) 学习掌握定额内容及有关规定。

预算定额、单位估价表及有关文件规定是编制预算的重要依据。随着建筑新材料、新技术、新工艺的不断出现和推广使用，有关部门对已颁布的定额进行补充和修改。因此预算人员应学习和掌握所使用的定额内容及使用方法，弄清楚定额项目的划分及所包含的内容、适用范围、计量单位、工程量计算规则及允许调整换算项目的条件和方法等，以便正确有效地应用定额。

由于材料价格的调整，各地区也需要根据具体情况调整费用内容及取费标准，这些资料将直接体现在预算文件中。

（5）确定工程项目，计算工程量。

工程量计算应严格按照图纸尺寸和现行定额规定的工程量计算规则，遵循一定的顺序逐项计算分项子目的工程量。计算各分部分项工程量前，最好先列项。也就是按照分部工程中各分项子目的顺序，先列出单位工程中所有分项子目的名称，然后再逐个计算其工程量。这样，可以避免在工程量计算中出现盲目、零乱的状况，使工程量计算工作有条不紊地进行，也可以避免漏项和重项。

（6）汇总工程量、套预算定额基价（预算单价）。

各分项工程量计算完毕，并经复核无误后，按预算定额手册规定的分部分项工程顺序逐项汇总，然后将汇总后的工程量抄入工程预算表内，并把计算项目的相应定额编号、计量单位、预算定额基价以及其中的人工费、材料费、机械台班使用费填入工程预算表内。

（7）计算直接工程费。

分项工程直接费主要包括人工费、材料费和机械费。

分项工程直接费＝预算定额基价×分项工程量

人工费＝分项工程量×定额人工费单价

材料费＝分项工程量×定额材料费单价

机械费＝分项工程量×定额机械费单价

单位工程直接（工程）费为各项分项工程直接费之和，即为一般土建工程定额直接费，再以此为基数计算其他直接费、现场经费，求和得到直接工程费。

（8）计取各项费用。

按取费标准（或间接费定额）计算间接费、利润、税金等费用，求和得出工程预算价值，并填入预算费用汇总表中。同时计算技术经济指标，即单方造价。

（9）进行工料分析。

计算出该单位工程所需要的各种材料用量和人工工日总数，并填入材料汇总表中。这一步骤通常与套定额单价同时进行，以避免二次翻阅定额。如果需要，还要进行材料价差调整。

（10）编制说明，填写封面，装订成册。

编制说明一般包括以下几项内容：①编制预算时所采用的施工图名称、工程编号、标准图集以及设计变更情况；②采用的预算定额及名称；③间接费定额或地区发布的动态调价文件等资料；④钢筋、铁件是否已经过调整；⑤其他有关说明。通常是指在施工图预算中无法表示，需要用文字补充说明的。例如，分项工程定额中需要的材料无货，用其他材料代替，其价格待结算时另行调整，就需用文字补充说明。

施工图预算封面通常需填写的内容有工程编号及名称、建筑结构形式、建筑面积、层数、工程造价、技术经济指标、编制单位及日期等。

最后，把封面、编制说明、预算费用汇总表、材料汇总表、工程预算分析表，按以上顺序编排并装订成册，编制人员签字盖章，请有关单位审阅、签字并加盖单位公章后，一般土建工程施工图预算便完成了编制工作。

2. 实物法编制施工图预算

实物法编制施工图预算的步骤如图 10.2 所示。

（1）准备资料、熟悉施工图纸。全面收集各种人工、材料、机械的当时当地的实际价格，应包括不同品种、不同规格的材料预算价格；不同工种、不同等级的人工工资单价；不同种类、不同型号的机械台班单价等。要求获得的各种实际价格应全面、系统、真实、可靠。具体可参考预算单价法相应步骤。

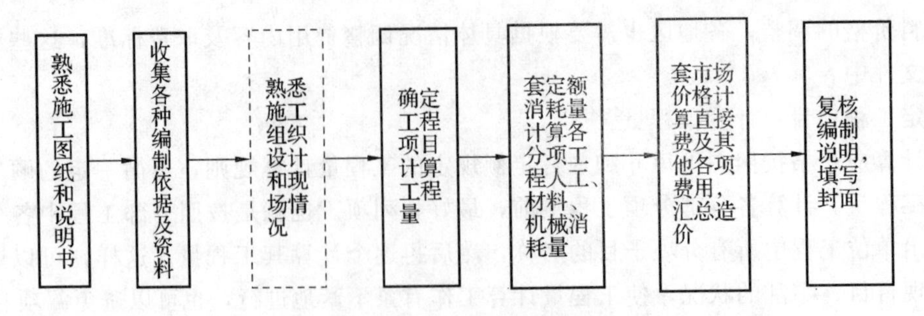

图 10.2　实物法编制施工图预算步骤

(2) 计算工程量。本步骤与预算单价法相同，不再赘述。

(3) 套用消耗定额，计算人工、材料、机械消耗量。定额消耗量中的“量”在相关规范和工艺水平等未有较大突破性变化之前具有相对稳定性，据此确定符合国家技术规范和质量标准要求，并反映当时施工工艺水平的分项工程计价所需的人工、材料、施工机械的消耗量。

根据预算人工定额所列各类人工工日的数量，乘以各分项工程的工程量，计算出各分项工程所需各类人工工日的数量，统计汇总后确定单位工程所需的各类人工工日消耗量。同理，根据预算材料定额、预算机械台班定额分别确定出工程各类材料消耗数量和各类施工机械台班数量。

(4) 计算并汇总人工费、材料费、机械使用费。根据当时当地工程造价管理部门定期发布的或企业根据市场价格确定的人工工资单价、材料预算价格、施工机械台班单价分别乘以人工、材料、机械消耗量，汇总即为单位工程人工费、材料费和施工机械使用费。其计算公式为

$$
\begin{aligned}
\text{单位工程直接工程费} = &\sum(\text{工程量}\times\text{材料预算定额用量}\times\text{当时当地材料预算价格}) + \\
&\sum(\text{工程量}\times\text{人工预算定额用量}\times\text{当时当地人工工资单价}) + \\
&\sum(\text{工程量}\times\text{施工机械预算定额台班用量}\times\text{当时当地机械台班单价})
\end{aligned}
$$

(5) 计算其他各项费用，汇总造价。对于措施费、间接费、利润和税金等的计算，可以采用与预算单价法相似的计算程序，只是有关的费率是根据当时当地建筑市场供求情况予以确定。将上述单位工程直接工程费与措施费、间接费、利润、税金等汇总即为单位工程造价。

(6) 复核。检查人工、材料、机械台班的消耗量计算是否准确，有无漏算、重算或多算；套取的定额是否正确；检查采用的实际价格是否合理。其他内容可参考预算单价法相应步骤的介绍。

(7) 填写封面，编制说明。本步骤的内容和方法与预算单价法相同。

10.1.5 工程造价的取费计算

建筑安装工程造价由直接费、间接费、利润和税金 4 部分组成。

1. 直接费的计算

直接费由直接工程费和措施项目费组成。直接工程费由人工费、材料费及施工机械台班费组成。

(1) 直接工程费的计算。

$$\text{分部分项直接工程费} = \text{分部分项工程量清单}\times\text{相应的单价（基价）}$$

$$
\begin{aligned}
\text{相应的单价（基价）} = &\sum(\text{工日消耗量}\times\text{日工资单价}) + \sum(\text{材料消耗量}\times\text{材料基价}) + \\
&\sum(\text{施工机械台班消耗量}\times\text{机械台班单价})
\end{aligned}
$$

分部分项工程工程量根据施工图纸及工程量计算规则计算，相应的单价（或基价）可查当地的单位估价表或预算定额结合当地现行人工工日、材料预算、机械台班使用单价获得。

(2) 措施项目费。

措施项目费按规定的标准计算。其计算方法由各地区有关主管部门的工程造价管理机构自行制

定。例如，内蒙古地区的措施项目费包括通用措施项目费与专业措施项目费。其中专业措施项目费包括大型机械设备进出场及安拆费、混凝土、钢筋混凝土模板及支架费、脚手架费、施工排水、降水费，垂直运输机械费。通用措施项目费包括环境保护费、文明施工费、安全施工费、临时设施费、已完成工程及设备保护费。

$$专业措施费 = \sum(措施项目工程量 \times 定额基价)$$

其中，定额基价可查《内蒙古建筑工程预算定额》（DYD15－301－2009）得到。

通用项目措施费按表 10.1 计算。计算基础为直接工程费中的人工费及机械费之和。

$$通用措施项目费 = \sum[(直接工程费中的人工费+机械费) \times 费率]$$

表 10.1　通用措施项目费费率表

序号	工程类型		取费基础	分项费率/%			
				安全文明施工费	临时设施费	雨季施工增加费	已完、未完工程保护费
1	建筑工程	框架住宅	人工费＋机械费	3	4.5	0.3	0.5
		砖混住宅		3.3	4.8	0.3	0.5
		教学、办公楼		3	4	0.3	0.5
		商场、酒店		3	3.5	0.3	0.5
		工业厂房		2.2	3.5	0.3	0.5
		其他		2.5	4	0.3	0.5
2	安装工程			2.3	5	0.3	0.5
3	土石方工程			0.9	2	0.2	—
4	市政工程	道路		0.9	2.5	0.6	—
		桥涵		3	3	0.6	0.3
		给排水及热力管道		2	3	0.5	0.6
5	炉窑砌筑工程			2.8	5	0.5	0.3
6	装饰装修工程			2	2	0.3	0.7
7	园林工程	绿化		1.5	2.5	0.4	—
8		建筑		0.4	3.5	0.5	0.3

夜间施工增加费根据《内蒙古建设工程费用定额》（DYD15－801－2009）进行计算，见表 10.2。

表 10.2　夜间施工增加费

费用内容	照明设施按拆、折旧、用电	工效降低补偿	夜餐补助	合计
费用标准/（元·（人·台班）$^{-1}$）	1.6	2.4	6	10

注：本表“费率”适用于内蒙古自治区费率表

材料及产品检测费由于各地对材料及产品检测的品种和范围不同，所发生的检测费用差别较大，该项费用应由施工单位在投标竞价中，根据工程所在地的实际情况，参照下述标准计算。房屋建筑工程（包括附属安装工程），按每平方米建筑面积计算。其中：建筑工程占 50%，装饰工程占 20%，电气工程占 15%，暖通工程占 15%。市政、园林工程按实际发生费用的 60%计算。

① 建筑面积小于 10 000 m^2 的，每平方米 4 元。

② 建筑面积大于 10 000 m^2 的，每平方米 3 元；每一单项工程最多计取 8 万元。

③ 房屋建筑工程的室外附属配套工程不另计算。

冬雨季施工增加费中，雨季施工增加费可参照表 10.1 中的费率计算。冬季施工增加费按下列规定计算：

① 需要冬季施工的工程其措施费，由施工单位编制冬季施工措施和冬季施工方案，连同增加费用一并报建设、监理单位批准后实施。

② 人工、机械降效费用可参照冬季施工工程人工费、机械费之和的 15%计取。

③ 对于冬季停止施工的工程，施工单位可以按实际停工天数计算看护费用。

2. 间接费的计算

间接费包括规费和企业管理费。规费指政府和有关权力部门规定必须缴纳的费用，主要包括工程排污费、工程定额测定费、社会保障费、住房公积金和危险作业意外伤害保险。以上各项均按各省、市、自治区规定计算。例如，内蒙古地区企业管理费率根据不同工程类别及类型取费费率（表 10.3）不同。规费中还包括水利建设基金，规费费率为 5.57%，见表 10.4。

企业管理费 ＝ 直接费的人工费和机械费× 企业管理费率

规费的计算 ＝（直接费＋企业管理费＋利润＋价差调整＋总承包服务费）× 规费费率

表 10.3　企业管理费费率表　　%

类别	建筑工程	安装工程	土石方工程	市政道路工程	炉窑砌筑工程	装饰装修工程	园林建筑
一类	30	25	5	23	35	20	20
二类	26	22		21	30		
三类	23	18		18	—		
四类	20	15		—	—		

表 10.4　规费费率表　　%

费用名称	养老失业保险	基本医疗保险	住房公积金	工伤保险	意外伤害保险	生育保险	水利建设基金	合计
费率	3.5	0.68	0.9	0.12	0.19	0.08	0.1	5.57

注：本表“费率”适用于内蒙古自治区费率表

3. 利润及税金的计算

利润是指施工企业完成所承包工程获得的盈利，它由直接费中的人工费和机械费之和乘以利润率（表 10.5）确定的。利润的计算公式为

利润 ＝（直接费中人工费＋机械费）× 利润率

表 10.5　利润率表　　%

工程类型	建筑工程	安装工程	土石方工程	炉窑砌筑工程	装饰装修工程	园林建筑
费率	20	17	6	20	17	20

注：本表“费率”适用于内蒙古自治区费率表

税金是指国家税法规定的应计入建筑安装工程造价内的营业税、城市维护建设税及教育费附加。税金计算如下：

税金＝税前工程造价 × 税率＝

（直接工程费＋措施项目费＋企业管理费＋利润＋价差＋总承包服务费＋规费）× 税率

税金税率根据工程所在地区的不同，实行差别税率。内蒙地区分别为：市区 3.48%，县城（镇）3.41%，城镇以外 3.28%。

4. 材料价差的计算

(1) 工料分析。

工料分析是将施工图预算所计算的各分部分项工程量乘以预算定额中的人工、材料、机械消耗量指标，计算出所有分部分项工程的人工、材料、机械消耗量，然后汇总计算单位工程人工、材料、机械消耗量。其计算公式为

单位工程人工、材料、机械消耗量$=\sum$(分部分项工程工程量×预算定额中的人工、材料、机械消耗量指标)

①编制方法。工料分析通常采用表的形式进行分析计算，编制步骤如下：

a. 按照工程预算表中各分项工程的顺序，把分项工程的定额编号、名称、计量单位和工程数量填入工料分析表中。

b. 套预算定额消耗量指标。把预算定额各分项工程的人工、材料、机械消耗量指标填入表中。

c. 计算单位工程人工、材料、机械消耗量，见表10.7。

②编制形式。工料分析表一般以单位工程或分部工程为单位进行编制的。

③主要工料汇总表。为了统计和汇总单位工程所需的主要材料用量和人工用量，要填写单位工程主要工料汇总表，见表10.8。

【例10.1】 表10.6为某单位工程预算书（部分），分析表中所列各分项工程的人工、材料、机械台班用量进行汇总。

表10.6 某单位工程预算书（部分）

序号	定额编号	分部分项工程名称	计量单位	工程量	定额计价	定额直接费
6	336换	一砖混水墙M2.5混合砂浆	10 m³	6	2 392.79	14 356.74
18	554换	现浇碎石混凝土圈梁C20～C40	10 m³	4	2 628.34	10 513.36
36	471	15 m以内单排木制外脚手架	100 m²	5	1 141.62	5 708.10

表10.7 工料分析表

序号	定额编号	分部分项工程名称	规格	计量单位	工程量	单位定额	数量
6	336换	一砖混水墙M2.5混合砂浆		10 m³	6		
		人工	综合	工日	6	10.825	64.95
		混合砂浆	M2.5	m³	6	2.25	13.5
		水泥	32.5	kg	13.50	186.00	2 511.00
		中砂	干净	m³	13.50	1.03	13.91
		石灰膏		m³	13.50	0.14	1.89
		水		m³	13.50	0.40	5.40
		红砖		千块	6	5.40	32.40
		水		m³	6	1.06	6.36
18	554换	现浇碎石混凝土圈梁C20～C40		10 m³	4		
		人工	综合	工日	4	16.796	67.19
		碎石混凝土	C20～C40	m³	4	10.15	40.60
		水泥	32.5	kg	40.60	353.00	14 331.8

续表 10.7

序号	定额编号	分部分项工程名称	规格	计量单位	工程量	单位定额	数量
		中砂		m^3	40.60	0.47	19.08
		碎石	40 mm	m^3	40.60	0.81	32.89
		水		m^3	40.60	0.19	7.71
		塑料薄膜		m^2	4	33.04	132.16
		水		m^3	4	7.214	28.86
		混凝土搅拌机	400 L	台班	4	0.63	2.52
36	471	15 m以内单排木制外脚手架		100 m^2	5		
		人工	综合	工日	5	5.254	26.28
		镀锌铁丝	8#	kg	5	67.96	339.80
		木制脚手板		m^2	5	0.09	0.45
		木脚手杆	10以内	m^3	5	0.436	2.18
		铁钉	圆钉	kg	5	0.53	2.65
		载重汽车	6 t	台班	5	0.13	0.65

表 10.8 工料汇总

序号	定额编号	分部分项工程名称	规格	计量单位	工程量	单位定额	数量
1		人工	综合	工日			158.42
2		水泥	32.5	kg			16.843
3		中砂		m^3			32.99
.4		石灰膏		m^3			1.89
5		水	干净	m^3			48.33
6		红砖		千块			32.40
7		碎石	40 mm	m^3			32.89
8		塑料薄膜		m^2			132.16
9		镀锌铁丝	8#	kg			339.80
10		木脚手板		m^2			0.45
11		木脚手杆	10以内	m^3			2.18
12		铁钉	圆钉	kg			2.65
12		载重汽车	6 t	台班			0.65
14		混凝土搅拌机	400 L	台班			2.52

(2) 材料（人工，机械）价差计算。

材料（人工、机械）价差是指工程施工过程中所采用的材料（人工、机械）的实际价格与预算价格的差异。

在工程造价计价过程中，单价法需要进行价差调整，实物法则不需要进行价差调整。材料价差计算过程中应严格执行各地区工程造价管理部门的规定，包括允许找差的品种及方法等。施工企业按造价管理部门公布的材料指令性价格，把单位工程需要调整的材料用量分别乘以材料调价前、后的单位差额，汇总得到单位工程材料调整差价。表 10.9 为材料价差计算表。人工、机械价差计算等同于材料。

表 10.9 材料价差计算表

序号	材料名称	规格	单位	数量	预算价格/元	信息价格/元	单价差/元	合价/元
1	镀锌铁丝 8#		kg	339.80	5.3	5.2	−0.2	−67.96
2	中砂		m^3	32.99	300	320	20	659.80
3	碎石	40 mm	m^3	32.89	55	58	3	98.67

10.1.6 工程造价取费程序

用工料单价法编制单位工程的施工图预算，其工程造价的取费程序见表 10.10。

表 10.10 工程造价的取费程序

序号	费用项目	计算方法
1	直接费（含措施项目费）	按预算定额和费用定额计算
2	直接费中的人工费＋机械费	按预算定额和费用定额计算
3	企业管理费、利润	2×费率
4	价差调整、总承包服务费	按合同约定或相关规定计算
5	规费	（1＋3＋4）×费率
6	税金	（1＋3＋4＋5）×税率
7	工程造价	1＋3＋4＋5＋6

10.1.7 土建工程施工图预算编制实例

单位工程施工图预算书主要由封面、编制说明、工程量计算表、工程预算表、工程造价取费表等组成。

（1）封面。

封面主要包括工程名称、结构类型、建筑面积、工程造价、建设单位、施工单位、编制者等内容。

（2）编制说明。

编制说明主要包括预算编制过程中所依据的定额、规定、费用标准、施工图纸、施工现场条件、价差调整的依据及需要说明的其他有关问题。一般在施工图预算编制完成后进行这项工作。

（3）填写工程量计算表和汇总表。

工程量计算可先列出分工项工程名称、单位、计算公式等，填入表 10.11 中。

① 列出分项工程名称。根据施工图纸及预算定额规定，按照一定计算顺序，列出单位工程施工图预算的分项工程名称。

② 列出计量单位及计算公式。按预算定额要求，列出计量单位和分项工程项目的计算公式。

③ 汇总列出工程数量，计算出的工程量同项目汇总后，填入工程数量栏内，作为记取直接工程费的依据。

当一个单位工程由较多的分项工程组成时，为了便于套用定额单价，一般按定额的顺序，同时考虑施工顺序、施工部位等因素，对相同的项目进行汇总，达到简化计算的目的。工程量汇总表见表 10.12。

表 10.11 工程量计算表

序号	工程项目	计算式	单位	数量
	建筑面积			
一	土石方工程			
1	平整场地			

表 10.12 工程量汇总表

序号	分项工程名称	单位	工程量

(4) 填写工料分析表和材料价差计算表。

工料分析表见表 10.7；材料汇总表见表 10.8；材料价差表见表 10.9。

(5) 填写工程预算表。

根据工程量汇总表中的数据集采用的单位估计表、混凝土配设计图纸等资料计算填写程预算表，计算直接工程费和措施项目费。建筑工程预算表见表 10.13。

表 10.13 分部分项工程造价表

工程名称：

定额编号	工程项目	单位	工程量	预算/元		其中		
				单价	合价	人工费/元	机械费/元	材料费/元
	建筑面积	m^2						
一	土石方工程							
1-1	平整场地							

(6) 填写工程直接费汇总表。

将单位工程的各分部工程直接费小计及人工和机械费汇总于表格中（表 10.14），作为记取措施项目、间接费和其他各项费用的依据。

表 10.14 建筑工程直接费汇总表

工程名称：

序号	工程项目	直接费/元	其中：人工费+机械费/元
	直接费汇总		
一	土石方工程		
二	桩基及支护工程		
三	降水工程		
四	砌筑工程		
五	现场搅拌混凝土工程		
六	预拌混凝土工程		

续表 10.14

序号	工程项目	直接费/元	其中：人工费＋机械费/元
七	模板工程		
八	钢筋工程		
九	构件运输工程		
十	木结构工程		
十一	构件制作安装工程		
十二	屋面工程		
十三	防水工程		
十四	室外道路、停车场及管道工程		
十五	脚手架工程		
十六	大型垂直运输机械使用费		
十七	高层建筑超高费		
十八	工程水电费		

(7) 填写工程造价取费表。

上述计算工程完成后，根据相应的工程造价取费程序表，计算工程造价。工程造价计算程序分为工料单价法和综合单价法，详见 2.3 节。

10.2 清单计价方式下施工图预算的编制

10.2.1 工程量清单计价

1. 工程量清单的特点

(1) 强制性。

规范中黑体字标志的条文为强制性条文，必须严格执行。按照计价规范规定，全部使用国有资金投资或以国有资金投资为主的大中型建设工程必须采用工程量清单计价方式；其他依法招标的建设工程，应采用工程量清单计价方式。

(2) 统一性。

工程量清单编制与报价，全国统一采用综合单价形式。工程量清单中四统一，即项目编码、项目名称、计量单位、工程量计算规则统一。

(3) 竞争性。

工程量清单中的人工、材料、机械的消耗量和单价由企业根据企业定额和市场价格信息，参照建设主管部门发布的社会平均消耗量定额进行报价。措施项目清单中只列“措施项目”一栏，具体采用什么措施，如模板、脚手架、临时设施、施工排水等详细内容由投标人根据企业的施工组织设计，根据具体情况报价，为企业留有相应的竞争空间。

(4) 实用性。

计价规范中，项目名称明确清晰，工程量计算规则简洁明了，列有项目特征与工程内容，便于确定工程造价。

(5) 通用性。

与国际惯例接轨，符合工程量计算方法标准化、工程量计算规则统一化、工程造价确定市场化的要求。

2. 传统定额计价与工程量清单计价的区别

(1) 计价依据不同。

传统的定额计价模式是定额加费用的指令性计价模式，它是依据政府统一发布的预算定额、单位估价表确定人工、材料、机械费，再以当地造价部门发布的市场信息对材料价格补差，最后按统一发布的收费标准计算各种费用，最后形成工程造价。这种计价模式的价格都是指令性价格，不能真实地反映投标企业的实际消耗量和单价及费用发生的真实情况。

工程量清单计价采用的是市场计价模式，由企业自主定价，实行市场调节的“量价分离”的计价模式。它是根据招标文件统一提供的工程量清单，将实体项目与非实体项目分开计价。实体性项目采用相同的工程量，由投标企业根据自身的特点及综合实力自主填报单价。而非实体项目则由施工企业自行确定。采用的价格完全由市场决定能够结合施工企业的实际情况，与市场经济相适应。

(2) 单价构成不同。

定额计价采用的单价为定额基价，它只包含完成定额子目的工程内容所需的人工费、材料费、及机械费，不包括间接费、计划利润、独立费及风险，其单价构成是不完整的，不能真实反映建筑产品的真实价格，与市场价格缺乏可比性。

工程量清单计价采用的单价为综合单价，它包含完成规定的计量单位项目所需的人工费、材料费、机械费、管理费、利润以及合同中明示或暗示的所有责任及一般风险，其价格构成完整，与市场价格十分接近，具有可比性，而且直观，简单明了。

(3) 费用划分不同。

定额计价将工程费用划分为定额直接费、间接费、利润和税金。而清单计价则将工程费用划分为分部分项工程量清单、措施项目清单、其他项目清单、规费和税金。两种计价模式的费用表现形式不同，但反映的工程造价内涵是一致的。

(4) 单位工程子目划分不同。

定额计价的子目一般按施工工序进行设置，所包含的工程内容较为单一、细化。而工程量清单的子目划分则是按一个“综合实体”考虑的，一般包括多项工作内容，它将计量单位子目相近、施工工序相关联的若干定额子目，组成一个工程量清单子目，也就是全国统一的预算定额子目的基础上加以扩大和综合。

(5) 计价规则的不同。

工程量清单的工程量一般指净用量，它是按照国家统一颁布的计算规则，根据设计图纸计算得出的工程净用量。它不包含施工过程中的操作损耗量和采取技术措施的增加量，其目的在于将投标价格中的工程量部分固定不变，由投标单位自报单价，这样所有参与投标的单位均可在同一条起跑线和同一目标下开展工作，可减少工程量计算失误，节约投标时间。

定额计价的工程量不仅包含净用量，还包含施工操作的损耗量和采取技术措施的增加量，计算工程量时，要根据不同的损耗系数和各种施工措施分别计量，得出的工程量都不一样，容易引起不必要的争议。而清单工作量计算就简单得多，只计算净用量，不需要考虑损耗量和措施增加用量，计算结果是一致的。

(6) 计算程序的区别。

定额计价法是首先按施工图计算单位工程的分部分项工程量，并乘以相应的人工、材料、机械台班单价，再汇总相加得到单位工程的人工费、材料费和机械使用费之和，然后在此和的基础上按规定的计费程序和指导费率计算其他直接费、间接费、利润及税金，最终形成单位工程造价。

工程量清单的计算程序是：首先计算工程量清单，其次是编制综合单价，再将清单各分项的工程量与综合单价相乘，得到各分项工程造价，最后汇总分项造价，形成单位工程造价。相比之下，工程量清单的计算程序显得简单明了，更适合工程招标采用，特别便于评标时对报价的拆分及对比。

3．采用清单计价编制施工图预算的依据

（1）招标文件。

（2）设计施工图纸、标准图集及《建筑五金手册》。

（3）施工现场实际情况、施工组织设计或施工方案。

（4）《企业定额》或建设行政主管部门发布的《预算消耗量定额》。

（5）国家标准《建设工程工程量清单计价规范》（GB 50500—2013）。

（6）建设行政主管部门发布的《措施费计价办法》《建设工程造价计价规则》等。

（7）建设行政主管部门发布的人工、材料、机械及设备的价格信息，或者承发包双方依据市场情况确认的人工、材料、机械及设备的价格信息，或者承发包双方依据市场情况确认人工、材料、机械单价。

（8）建设行政主管部门规定的计价程序和统一格式。

（9）建设行政主管部门发布的有关造价方面的文件。

4．编制程序及步骤

（1）熟悉施工图纸及相关资料，了解现场情况。这是正确编制工程量清单及清单报价的前提。熟悉施工图纸、地质勘探报告，便于编制分部分项工程项目名称，到工程建设地点了解现场实际情况，便于编制施工措施项目名称。

（2）编制工程量清单。工程量清单包括总说明、分部分项工程量清单、措施项目清单、其他项目清单及规费税金清单。工程量清单是由招标人或其委托人，根据招标文件、施工图纸、计价规范以及现场实际情况，经过精心计算编制而成的，是工程计价的基础。

（3）组合综合单价。组合综合单价是投标人根据招标文件、工程量清单、施工图纸、消耗量定额（或企业定额）、计价规范、施工组织设计或施工方案、工人、材料、机械市场价格、费用标准等资料，计算组合的分项工程单价。

综合单价的内容包括人工费、材料费、机械费、管理费及利润5个部分，并考虑风险。

（4）计算分布分项工程费。在组合综合单价完成后，根据工程量清单及综合单价，按单位工程计算分部分项工程费用。

（5）计算措施项目费。措施项目费包括通用项目、建筑工程措施项目、装饰装修工程措施等。措施项目综合单价的构成与分部分项工程单价构成类似。

（6）计算其他项目费。其他项目费由暂列金额、暂估价、计日工和总承包服务费等内容组成，根据工程量清单列出的内容计算。

（7）计算单位工程费。前面各项内容计算完成后，将整个单位工程费包括的内容汇总起来，形成整个单位工程费用。汇总单位工程费前，要计算各种规费及单位工程的税金。

单位工程造价＝分部分项工程费＋措施项目费＋其他项目费＋规费＋税金

（8）计算单项工程费。在各单位工程费计算完成后，将属同一单项工程的各单位工程费汇总，形成单项工程的总费用。

（9）计算工程总造价。对各单项工程费进行汇总，形成整个建设项目的总价。

10.2.2 工程量清单计价取费程序

用工程量清单计价编制建筑工程造价，不同地区的取费程序也不相同，如内蒙古自治区综合单价和单位工程费用的取费程序见表10.15和表10.16。

表10.15 综合单价的计算

序号	费用项目	计算方法
1	分部分项直接工程费或措施项目费	按预算定额和费用定额计算
2	分部分项工程或措施项目中的人工费＋机械费	按预算定额和费用定额计算
3	管理费、利润	2×费率
4	风险费	按招标文件要求由投标人自定
5	综合单价	1＋3＋4

表10.16 单位工程费用的计算程序

序号	费用项目	计算方法
1	分部分项工程量清单项目费	∑（分部分项工程量清单×综合单价）
2	措施项目清单费	∑（措施项目清单×综合单价）
3	其他项目清单费	按招标文件和清单计价要求计算
4	规费	（1＋2＋3）×费率
5	税金	（1＋2＋3＋4）×税率
6	工程造价	（1＋2＋3＋4＋5）

10.2.3 分部分项工费的计算

分布分项工程费即完成招标文件中所提供的分部分项工程量清单项目所需费用。分部分项工程量清单计价采用综合单价计价。

分部分项工程费的计算公式为

分部分项工程费＝∑（分部分项工程量×分部分项工程量清单的综合单价）

分部分项工程量（清单工程量）是根据《建设工程工程量清单计价规范》要求计算的。

例如，土（石）方工程中的“挖基础土方”。清单工程量计算是按设计图示尺寸以基础垫层底面积乘以挖土深度计算，而实际施工作业量是按实际开挖量计算，包括放坡及工作面所需要的开挖量。

分部分项工程量清单综合单价是指完成工程量清单中一个规定计量单位分部分项工程所需的人工费、材料费、机械使用费、管理费及利润，并考虑风险因素增加的费用。

分部分项工程综合单价＝人工费＋材料费＋机械使用费＋管理费＋利润＋风险费用

或 $$分部分项工程综合单价=\frac{完成该分部分项工程的全部费用}{清单工程量}$$

1. 人工费、材料费及机械使用费的计算

人工费、材料费及施工机械使用费在费用项目构成中属于直接工程费，此类费用按企业消耗量定额及市场单价计算。

人工费＝∑（工日消耗量×日工资单价）

$$材料费 = \sum（材料消耗量 \times 材料单价）$$

$$机械费 = \sum（机械台班消耗量 \times 机械台班单价）$$

从式中可看出，决定人工费、材料费、机械使用费的因素有两个，即人工、材料、机械的消耗量及单价。按《建设工程工程量清单计价规范》（GB 50500—2013）规定：招标工程如设标底，标底应根据招标文件中的工程量清单和有关要求、施工现场实际情况、合理的施工方法及按照省、自治区、直辖市建设行政主管部门制定的有关工程造价计价方法进行编制。

投标报价应根据招标文件中的工程量清单或有关要求、施工现场实际情况及拟定的施工方案或施工组织设计，依据企业定额和市场价格信息，或参照建设行政主管部分发布的社会平均消耗量定额进行编制。

由此看来，清单计价模式下的投标报价，其人工、材料、机械消耗量及单价的形成，要根据企业自身的施工水平、技术及机械装备，管理水平，材料、设备的进货渠道，市场价格信息等确定，和定额计价模式的消耗量和单价按各地区颁布的预算定额执行时完成不同的。

2. 企业管理费

管理费是指建筑安装企业组织施工生产和经营管理所需费用。其计算公式为

$$管理费 = 取费基数 \times 管理费率$$

各省、市、自治区建设行政主管部门对取费基数都有具体规定，可按规定和工程类别有以下 3 种情况。

(1) 人工费、材料费及机械费合计。

(2) 人工费和机械费合计。

(3) 人工费。

管理费率取定应根据企业管理水平，同时考虑竞争的需要来确定。若无此报价资料时，可以参考各省市建设行政主管部门发布的管理费浮动费率执行。

3. 利润

综合单价中利润的计算方法为

$$利润 = 取费基数 \times 利润率$$

取费基数可以以“人工费”或“人工费、机械费”合计为基数来取定。

利润是竞争最激烈的项目，投标人在报价时，利润率应根据拟建工程的竞争激烈程度和其他投标单位竞争实力来取定。如某拟建工程竞争单位多，考虑竞争需要，只有采取降低利润报价，才能可能中标。

4. 确定综合单价时应注意的问题

(1) 清单工程量与施工方案工程量的区别。按照“计价规范”中工程量计算规则所计算的清单工程量，与在施工过程中根据现场实际情况及其他因素所采用的施工方案计算出的工程量有所不同。如土方工程中，清单项目所提供的工程量为图示尺寸的工程数量，没有考虑实际施工过程中的要增加的工作面及放坡的数量，投标人报价时，要把增加部分的工程量折算到综合单价内。

(2) 清单项目中所包含的工作内容的多少。综合单价报价的高价与完成一个分项工程所包含的工程内容有直接关系。如卫生间地面做法包括垫层、找平层、面层及防水层。在定额计价中，楼地面垫层、找平层、面层，防水层都是单独编码列项的，而“计价规范”中，四项工程内容可能合并为一项“楼地面面层”。注意确定综合单价时，不得漏项。

(3) 考虑风险因素所增加的费用。在“定额计价”模式下，施工企业一般在不考虑风险的情况下来承包建设项目的；在“清单计价”模式下，要求企业在进行工程计价时，充分考虑工程项目风险的因素。

由于承包商在工程承包中承担了很大的风险，所以在投标报价中，要善于分析经济、技术、管理、公共关系等风险因素，正确估计风险的大小，研究风险防范措施，以确定风险因素所增加的费用。

(4) 分部分项工程清单综合单价内，不得包括招标人自行采购材料的价款。

【例 10.2】 某建筑工程，工程采用同一断面的条形基础，基础断面为 2.0 m²，基础总长度为 200 m，垫层宽度为 2 m，厚度为 200 mm，挖土深度为 2.2 m。土壤类别为三类土。根据工程情况及施工现场条件等因素确定基础土方开挖工程施工方案为人工放坡开挖，工作面每边加 300 mm，自垫层上表面开始放坡，坡度系数为 0.33。沟边堆土用于回填，余土全部采用翻斗车外运，运距为 200 m。

相关市场资源价格：人工单价 40 元/工日，机动翻斗车 100 元/台班，施工用水 5 元/m³。

定额消耗量：人工挖三类土 0.661 工日/ m³，机动翻斗车运土用工 0.100 工日，机动翻斗车 0.069 台班/ m³，用水 0.012 m³/ m³。工程采用清单计价，管理费率取 12%，利润和风险系数取 8%，确定挖基础土方工程的综合单价。

【解】 1. 计算挖基础土方清单工程量

根据《建设工程工程量清单计价规范》规定，清单工程量＝2×2.2×200＝880（m³）。

2. 根据施工方案计算施工作业实际工程量

(1) 挖土方工程量＝1 408（m³）。

(2) 余土外运工程量计算。

基础回填土工程量＝挖土方工程量－带型基础工程量＝1 408－2 ×200＝1 008（m³）。

余土外运工程量＝1 408－1 008＝400（m³）。

3. 编制工程量清单综合单价表及清单计价表

(1) 工程量清单综合单价表。

①清单单位数量＝定额工程量/清单工程量。

人工挖基础土方清单单位数量＝1 408/880＝1.60（m³）。

机械土方运输清单单单位数量＝400/880＝0.45（m³）。

②人工、材料、机械及管理费和利润单价计算。

人工挖土人工费单价＝40×0.661＝26.44（元/m³）。

合价＝26.44×1.60＝42.3（元）。

人工挖土管理费及利润单价＝26.44×12%＋26.44×（1＋12%）×8%＝5.54（元/m³）。

合价＝5.54×1.60＝8.86（元）。

土方运输人工费单价＝40×0.100＝4.00（元/m³）。

合价＝4.00×0.45＝1.80（元）。

土方运输材料费单价＝5×0.012＝0.06（元/m³）。

合价＝0.06×0.45＝0.03（元）。

土方运输机械费单价＝100×0.069＝6.90（元/m³）。

合价＝6.9×0.45＝3.11（元）。

土方运输管理费和利润单价＝（4.00＋6.90）×12%＋（4.00＋6.90）×（1＋12%）×8%＝2.29（元/m³）。

合价＝2.29×0.45＝1.03（元）。

③工程量清单综合单价分析表。

将以上计算结果写入工程量清单综合单价分析表中，见表 10.17。

《建设工程工程量清单计价规范》中挖基础土方工程内容综合了土方运输，故将人工挖土和土方运输的人工、材料、机械以及管管理费和利润分别相加，最后得到挖基础土方工程清单综合单价。

(2) 编制分部分项工程量清单与计价表。

分部分项工程量清单与计价表见表 10.18。

表 10.17 工程量清单综合单价分析表

工程名称：某建筑工程　　　　标段：　　　　第　页　共　页

项目编码	010101003001	项目名称	挖基础土方	计量单位	m^3

清单综合单价组成明细											
定额编号	定额名称	定额单位	数量	单价				合价			
				人工费	材料费	机械费	管理费和利润	人工费	材料费	机械费	管理费和利润
	人工挖土	m^3	1.6	26.44			5.54	42.3			8.86
	土方运输	m^3	0.45	4.00	0.06	6.90	2.29	1.8	0.03	3.11	1.03
人工单价		小计						44.10	0.03	3.11	9.89
40元/工日		未计价材料费									
清单项目综合单价/元								57.13			

材料费明细	主要材料名称、规格、型号	单位	数量	单价/元	合价/元	暂估单价/元	暂估合价/元
	水	m^3	0.005	5	0. 03		
	其他材料费	—		—			
	材料费小计	—		—	0. 03		

表 10.18 分部分项工程量清单与计价表

工程名称：某建筑工程　　　　标段：　　　　第　页　共　页

序号	项目编码	项目名称	项目特征	计量单位	工程量	金额/元		
						综合单价	合价	其中暂估价
1	010101003001	挖基础土方	土壤类别：三类土 基础类型：条基 垫层底宽：2 m 挖土深度：2.2 m 弃土运距：200 m	m^3	880	57.13	50 274.4	
	…							
本页小计								
合计								

10.2.4 措施项目费的计算

1. 措施项目费的构成

措施项目费的构成是指为完成工程项目施工，发生于该工程施工前和施工过程中非工程实体项目的费用。措施项目费由通用项目措施费和专业项目措施费组成。

2. 措施项目费的计算

措施项目清单计价应根据拟建工程的施工组织设计和施工方案，可以计算工程量的措施项目（排水、降水、模板、脚手架），应按分部分项工程量的方式采用综合单价计价，其余的措施项目（安全文明施工、夜间施工费、二次搬运费等）可以以“项”为单位的方式计价。它应包括规费、税金外的全部费用。

投标人在报价时应注意：招标人在措施项目清单中提出的措施项目，是根据一般情况确定的，没有考虑到不同投标人的“个性”。因此，在投标报价时，可以根据所确定的施工方案具体情况，增加措施项目内容，并进行报价。措施项目清单中的安全文明施工，应根据国家或省级、行业建设主管部门的规定计价，不得作为竞争性费用。

（1）安全文明施工费、雨季施工增加费和已完、未完工程及设备保护费。

通用项目措施费中的安全文明施工费、雨季施工增加费和已完、未完工程及设备保护费，可参照通用措施项目费费率表计算。计算基础为直接工程费中的人工费与机械费之和。

（2）夜间施工费。夜间施工增加费可参照表 10.2 计算。

【例 10.3】 如果某工程计价分部分项工程费中的人工费与机械费之和为 2 500 万元，经有关部分核定该工程为四类工程。按工程施工中的实际需要，发生夜间施工 105 工日，工程施工期间包括一个雨季，记取安全文明施工费等措施项目费。

【解】 安全文明施工费 ＝ 2 500×3.3％ ＝ 82.5（万元）。

夜间施工费费 ＝ 105×10 ＝ 1050（元）。

雨季施工费 ＝ 2 500×0.3％ ＝ 7.5（万元）。

该工程共发生措施项目费 ＝ 82.5＋0.105＋7.5＝ 90.105（万元）。

10.2.5 其他项目费

其他项目清单应考虑工程的计算特点和清单计价规范相应条款计价，包括暂列金额、暂估价、计日工和总承包服务费。

1. 暂列金额

暂列金额根据工程特点，按有关规定估算。为保证工程顺利实施，对工程施工过程中可能出现的各种不确定因素对工程造价的影响，在招标控制价中需估算一笔暂列金额。暂列金额可根据工程复杂程度、设计深度、工程环境条件进行估算，一般可按分部分项工程费的 10％～15％作为参考。结算时按照合同约定实际发生后，按实际金额结算。

2. 暂估价

暂估价中材料单价应按照工程造价管理机构发布的工程造价信息或参照市场价格确定，暂估价中的专业工程金额应分不同专业，按有关计价规定估算。招标人在工程量清单中提供了暂估价的材料和专业工程属于依法必须招标的，由承包人和招标人共同通过招标确定材料单价与专业工程包价。若材料不属于依法必须招标的，经发、承包双方协商确认单价后计价。若专业工程不属于依法必须招标的，由发包人、总承包人与分包人按有关计价依据进行计价。

3. 计日工

计日工招标人应根据工程特点，按照列出的计日工项目和有关计价依据计算。施工发生时，其价款按列入已标价工程量清单中计日工计价子目及其单价进行计算。

4. 总承包服务费

总承包服务费根据工程实际需要提出要求。投标人按照招标人提出的协调、配合与服务要求，以及施工现场管理、竣工资料汇总整理等服务要求进行报价。结算时，按分包专业工程结算价及原投标费率进行调整。

10.2.6 规费及税金的计算

规费和税金应按照国家或省级、行业建设主管部门的规定计算，不得作为竞争性费用。

规费计价表见模块 4 规费项目清单。

1. 规费

根据《建筑安装工程费用组成》的规定，规费的取费基础可为直接费、人工费或人工费和机械费。

规费= 取费基础 ×规费费率

按照内蒙地区费用定额文件规费项目计取方法如下。

(1) 工程排污费。

工程排污费按实际发生计算。

(2) 社会保障费、住房公积金、危险作业意外伤害保险、工伤保险、生育保险、水利建设基金按表 10. 4 中规定的费率计算。规费的计算基础为不含税工程造价。

2. 税金

税金税率根据工程所在地区的不同，实行差别税率。内蒙地区分别为：市区 3.48%，县城（镇）3.41%，城镇以外 3.28%。

税金 = 不含税工程造价 × 税率

【重点串联】

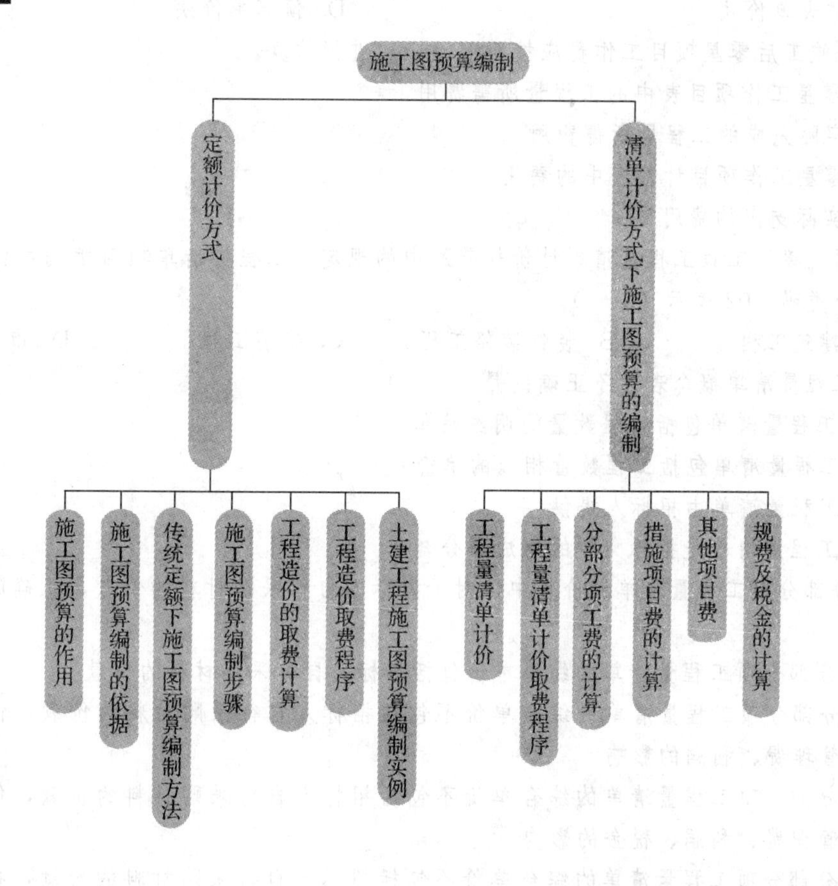

拓展与实训

职业能力训练

一、单选题

1. 在《建设工程工程量清单计价规范》中，其他项目清单一般包括（　　）。
   A. 暂列金额、分包费、材料费、机械使用费
   B. 暂列金额、材料暂估价、总承包服务费、计日工
   C. 总承包管理费、材料购置费、暂列金额、风险费
   D. 暂列金额、总承包费、分包费、材料购置费
2. 分部分项工程量清单的项目编码由12位组成，其中的（　　）位由清单编制人设置。
   A. 8～10　　B. 9～11　　C. 9～12　　D. 10～12
3. 投标人应填报工程量清单计价格式中列明的所有需要填报的单价和合价，如未填报，则（　　）。
   A. 招标人应要求投标人及时补充
   B. 招标人可认为此项费用已包含在工程量的清单的其他单价和合价中
   C. 投标人应该在开标之前补充
   D. 投标人可以在中标后提出索赔
4. 按《建设工程工程量清单计价规范》规定，工程量清单计价应采用（　　）。
   A. 工料单价法　　B. 综合单价法
   C. 扩大单价法　　D. 预算单价法
5. 工程竣工后零星项目工作费应按照（　　）进行结算。
   A. 零星工作项目表中的工程量所需费用
   B. 实际完成的工程量所需费用
   C. 零星工作项目计价表中的费用
   D. 实际支出的费用
6. 根据《建设工程工程量清单计价规范》中的规定，工程量清单项目编码中第一级编码为分类码，02表示（　　）。
   A. 建筑工程　　B. 装饰装修工程　　C. 安装工程　　D. 市政工程
7. 对工程量清单概念表述不正确的是（　　）。
   A. 工程量清单包括工程数量的明细清单
   B. 工程量清单包括工程数量相应的单价
   C. 工程量清单由招标人提供
   D. 工程量清单是招标文件的组成部分
8. 在分部分项工程量清单计价表中，对于招标人自行采购材料的价款，正确的处理方式为（　　）。
   A. 分部分项工程量清单的综合单价包括招标人自行采购材料的价款
   B. 分部分项工程量清单的综合单价不包括招标人自行采购材料的价款，但应考虑对管理费、利润的影响
   C. 分部分项工程量清单的综合单价不包括招标人自行采购材料的价款，但应考虑对管理费、利润、税金的影响
   D. 分部分项工程量清单的综合单价不包括招标人自行采购材料的价款，也不考虑对管理费、利润的影响

二、多选题

1. 工程量清单作为招标文件的组成部分，它是（　　）。

A. 进行工程索赔的依据　　B. 编制投标报价的基础

C. 由工程咨询公司提供的　　D. 支付工程进度款的依据

E. 办理竣工决算的依据

2. 按《建设工程工程量清单计价规范》规定，分部分项工程量清单应按统一的（　　）进行编制。

A. 项目编码　　B. 项目名称

C. 项目特征　　D. 计量单位

E. 工程量计算规则

3. 编制分部分项工程量清单时应依据（　　）。

A. 建设工程工程量清单计价规范

B. 建设项目可行性研究报告

C. 建设项目设计文件

D. 建设项目招标文件

E. 拟采用的施工组织设计和施工技术方案

4. 工程量清单计价格式的单位工程费汇总表中应包括（　　）。

A. 措施项目费合计　　B. 规费

C. 工程建设其他费合计　　D. 税金

E. 其他项目费合计

5. 分部分项工程项目的综合单价中包括（　　）。

A. 机械费　　B. 管理费　　C. 利润　　D. 税金

E. 风险费

6. 在设置措施项目清单时，参考拟建工程的施工组织设计可以确定（　　）项目。

A. 材料二次搬运　　B. 夜间施工

C. 文明安全施工　　D. 脚手架

E. 环境保护

7. 工程量清单计价方法与定额计价方法的区别包括（　　）。

A. 编制工程量主体不同　　B. 单价与报价的构成不同

C. 合同价格的调整方法不同　　D. 评标采用的方法不同

E. 工程量清单计价把施工实体性消耗纳入了竞争的范畴

8. 在施工图预算的编制过程中，准备工作阶段的工作内容主要有（　　）。

A. 熟悉图纸和预算定额　　B. 编制工料分析表

C. 组织准备　　D. 资料收集

E. 现场情况的调查

工程模拟训练

1. 某工程基础土方采用人工挖基槽，三类土，挖土深 1.6 m 以内，毛石基础长度为 42 m，基础底面宽为 0.8 m，计算该清单项目的综合单价。

2. 如图 10.3 所示，某工程 M7.5 水泥砂浆砌筑 MU15 水泥实心砖墙基（砖规格240 mm×115 mm×53 mm）。（1）编制该砖基础砌筑项目清单（提示：砖砌体内无混凝土构件）；（2）砖砌基础工程量清单项目的综合单价。

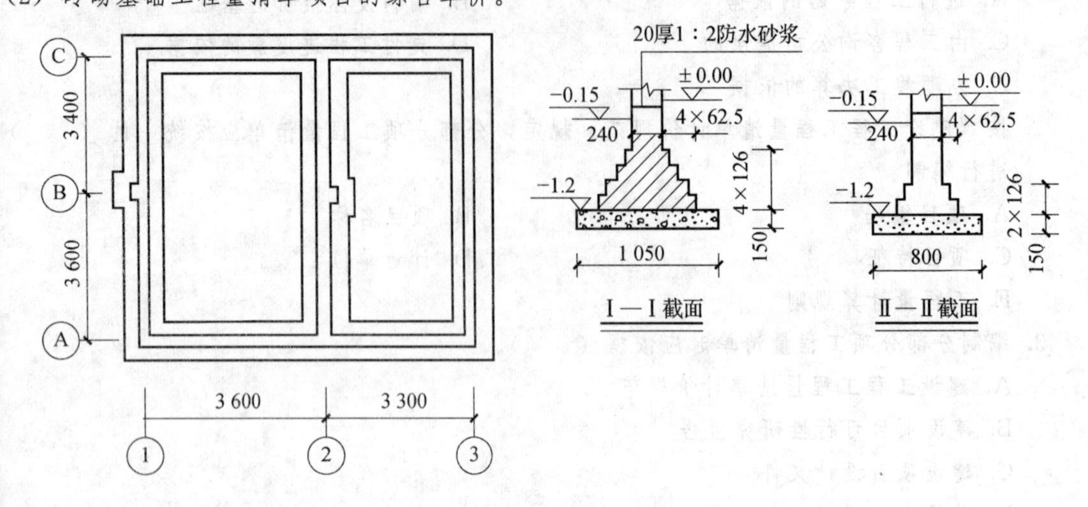

图 10.3 基础平面图和剖面图

假设取定的工料机价格按《内蒙古自治区建筑工程预算定额》（2009 版）为准（未含市场风险），水泥实心砖价格同标准砖；其他费用按《内蒙古自治区费用定额》（2009）三类工业建筑工程的中的值计算（以人工费和机械费之和为计费基数：企业管理费为 17%、利润为 11%），经市场调查和计价方决策，考虑市场风险幅度，人工、材料、机械在上述取价基础上调整增加：人工为 30%、材料为 3%、机械为 5%，在计价时列入人工、材料、机械单价内一并考虑。

3. 某工程基础如图 10.3 所示，基础长度为 100.00 m。根据招标人提供的地质资料为三类土壤，无需支挡土板。查看现场无地面积水，地面已平整，并达到设计地面标高。基槽挖土槽边就地堆放，不考虑场外运输。

已知：根据定额工程量计算规则计算得出挖土方工程量为 130 m^3，查定额得知每立方米土方综合耗费人工费为 22.68 元/m^3，材料费为 0 元，机械费为 0.05 元/m^3，根据企业情况确定管理费率为 5.1%，利润率为 3.2%，计算清单中挖基础土方的综合单价，并编制分部分项工程量清单计价表。

4. 根据某工程的清单计价得出，分部分项工程费为 150 万元，其中人工费和机械费之和为 60 万元，措施项目费为 42.16 万元，其他项目费为 1 万元，规费为 5.77%，税金为 3.41%。计算该工程清单报价。

链接执考

一、单选题

1.《建设工程工程量清单计价规范》（GB 50500—2008）规定，招标时用于合同约定调整因素出现时的工程材料价款调整的费用应计入（　　）中。

A. 分部分项综合单价　　B. 暂列金额

C. 材料暂估价　　D. 总承包服务费

2. 根据《建设工程工程量清单计价规范》(GB 50500—2008)，关于材料和专业工程暂估价的说法中，正确的是（　）。

A. 材料暂估价表中只填写原材料、燃料、构配件的暂估价

B. 材料暂估价应纳入分部分项工程量清单项目综合单价

C. 专业工程暂估价指完成专业工程的建筑安装工程费

D. 专业工程暂估价由专业工程承包人填写

3. 编制某工程施工图预算，套用预算定额后得到的人工、甲材料、乙材料、机械台班的消耗量分别为 15 工日、12 m^3、0.5 m^3、2 台班，预算单价与市场单价见表 10.19。措施费为直接工程费的 7%。则用实物法计算的该工程的直接费为（　）元。

A. 4 654.50　　B. 5 045.05　　C. 5 157.40　　D. 5 547.95

表 10.19　预算单价与市场单价

	综合人工 / (元·工日$^{-1}$)	材料		机械台班/ (元·台班$^{-1}$)
		甲/ (元·m^{-3})	乙/ (元·m^{-3})	
预算单价	70	270	40	20
市场单价	100	300	50	30

4. 下列措施项目中，适宜于采用综合单价方式计价的是（　）。

A. 已完工程及设备保护　　B. 大型机械设备进出场及安拆

C. 安全文明施工　　D. 混凝土、钢筋混凝土模板

5. 关于工程量清单计价的说法，正确的是（　）。

A. 清单项目综合单价是指直接工程费单价

B. 清单计价是一种自下而上的分部组合计算法

C. 单位工程报价包含除规费、税金外的其他建筑安装费构成内容

D. 清单计价仅适用于单价合用

6. 关于分布分项工程量清单编制的说法，正确的是（　）。

A. 施工工程量大于按计算规则计算出的工程量的部分，由投标人在综合单价中考虑

B. 在清单项目“工程内容”中包含的工作内容必须进行项目特征的描述

C. 计价规范中就某一清单项目给出两个及以上计量单位时应选择最方便计算的单位

D. 同一标段的工程量清单中含有多个项目特征相同的单位工程时，可采用相同的项目编码

7. 下列费用项目中，应由投标人确定额度，并计入其他项目清单与机架汇总表中的是（　）。

A. 暂列金额　　B. 材料暂估价

C. 专业工程暂估价　　D. 总承包服务费

8. 在编制施工图预算的下列各项工作步骤中，同时适用于预算单价法和实物法的是（　）。

A. 套人工、材料、机械台班定额消耗量

B. 汇总各类人工、材料、机械台班消耗量

C. 套当时当地人工、材料、机械台班单价

D. 汇总人工、材料、机械台班总费用

二、多选题

1. 编制施工图预算的过程中，包括在预算单价法中，但不包括在实物法中的工作内容有（　　）。

A. 套用预算定额　　B. 汇总人工、材料、机械费用

C. 计算未计价材料费　　D. 计算材料价差

E. 计算其他费用

2. 根据《建筑安装工程费用项目组成》（建标〔2003〕206号），关于专业措施项目的说法中正确的有（　　）。

A. 脚手架仅被列为建筑工程的专业措施项目

B. 混凝土、钢筋混凝土模板及支架费列为建筑工程、装饰装修工程和市政工程的专业措施项目

C. 模板及支架费分自有和租赁两种情况，采用不同方法计算

D. 模板及支架、脚手架的租赁费计算，除考虑租赁价格（租金）外，还要考虑支搭、拆卸及运输费

E. 只有自有模板及支架、脚手架才需要进行摊销量的计算

3. 关于工程量清单编制的说法，正确的有（　　）。

A. 脚手架工程应列入以综合单价形式计价的措施项目清单

B. 暂估价用于支付可能发生也可能不发生的材料及专业工程

C. 材料暂估价中的材料包括应计入建安费中的设备

D. 暂列金额是招标人考虑工程建设工程中不可预见、不能确定的因素而暂定的一笔费用

E. 计日工清单中由招标人列项，招标人填写数量与单价

4. 关于施工图预算的说法，正确的有（　　）。

A. 施工图预算一定要结合施工图纸和预算定额编制

B. 施工图预算是进行“两算对比”的依据

C. 综合单价法中的单价是指全费用综合单价

D. 实物法能将资源消耗量和价格分开计算

E. 使用预算单价法时一般需要进行工料分析

模块 11

工程结算

【模块概述】

本模块主要介绍工程结算的概念、意义、方式及依据。具体任务是熟悉工程结算的编制与审核内容；学会计算工程预付款和进度款；根据工程价款的不同结算方法进行工程价款结算。

【知识目标】

1. 掌握实际工程价款结算及竣工结算的编制方法与内容。
2. 能正确应用工程价款的结算方法进行工程备料款、工程进度款及工程竣工结算款的结算。
3. 熟悉工程结算的审核内容及方法。
4. 正确编制单位工程的竣工结算。

【课时建议】

4 课时

工程导入

某施工单位承包某工程项目，甲、乙双方签订的关于工程价款的合同内容有：

(1) 建筑安装工程造价660万元，建筑材料及设备费占施工产值的比重为60%。

(2) 工程预付款为建筑安装工程造价的20%。工程实施后，工程预付款从未施工工程尚需的主要材料及构件的价值相当于工程预付款数额时起扣，从每次结算工程价款中按材料和设备占施工产值的比重扣抵工程预付款，竣工前全部扣清。

(3) 工程进度款逐月计算。

(4) 工程保修金为建筑安装工程造价的3%，竣工结算月一次扣留。

(5) 材料和设备价差调整按规定进行（按有关规定上半年材料和设备价差上调10%，在6月份一次调增）。

工程各月实际完成产值见表11.1。

表11.1 工程各月实际完成产值

万元

月份	二	三	四	五	六
完成产值	55	110	165	220	110

问题：

(1) 通常工程竣工结算的前提是什么？

(2) 工程价款结算的方式有哪几种？

(3) 该工程的工程预付款、起扣点为多少？

(4) 该工程2～5月每月拨付工程款为多少？累计工程款为多少？

(5) 6月份办理工程竣工结算，该工程结算造价为多少？甲方应付工程结算款为多少？

11.1 工程结算概述

11.1.1 工程价款结算的概念及意义

1. 工程价款结算的概念

工程价款结算是指承包商在工程实施过程中，依据承包合同中关于付款的规定和已经完成的工程量，经验收质量合格，并按照规定的程序向建设单位（业主）收取工程价款的一项经济活动。

2. 工程价款结算的意义

工程结算是工程项目承包中的一项十分重要的工作，主要表现为以下几方面：

(1) 工程结算是反映工程进度的主要指标。

在施工过程中，工程结算的依据之一就是按照已完成的工程进行结算，根据累计已结算的工程价款占合同总价款的比例，能够近似反映出工程的进度情况。

(2) 工程结算是加速资金周转的重要环节。

施工单位尽快尽早地结算工程款，有利于偿还债务，有利于资金回笼，降低内部运营成本。通过加速资金周转，提高资金的使用效率。

(3) 工程结算是考核经济效益的重要指标。

对于施工单位来说，只有工程款如数地结清，才意味着避免了经营风险，施工单位也才能够获得相应的利润，进而达到良好的经济效益。

11.1.2 工程价款结算的内容与方式

1. 工程价款结算的内容

(1) 按照工程承包合同或协议办理预付工程备料款。

(2) 按照双方确定的结算方式列出施工作业计划和工程价款预支单，办理工程预付款。

(3) 月末（或阶段完成）呈报已完工月（或阶段）报表和工程价款结算单，同时按规定抵扣工程备料款和预付工程款，办理工程款结算。

(4) 年中已完成工程、未完工程盘点和年终结算。

(5) 工程竣工时，编写工程竣工书，办理工程竣工结算。

2. 工程价款结算的方式

我国目前采用的工程结算方式主要有以下几种：

(1) 按月结算。

实行旬末或月中预支、月终结算、竣工后清算的方法。跨年度竣工的工程，在年终进行工程盘点，办理年度结算。对在建施工工程，每月月末由承包商提出完工的月报表和工程款结算清单，交现场监理工程师审查签字并经业主确认后，办理工程款结算和支付业务。我国建安工程价款结算中，多数采用按月结算的方法。

(2) 竣工后一次结算。

建设项目或单项工程全部建筑安装工程建设期在12个月以内，或者工程承包价值在100万元以下的，可以实行工程价款每月月中预支，竣工后一次结算的方式。

(3) 分段结算。

即当年开工，当年不能竣工的单项工程或单位工程按照工程形象进度，划分为不同阶段进行结算。分段的划分标准由各部分、自治区、直辖市、计划单列市规定。

对于以上3种主要结算方式的收支确认，财政部在1999年1月1日起实行的《企业会计准则——建造合同》讲解中做了如下规定：

① 实行旬末或月中预支、月终结算、竣工后清算办法的工程合同，应分期确认合同价款收入的实现，即各月份终了，与发包单位进行已完工程价款结算时，确认为承包合同已完工部分的工程收入实现，本期收入额为月终结算的已完工程价款金额。

② 实行合同完成后一次结算工程价款办法的工程合同，应于合同完成，施工企业与发包单位进行工程合同价款结算时，确认为收入实现，实现的收入额为承发包双方结算的合同价款总额。

实行按工程形象进度划分不同阶段、分段结算工程价款办法的工程合同，应按合同规定的形象进度分次确认已完阶段工程收益实现。即应于完成合同规定的工程形象进度或工程阶段，与发包单位进行工程价款结算时，确认为工程收入的实现。

(4) 目标结算方式。

即在工程合同中，将承包工程的内容分解成不同的控制界面，以业主验收控制界面作为支付工程款的前提条件。也就是说，将合同中的工程内容分解成不同的验收单元，当施工单位完成单元工程内容并经业主经验收后，业主支付构成单元工程内容的工程价款。

在目标结算方式下，施工单位要想获得工程价款，必须按照合同约定的质量标准完成界面内的工程内容，要想尽早获得工程价款，施工单位必须充分发挥自己的组织实施能力，在保证质量的前提下，加快施工进度。

(5) 结算双方约定的其他结算方式。

11.1.3 工程价款结算的原则与依据

1. 工程价款结算的原则

根据我国建设工程价款结算的有关办法，目前建设工程价款结算的原则有从约原则、程序性原则、时限性原则和行为主体责任明确的原则。

（1）从约原则。

施工企业按照合同要求工程价款的支付，是施工企业的权利，在建设市场上，施工企业和发包方是平等的市场主体。这正如办法中所指“建设工程价款结算是指建设工程的发承包合同价款进行约定和依据合同价款进行工程预付款、工程进度款、工程竣工价款的结算活动”。

（2）程序性原则。

具体体现在合同价款的形成拨付的过程中，包括招投标和合同价款的签订要符合招标投标法规定的程序；工程价款的计量和支付要符合施工合同约定的程序；工程价款结算的分歧和纠纷要符合纠纷处理的程序等。

（3）时限性原则。

时限性原则主要指预付工程款、工程进度款、变更价款、索赔价款、竣工价款、质量保证金等价款的拨付和确认时限。在工程价款结算合同中对可调整价款的调整、变更、工程计量、工程竣工结算审查时限等都有所规定，对承包方、发包方和监理方以及中介咨询机构、行政主管部门的工作提出了更高要求，保证了工程价款的及时拨付。

（4）行为主体责任明确的原则。

建设市场中重要的行为主体就是发包方和承包方。至于监理方和中介咨询机构，只是受发包人或承包人的委托，提供专业的咨询或管理服务，为工程价款的结算服务。而政府行政主管部门包括工程造价管理部门和财政部门，只是提供行政服务、监督和管理，不再过多干涉合同双方行使自己的权利。如果合同双方出现纠纷，政府行政主管部门可以提供帮助、协调，纠纷的双方也可以通过正常的司法程序解决纠纷。

2. 工程价款结算的依据

（1）施工签订的企业与建设单位签订的合同与协议。

工程价款结算应按合同约定办理。在合同里，发包人、承包人应当约定好合同价款的方式。发包人、承包人在签订合同时对于工程价款的约定，可采用下列约定方式。

① 固定总价。合同工期较短且工程合同总价较低的工程，可采用固定总价合同方式。

② 固定单价。双方在合同中约定综合单价包含的风险范围和风险费用的计算方法，在约定的风险范围内综合单价不再调整。风险范围以外的综合单价调整办法，应当在合同中约定。

③ 可调价格。可调价格包括可调综合单价和措施费等，双方应在合同中约定综合单价和措施费的调整方法。

发包人、承包人应当在合同价款中对涉及工程价款结算的以下事项进行约定：

① 预付工程款的数额、支付时限及抵扣方式。

② 工程进度款的支付方式、数额及时限。

③ 工程施工中发生变更时，工程价款的调整方法、索赔方式、时限要求及金额支付方式。

④ 发生工程价款纠纷的解决方法。

⑤ 约定承担风险的范围、幅度以及超出约定范围和幅度的调整办法。

⑥ 工程竣工价款的结算与支付方式、数额及时限。

⑦ 工程质量保证（保修）金的数额、预扣方式及时限。

⑧ 安全措施和意外伤害保险费用。

⑨ 工期及工期提前或延后的奖惩办法，与履行合同、支付价款相关的担保事项。

在合同没有约定或约定不明时，发包人、承包双方应依照下列规定与文件协商处理：

① 国家有关法律、法规和规章制度。

② 国务院建设行政主管部门、省、自治区、直辖市或有关部门发布的工程造价计价标准、办法等规定。

③ 建设项目的合同、补充协议、变更签证、现场签证及其他双方认可的文件。

(2) 施工进度计划和施工工期。

(3) 施工过程中现场实际情况记录和有关费用签证。

(4) 施工图纸及有关资料，会审纪要、设计变更通知书和现场工程变更签证。

(5) 概预算定额、材料预算价格表和各项费用取费标准。

(6) 招投标工程的招标文件和标书。

11.2 建设工程预付款与进度款结算

11.2.1 工程预付款的概念及相关规定

1. 工程预付款的概念

施工企业承包工程，一般实行包工包料，需要有一定数量的备料周转金。工程预付款是发包人根据工程施工合同约定，在正式开工前预先支付给承包人一定金额的工程款。国内习惯称为预付备料款，构成施工企业为该承包工程储备和准备主要材料、结构件所需的流动资金。工程预付款的具体事宜由发、承包双方根据建设行政主管部门的规定，结合工程款、建设周期和包工包料情况在合同中约定。

在《建设工程施工合同》(GF－1999－0201 示范文本)，对有关工程预付款做了如下约定："实行工程预付款的，双方应当在专用条款内约定发包人向承包人预付工程款的时间和数额，开工后按约定的时间和比例逐次扣回。预付时间应不迟于约定的开工日期前 7 天。发包人不按约定预付，承包人在约定预付时间 7 天后向发包人发出要求预付的通知，发包人收到通知后仍不能按要求预付，承包人可在发出通知后 7 天停止施工，发包人应从约定应付之日起向承包人支付应付款的贷款利息，并承担违约责任。"目前在实践中采用工程预付款的情况比较少。

建设部颁布的《招标文件范本》中明确规定，工程预付款仅用于承包人支付施工开始时与本工程有关的动员费用。若承包人滥用此款，则发包人有权立即收回。在承包人向发包人提交金额等于预付款数额的银行保函后，发包人按规定的金额和规定的时间向承包人支付预付款，在发包人全部扣回预付款之前，该银行保函将一直有效。当预付款被发包人扣回时，银行保函金额相应递减。

2. 预付备料款的限额

预付备料款的限额可由以下主要因素决定：主要材料（包括外购构件）占工程造价的比重、材料储备期及施工工期。

对于施工企业常年应备的备料款限额，可以按照下面的公式计算：

$$备料款限额=\frac{年度承包工程总值}{年度施工日历天数}\times 主要材料所占比重\times 材料储备天数 \qquad (11.1)$$

一般情况建筑工程不得超过当年建安工作量（包括水、电、暖）的 30%；安装工程按年安装工程量的 10%；材料所占比重较多的安装工程按年计划产值的 15%左右拨付。

实际工程中，备料款的数额，也可根据各工程类型、合同工期、承包方式以及供应体制等不同条件来确定。如像工业项目中钢结构和管道安装所占比重较大的工程，其主要材料所占比重比一般安装工程高，故备料款的数额亦相应提高。

【例 11.1】某住宅工程，年度计划完成建筑安装工作量 321 万元，年度施工天数为 350 天，材料费占造价的比重为 60%，材料储备期为 110 天，试确定工程备料款数额。

解 根据上述公式，工程备料款数额为

(321×0.6÷350) ×110＝60.53 (万元)

3. 预付备料款的扣回

由于发包方拨付给承包方的备料款属于预支性质，那么在工程进行中，随着工程所需主要材料储备的逐步减少，应以抵充工程价款的方式扣回。其扣款方式有以下两种：

(1) 可从未施工工程尚需要的主要材料以及构件的价值相当于备料款数额时起扣，从每次结算工程价款中，按材料比重扣抵工程价款，在竣工前全部扣清。备料款起扣点按以下公式计算：

$$T = P - \frac{M}{N} \tag{11.2}$$

式中 T——起扣点，工程预付款开始扣回时的累计完成工作量金额；

M——工程预付款限额；

N——主要材料所占比重，N＝主要材料费÷工程承包合同造价；

P——工程的价款总额。

(2) 建设部《招标文件范本》中明确规定，在乙方完成金额累计达到合同总价的 10%后。由乙方开始向甲方还款，甲方从每次应付给的金额中，扣回工程预付款，甲方至少在合同规定的完工期前三个月将工程预付款的总计金额按逐次分摊的办法扣回，当甲方一次付给乙方的余额少于规定扣回的金额时，其差额应转入下一次支付中作为债务结转。甲方不按规定支付工程预付款，乙方按《建设工程施工合同文本》第 21 条享有权利。

在实际经济活动中，情况比较复杂，有些工程工期较短，就无需分期扣回。有些工程工期较长，如跨年度施工，在上一年预付备料款可以不扣或少扣，并于次年按应付备料款调整，多退少补。

【例 11.2】某工程全同总价 860 万元，预付工程备料款的额度为 25%，材料费占工程造价的比例为 50%，试计算累计工作量起扣点。

解 工程备料款数额：860×25%＝215 (万元)。

累计工作量起扣点：860－215/50%＝430 (万元)。

【例 11.3】某工程合同造价 860 万元，工程备料款 215 万元，材料工程造价的比例为 50%，工程备料款起点是累计完成工作量 430 万元，7 月份累计完成工作量 510 万元，当月完成工作量 112 万元，8 月份累计完成工作量 618 万元。试计算 7 月份和 8 月份终结算时应抵扣备料款的数额 (6 月份未达到起扣点)。

解 第一次扣还为 7 月份，应抵扣的数额：(510－430) ×50% ＝ 40 (万元)。

第二次扣还为 8 月份，应抵扣的数额：(618－510) ×50% ＝ 54 (万元)。

11.2.2 工程进度款的结算

施工企业在施工过程中，按逐月 (或形象进度) 完成的工程数量计算各项费用，向发包人办理工程进度款的支付 (即中间结算)。

按月结算为例，现行的中间结算办法是，施工企业在旬末或月中旬向单位提出预支工程款账单，预支工程款，月终再提出工程款结算账单和已完工程月报表，收取当月工程价款，并通过银行进行结算。按月进行结算，要对现场已施工完毕的工程逐一进行清点，资料提出后要交监理工程师和建设单位审查签证。为简化手续，应以施工企业提出的统计进度月报表为支取工程款的凭证，即通常所称的工程进度款。工程进度款的支付程度如图 11.1 所示。

图 11.1 工程进度款支付步骤

工程进度款在支付过程中，需遵循如下要求：

1. 工程量计算

参照 FIDIC 施工合同条款的规定，工程量的确认应做到以下几方面。

(1) 承包人应当按照合同约定的方法和时间，向发包人提交已完工程量报告。发包人接到报告后 14 天内核实已完工程量，并在核实前一天通知承包人，承包人应提供条件并派人参加核实，承包人收到通知后不参加核实，以发包人核实的工程量作为工程价款支付的依据。发包人不按约定时间通知承包人，致使承包人未能参加核实，核实结果无效。

(2) 发包人收到承包人报告后 14 天内未核实完工程量，从第 15 天起，承包人报告的工程量即视为被确认，作为工程价款支付的依据，双方合同另有约定的，按合同执行。

(3) 对承包人超出设计图纸（含设计变更）范围和因承包人原因造成返工的工程量，发包人不予计量。

2. 工程进度款支付

(1) 根据确定的工程计量结果，承包人向发包人提出支付工程进度款申请，14 天内，发包人应按不低于工程价款的 60%，不高于工程价款的 90%向承包人支付工程进度款。按约定时间发包人应扣回的预付款，与工程进度款同期结算抵扣。

(2) 发包人超过约定的支付时间不支付工程进度款，承包人应及时向发包人发出要求付款的通知，发包人收到承包人通知后仍不能按要求付款，可与承包人协商签订延期付款协议，经承包人同意后可延期支付，协议应明确延期支付的时间和从工程计量结果确认后第 15 天起计算应付款的利息（利率按同期银行贷款利率计）。

(3) 发包人不按合同约定支付工程进度款，双方又未达成延期付款协议，导致施工无法进行，承包人可停止施工，由发包人承担违约责任。

11.2.3 工程保修金（尾留款）的预留

按规定，工程项目总造价中须预留一定比例的尾款作为质量保修金，等到工程项目保修期结束时最后拨付。

发包人应当在招标文件中明确保修金预留、返还等内容，并与承包人在合同条款中对涉及保修金的下列事项进行约定：①保修证的预留、返还方式；②保修证的预留比例和期限；③保修金是否计付利息，利息的计算方式；④缺陷责任期的期限及计算方式；⑤保修金预留、返还及工程维修质量及费用等争议的处理程序；⑥缺陷责任期出现缺陷的索赔方式。

对于保修金的扣除，通常采取两种方法：

(1) 当工程进度款拨付累计额达到该建筑安装工程造价的一定比例（一般为 95%～97%招标）时，停止支付，预留造价部分作为尾留款。

(2) 我国颁布的《招标文件范本》中规定，尾留款（保留金）的扣除，可以从发包向承包方第一次支付的工程进度款开始，在每次承包方应得的工程款中扣留投标书附录中规定金额作为保留金，直至保留金总额达到投标书附录中规定的限额为止。

11.3 工程竣工结算

11.3.1 概 述

1. 工程竣工结算的含义与要求

工程竣工结算是指在一个单位工程或单项建筑安装工程完工、验收质量合格，并符合合同要求后，施工企业按照约定的合同价款、合同价款调整内容及索赔事项，向建设单位（业主）办理最后工程价款清算的经济技术文件。工程竣工决算分为单位工程结算、单项工程结算和建设项目竣工总决算。

《建设工程施工合同（示范文本）》中对竣工结算做了如下详细规定：

(1) 工程竣工验收报告经发包方认可后 28 天内，承包方向发包方递交竣工结算报告及完整的结算资料，双方按照协议书约定的合同价款及专用条款约定的合同价调整内容，进行工程竣工结算。

(2) 发包方收到承包方递交的竣工结算报告及结算资料后 28 天内进行核实，给予确认或者提出修改意见。发包方确认竣工结算报告后通知经办银行向承包方支付工程竣工结算价款。承包方收到竣工结算价款后 14 天内将竣工工程交付发包方。

(3) 发包方收到竣工结算报告及结算资料后 28 天内无正当理由不支付工程竣工结算价款，从第 29 天起按承包方同期向银行贷款利率支付拖欠工程价款的利息，并承担违约责任。

(4) 发包方收到竣工结算报告及结算资料后 28 天内不支付工程竣工结算价款，承包方可以催告发包方支付结算价款。发包方在收到竣工结算报告及结算资料后 56 天内仍不支付的，承包方可以与发包方协议将该工程折价，也可以由承包方申请人民法院将该工程依法拍卖，承包方就该工程折价或者拍卖的价款优先受偿。

(5) 工程竣工验收报告经发包方认可后 28 天内，承包方未能向发包方递交竣工结算报告及完整的结算资料，造成工程竣工结算不能正常进行或工程结算价款不能及时支付，发包方要求交付工程的，承包方应当交付；发包方不要求交付工程的，承包方承担保管责任。

(6) 发包方和承包方对工程竣工结算价款发生争议时，按争议的约定处理。在实际工作中，当年开工、当年竣工的工程，只需办理一次性结算。跨年度的工程，在年终办理一次年终结算，将未完工程结转到下一年度，此时竣工结算等于各年度结算的总和。

办理工程价款竣工结算的一般公式为

竣工决算工程款＝预算（或概算）或合同价款 ＋ 施工过程中预算或合同价款调整数额－预付及已结算工程价款－保修金 (11.3)

2. 工程竣工结算的作用

(1) 工程竣工结算是施工单位与建设单位办理工程价款结算的依据。

(2) 工程竣工结算是建设单位编制竣工决算的基础资料。

(3) 工程竣工结算是施工单位统计最终完成工程量的依据。

(4) 工程竣工结算是施工单位计算全员差值、核算工程成本、考核企业盈亏的依据。

(5) 工程竣工结算是进行经济活动分析的依据。

11.3.2 工程竣工结算的编制

工程完工后，发、承包双方应该合同约定时间内办理工程竣工结算。工程竣工结算由承包人或委托具有相应资质的工程造价咨询人编制，由发包人或委托具有相应资质的工程造价咨询人核对。

1. 工程竣工结算的编制依据

(1) 国家有关法律、法规、规章制度和相关的司法解释。

(2) 工程造价计价方面的规范、规程、标准以及造价管理机构发布的文件和要求。

(3) 招投标的标的、承包合同，包括专业分包合同，有关材料、设备采购合同。

(4) 经批准的施工图设计及其施工图预算书，设计交底或图纸会审会议纪要及设计变更。

(5) 经批准的开工、竣工报告或停工、复工报告。

(6) 双方确认的工程量，确认追加（减）的工程价款。

(7) 双方确认的索赔、现场签证及其价款。

(8) 招投标文件，包括投标承诺、中标报价书及其组成内容。

(9) 竣工图及各种竣工验收资料。

(10) 设备、材料市场价、调价文件和调价记录。

2. 工程竣工结算的编制方式

根据工程承包方式的不同，目前竣工结算一般采用以下方式。

(1) 施工图预算加签证的结算方式。把经过审定确认的施工图预算作为结算的依据。在施工过程中发生的而施工预算中未包括的项目和费用，经建设单位签证后，可以在竣工结算中调整。

(2) 承包总价结算方式。工程竣工后，从总价承包合同中暂扣合同价的2%～5%作为维修金，其余工程价款一次结清。在施工过程中所发生的材料代用、主要材料价差、工程量的变化等，如果合同中没有可以调价的条款，一般不予调整。因此，凡按总价承包的工程，一般都列有一项不可预见费用。

(3) 每平方米造价包干方式。承发包双方根据一定的工程资料，经协商签订每平方米造价指标的合同，结算时按实际完成的建筑面积汇总结算价款，适用于民用住宅工程的上部结构。

(4) 工程量清单结算方式（招投标结算方式）。采用清单招标时，招标标底和投标标价都是施工图预算为基础核定的，投标单位在此基础上根据竞争对手情况和自己的竞争策略对报价进行合理浮动。中标人填报的清单分项工程单价是承包合同的组成部分，结算根据现场变更及签证，按实际完成的工程量，以合同中的工程单价为依据计算工程结算价款。

3. 工程竣工结算的编制内容

传统定额计价模式下的工程，工程竣工结算的编制包括以下内容。

(1) 工程量增减调整。这是编制工程竣工结算的主要部分，即所谓量差，就是说所完成的实际工程量与施工图预算工程量之间的差额。量差主要表现为：

① 设计变更和漏项。因实际图纸修改和漏项等而产生的工程量增减，该部分可依据设计变更通知书进行调整。

② 现场工程变更。实际工程中施工方法出现不符、基础超深等均可根据双方签证的现场记录，按照合同或协议的规定进行调整。

③ 施工图预算错误。在编制竣工结算前，应结合工程的验收和实际完成工程量情况，对施工图预算中存在的错误予以纠正。

(2) 价差调整。工程竣工结算可按照地方预算定额或基价表的单价编制，因当地造价部门文件调整发生的人工、材料和机械费用的价差均可以在竣工结算时加以调整。未计价材料则可根据合同或协议的规定，按实调整价差。

(3) 费用调整。费用调整属于工程数量的增减变化，需要相应调整安装工程费的计算；属于价差的因素，通常不调整安装工程费，但要计入计费程序中。属于其他费用，如停窝工费用、大型机械进出场费用等，应根据各地区定额和文件规定，一次结清，分摊到工程项目中去。

在采用工程量清单计价的方式下，工程竣工结算的编制内容应包括工程量清单计价表所包含的各项费用内容：

(1) 分部分项工程费应依据双方确认的工程量、合同约定的综合单价计算，如发生调整的，以发、承包双方确认调整的综合单价计算。

(2) 措施项目费的计算应遵循的原则。

① 采用综合单价计价的措施项目，应依据发、承包双方确认的工程量和综合单价计算。

② 明确采用“项”计价的措施项目，应依据合同约定的措施项目和金额或发、承包双方确认调整后的措施项目费金额计算。

③ 措施项目费中的安全文明施工费应按照国家或省级、行业建设主管部门的规定计算。施工过程中，国家或省级、行业建设主管部门对安全文明施工费进行了调整的，措施项目费中的安全文明施工费应做相应调整。

(3) 其他项目费的计算。

① 计日工的费用应按发包人实际签证确认的数量和合同约定的相应项目综合单价计算。

② 暂估价中的材料单价应按发、承包双方最终确认价在综合单价中调整；专业工程暂估价应按中标价或发包人、承包人与分包人最终确认价计算。

③ 总承包服务费应依据合同约定金额计算，如发生调整的，以发、承包双方确认调整的金额计算。

④ 索赔费用应依据发、承包双方确认的索赔事项和金额计算。

⑤ 现场签证费用应依据发、承包双方签证资料确认的金额计算。

⑥ 暂列金额应减去工程价款调整与索赔、现场签证金额计算，如有余额，则归发包人。

(4) 规费和税金应按照国家或省级、行业建设主管部门对规费和税金的计取标准计算。

11.3.3 工程价款动态结算的主要方法

工程价款的动态结算是指在进行工程价款结算的过程中，充分考虑影响工程造价的动态因素的变化，并将这些变化纳入到结算过程中，从而使结算的工程价款能够如实反映项目实际消耗的费用。下面介绍几种常用的动态结算方法。

1. 按实际价格结算法

由于建筑材料市场采购的范围越来越大，某些地区规定对钢材、木材、水泥等三大主材的价格采取按实际价格结算的方法。工程承包商可凭发票按实报销。但由于是实报实销，因而承包商对降低成本不感兴趣，为了避免副作用，造价管理部门要定期公布最高结算限价，同时合同文件中应规定建设单位或监理工程师有权要求承包商选择更廉价的供应来源。

2. 调价文件计算法

(1) 按主材计算价差。发包人在招标文件中列出需要调整价差的主要材料表及基期价格，工程竣工结算时按竣工当时当地工程价格管理机构公布的材料信息价或结算价，与招标文件中列出的基期价比较计算材料差价。

(2) 主料按抽料计算价差。主要材料按施工图预算计算的用量和竣工当月当地工程价格管理机构公布的材料结算价或信息价与基价对比计算差价。其他材料按当地工程价格管理机构公布的竣工调价系数计算方法计算差价。

3. 竣工造价调价系数法

采用预算定额单价计算出的承包合同价的工程，竣工时，根据合理的工期及当地工程造价管理部门的工程造价指数，对原承包合同价予以调整。重点调整由于人工费、材料费、施工机械费等费用上涨及工程变更因素造成的价差。

$$结算价款=\frac{工程合同款\times竣工时工程造价指数}{签订合同时工程造价指数}$$

4. 调值公式法（动态结算公式法）

根据国际惯例，对建设工程已完成投资费用的结算，一般采用此法。绝大多数情况是发包方和承包方在签订的合同中就明确规定了调值公式。

(1) 价格调整的计算工作比较复杂，其程序如下：① 确定计算物价指数的品种。品种不宜太多，只确立那些对项目投资影响较大的因素，如设备、水泥、钢材、木材和工资等。② 要明确以下两个问题：一是合同价格条款中，应写明经双方商定的调整因素，写明几种物价波动到何种程度才进行调整，一般在±10%左右；二是考核的地点和时点，地点一般在工程所在地，或指定的某地市场价格；时点指某月某日的市场价格。③ 确定各成本要素的系数和固定系数。各成本要素的系数根据各成本要素对总造价的影响程度而定。各成本要素系数之和加上固定系数应该等于1。

(2) 建筑安装工程费用的价格调值公式。建筑安装工程费用价格调值公式包括固定部分、材料部分和人工部分3项。但因建筑安装工程的规模和复杂性增大，典型的材料成本要素有钢筋、水泥、木材、钢构件、沥青制品等。人工可包括普通工和技术工。调值的计算公式为

$$P=P_0\left(\alpha_0+\alpha_1\frac{A}{A_0}+\alpha_2\frac{B}{B_0}+\alpha_3\frac{C}{C_0}+\alpha_4\frac{D}{D_0}\right) \tag{11.4}$$

式中 P——调值后合同价款或工程实际结算款；

P_0——合同价款中工程预算进度款；

α_0——固定要素，代表合同支付中不能调整的部分；

α_1、α_2、α_3、α_4——代表有关成本要素（如人工费用、钢材费用、水泥费用、运输费等）在合同总价中所占的比重，$\alpha_1+\alpha_2+\alpha_3+\alpha_4=1$；

A_0、B_0、C_0、D_0——基准日期与α_1、α_2、α_3、α_4对应的各项费用的基期价格指数或价格；

A、B、C、D——与特定付款证书有关的期间最后一天的49天前与α_1、α_2、α_3、α_4对应的各成本要素的现行价格指数或价格。

11.3.4 工程竣工结算的审核

1. 工程竣工结算的审核期限

单项工程竣工后，承包人应在提交竣工验收报告的同时，向发包人递交竣工结算报告及完整的结算资料，发包人应按表11.2规定的时限进行核对（审核）并提出审查意见。

建设项目竣工结算在最后一个单项工程竣工结算审查确认后15天内汇总，送发包人后30天内审查完成。

表 11.2 工程竣工结算审核期限

工程竣工结算报告金额	审核期限
500 万元以下	从接到竣工结算报告，和完整的竣工结算资料之日起 20 天
500 万～2 000 万元	从接到竣工结算报告，和完整的竣工结算资料之日起 30 天
2 000 万～5 000 万元	从接到竣工结算报告，和完整的竣工结算资料之日起 45 天
5 000 万元以上	从接到竣工结算报告，和完整的竣工结算资料之日起 60 天

2. 工程竣工结算的审核内容

单位工程竣工结算由承包人编制，发包人审查，实行总承包的工程，由具体承包人编制，在总包人审查的基础上，发包人审查。

单项工程竣工结算或建设项目竣工总结算由总（承）包人编制，发包人可直接进行审查，也可以委托具有相应资质的工程造价咨询机构进行审查。政府投资项目，由同级财政部门审查。单项工程竣工结算或建设项目竣工总结算经发，承包人签字盖章后有效。

工程竣工结算的审查。单项工程竣工后，承包人应在提交竣工验收报告的同时，向发包人递交竣工结算报告及完整的结算资料，发包人进行审查，工程竣工结算审查是竣工结算阶段的一项重要工作。经审查核定的工程竣工结算时核定建设工程造价的依据，也是建设项目验收后编制竣工决算和核定新增固定资产价值的依据。因此，发包人、监理公司及审计部门对竣工结算的以下内容进行重点审查。

(1) 核对合同条款。审查竣工工程内容是否符合合同条件要求，竣工验收是否合格。只有按合同要求完成全部工程并验收合格才能进行竣工决算。应按合同约定的结算方法、计价定额、取费标准、主材价格和优惠条款等，对工程竣工结算进行审核。发现合同开口或有漏洞，双方协商明确结算要求。

(2) 检查隐蔽验收记录。隐蔽工程均需进行验收，两人以上签证；实行工程监理的项目应经监理工程师签证确认。审核竣工结算时应该对隐蔽工程施工记录和验收签证，手续完整，工程量与竣工图一致方可列入结算。

(3) 落实设计变更签证。设计变更应由原设计单位出具设计变更通知单和修改图纸，设计、校审人员签字并加盖公章，经建设单位和监理工程师审查同意、签证；重大设计变更应经原审批部门审批，否则不应列入结算。

工程变更，首先要核查原施工图的设计、图纸答疑和原投标预算书的实际所列项目等资料是否有出入，对原投标预算书中未做的项目要予以取消。其次核增变更中的项目。审查变更增加的项目是否已包括在原有项目的工作内容中，以防止重复计算。最后检查变更签证的手续是否齐全，书写内容是否清楚、合理。含糊不清和缺少实质性内容的要深入现场核查并向现场当事人进行了解，核查后加以核定。

(4) 按图核实工程数量。竣工结算的工程量应依据竣工图、设计变更单和现场签证等进行核算，并按国家统一规定的计算规划计算工程量。

一是要重点审核投资比例较大的分项工程，如基础工程、混凝土钢筋工程、钢结构以及高级装饰项目等；二是要重点审核容易混淆或出漏洞的项目，如土石方分部中的基础土方；三是要重点审核容易重复列项的项目，如水表、卫生器具的阀门已计含在相应的项目中，阀门不能再列项计算安装工程量；四是重点审核容易重复计算的项目，如钢筋混凝土基础 T 形交接计算，梁、板、柱交接处受力筋重复计算等。对于无图纸的项目要深入现场核实，必要时可采用现场丈量实测的方法。

(5) 认真核实单价。除合同另有约定外，由于设计变更引起工程量增减的部分，属于合同约定幅度以内的，应执行原有的综合单价；工程量清单漏项或由于设计变更引起新的工程量清单项目、设计变更增减的工程量属于合同约定幅度以外的其相应综合单价由承包方提出，经发包人确认后作为结算的依据。审计时以当地的预算定额确定的人工、材料、机械台班消耗量为最高控制线，参考当地建筑市场人工、材料、机械价格，根据施工企业报价合理确定综合单价。

(6) 注意各项费用计取。建筑安装工程的取费标准应按合同要求或项目建设期间与计价定额配套使用的建安工程费用定额及有关规定执行，先审核各项费率、价格指数或换算系数是否正确，价差调整计算是否符合要求，再核实特殊费用和计算程序。

(7) 防止各种计算误差。工程竣工结算子目多、篇幅大，往往有计算误差，应认真核算，防止因计算误差多计或少算。

3. 工程竣工结算的审核方法

由于工程规模、特点及要求的繁简程度不同，施工企业的情况也不同，因此需选择适当的审核方法，确保审核的正确与高效。

(1) 全面审查法。全部工程内容逐项进行审查的方法。其优点是全面、细致，经审查的工程结算差错小、质量较高；缺点是工作量大，对于一些工作量较小、工艺比较简单的一般民用建筑工程，编制结算的技术力量比较薄弱，可采用此法。

(2) 重点审查法。重点审查法指抓住工程结算中的重点进行审查的方法。选择工程量较大、单价较高和工程结构复杂的工程，如一般土建工程中的基础、墙、柱、门窗、钢筋混凝土梁板等；补充单位估价子目，计取的各项费用及其计算基数和标准。

(3) 对比审查法。把一个单位工程按直接费和间接费进行分解或直接费按分部分项进行分解，分别与审查的标准结算或综合指标进行对比的方法。如发现某一分部工程价格相差较大，再进一步对比其分项详细子目，对该工程量和单价进行重点审查。此法的特点是一般不需翻阅图纸和重新计算工程量，审查时可选用1～2种指标即可，既快又正确。

(4) 用标准预算审查法。采用标准图纸或通用图纸施工的工程，以事先编制标准预算为准来核对工程结算，对局部修改部分单独审核的一种方法。这种方法的优点是审查时间短，效果好；缺点是适用范围小，只能针对采用标准图纸或通用图纸的工程。

(5) 筛选法。筛选法是统筹法的一种。同类建筑工程虽面积、高度等项指标不同，但可以把各分部分项工程单位建筑面积的各项数据加以汇集、优选，归纳出其单位面积上的工程量、价格及人工等基本数值，作为此类建筑的结算标准。以这类基本数值来筛选建设工程结算的分部分项工程数据，如数值在基本数值范围以内则可以不审，否则就要对该分部分项工程详细审查。筛选法的优点是审查速度快、发现问题快，适用于住宅工程或不具备全面审查条件的工程。

(6) 分组计算法。分组计算法是把结算中有关项目划分为若干组，在同一组中采用同一数据审查分项工程量的一种方法。例如，一般建筑工程中的底层建筑面积、地面、面层、地面垫层、楼面面积、楼面找平层、楼板体积、天棚刷浆及屋面层可编为一组。首先计算出底层建筑面积、楼（地）面面积、楼面找平层、天棚抹灰，刷白的面积与楼（地）面面积相同。此法的特点是审查速度快、工作量小。

11.4 工程结算编制实例

【例 11.4】 见本模块工程导入。

解 问题1：工程竣工结算的前提条件是承包商按照合同规定的内容全部完成所承包的工程，并符合合同要求，经验收质量合格。

问题2：工程价款的结算方式主要分为按月结算、竣工后一次结算、分段结算、目标结算和双方一定的其他方式。

问题3：预付工程款：660×20%＝132（万元）；

起扣点：660－132/60%＝440（万元）。

问题4：各月工程款如下。

2月：工程款55万元，累计工程款55万元；

3月：工程款110万元，累计工程款165万元；

4月：工程款165万元，累计工程款330万元；

5月：工程款220－（220＋330－440）×60%＝154（万元）；累计工程款484万元。

问题5：工程结算总造价为660＋660×0.6×10%＝699.6（万元）。

甲方应付工程结算款699.6－484－699.6×3%－132 ＝ 62.612（万元）。

【例11.5】 某建安工程施工合同，合同总价6 000万元，合同工期为6个月，合同签订日期为1月初，从当年2月份开始施工。

1. 合同规定

（1）预付款按合同价20%支付，支付预付款及进度款累计达总合同价的40%时，开始抵扣，在下月起各月平均扣回。

（2）保修金按5%扣留，从第一个月开始按月结工程款的10%扣留，扣完为止。

（3）工程提前1天，奖励10 000元，推迟1天罚20 000元。

（4）合同规定，当物价比签订合同时上涨大于等于5%时，根据当月应结价款的实际上涨幅度，按如下公式调整：

$$P=P_0\times\left(0.15\frac{A}{A_0}+0.60\frac{B}{B_0}+0.25\right)$$

其中，0.15为人工费在合同总价中比重；0.60为材料费在合同总价中比重。单项上涨幅度小于5%者，不予调整，其他情况均不予调整。

2. 工程如期开工的施工过程

（1）4月份赶上雨季施工，由于采取防雨措施，造成施工单位费用增加2万元，中途机械发生故障检修，延误工期1天，费用损失1万元。

（2）5月份，由于公网连续停电2天，造成停工，使施工单位损失3万元。

（3）6月份，由于业主设计变更，造成施工单位返工费用损失5万元，并损失工期2天，且又停工待图15天，窝工损失6万元。

（4）为赶工期，施工单位采取赶工措施，增加赶工措施费5万元，使工程不仅没有拖延，反而比合同工期提前10天完成。

（5）假定以上损失工期均在关键线路上，索赔费用可在当月付款中结清。

3.（1）该工程实际完成产值见表11.3（各索赔费用不包括在内）。

表11.3 各月的产值

月份	2	3	4	5	6	7
实际产值/万元	1 000	1 200	1 200	1 200	800	600

（2）实际造价指数见表11.4。

表11.4 各月价格指数

月份	1	2	3	4	5	6	7
人工/元	110	110	110	115	115	120	110
材料/元	130	135	135	135	140	130	130

问题：

1. 施工单位可索赔工期是多少？费用是多少？
2. 该工程预付款为多少？
3. 每月实际应结算工程款为多少？

解 问题1：(1) 工期索赔计算。

①公网停电2天（非承包商原因，属业主风险）；
②返工时间2天（业主原因）；
③停工待图15天（业主原因）；
④机械检修2天（承包商原因）；
故可索赔工期：2+2+15=19（天）。
(2) 费用索赔计算。
①防雨措施费2万元（合同中已包括）；
②公网停电损失3万元（非承包商原因，属业主风险）；
③返工损失5万元（业主原因）；
④停工待图损失6万元（业主原因）；
⑤机械修理费1万元（承包商原因）；
⑥赶工措施费5万元（承包商原因）；
故可索赔费用为3+5+6=14（万元）。
问题2：(1) 该工程预付款为6 000×20%=1 200（万元）。
起扣点为6 000×40%=2 400（万元）。
保修金为6 000×5%=300（万元）。
(2) 每月实际付款。
2月份：实际完成1 000万元，应支付1 000×0.9=900（万元）。
累计：1 200+900=2 100（万元）。
3月份：实际完成1 200万元，应支付1 200万元×0.9=1 080（万元）。
累计：2 100+1 080=3 180（万元），已超起扣点，下月开始每月扣1 200/4=300（万元）。
4月份：实际完成1 200万元，应支付：1 200−300−80=820（万元）。
5月份：实际完成1 200万元。$\frac{140-130}{130}\times100\%=7.69\%>5\%$。
材料上涨：应调整价款。
调整后价款=1 200（0.15+ 0.6×140/130+0.25 ）=1 200×1.046=1 255（万元）。
实付：1 255−300+3=948（万元）。
6月份：实际完成800万元。
人工上涨$\frac{120-110}{110}\times100\%=9.09\%$，因为人工上涨大于5%，应调整价款。
调整后价款=800×（0.15×120/110+0.6+0.25）=810.91（万元）。
实付：810.91−300+11=521.91（万元）
7月份：实际完成600万元，工期提前奖（10+19）×10 000=29（万元）。
实付：600−300+29=329（万元），保修金为300万元。

【重点串联】

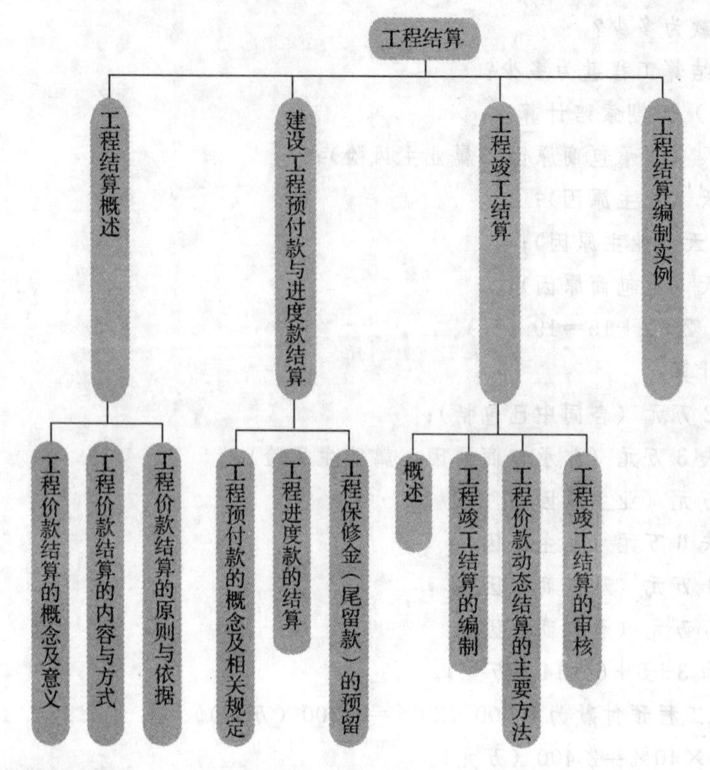

拓展与实训

职业能力训练

一、单选题

1. 某混凝土工程，工程量清单的工程量为 1 000 m³，合同约定的综合单价为 350 元/m³，且实际工程量超过工程量清单的工程量 10%时可调整单价，调整系数为 0.9。由于该项设计变更，承包商实际完成工程量 1 200 m³，则该混凝土工程的价款为（　　）。

A. 42 万元　　B. 41.3 万元　　C. 41.65 万元　　D. 37.8 万元

2. 某工程实施过程中，发现工程量清单漏项，而合同对此没有约定，则作为结算依据的相应综合单价应由（　　）。

A. 承包人提出，建筑师确认　　B. 建筑师提出，发包人确认

C. 发包人提出，建筑师确认　　D. 承包人提出，发包人确认

3. 根据《建设工程施工合同（示范文本）》，对于实施工程预付款的建设工程项目，工程预付款的支付时间不迟于约定的开工工期前（　　）天。

A. 7　　B. 14　　C. 28　　D. 30

4. 某钢结构吊装工程，承包商以自有机械设备施工，期间由于业主原因导致停工，则承包商应按（　　）计算窝工费，向业主提出索赔。

A. 设备台班费　　B. 设备台班折旧费

C. 设备使用费　　D. 设备租赁费

5. 某工程工期为 3 个月，承包合同价为 90 万元，工程结算适宜采用（　　）的方式。

A. 按月结算　　B. 竣工后一次结算

C. 分段结算　　D. 分部结算

6. 2013 年 5 月实际完成的某工程按 2012 年 5 月签约时的价格计算工程价款为 1 000 万元，该工程固定要素的系数为 0.2，各参加调值的品种，除钢材的价格指数增长了 10%，其余未发生变化，钢材费用占调值部分的 50%，按调值公式法计算，应结算的工程款为（　　）万元。

A. 1 020　　B. 1 030　　C. 1 040　　D. 1 050

7. 按照工程索赔产生的原因来看，工程师未能按照合同约定完成工作属于（　　）。

A. 合同缺陷　　B. 工程师指令

C. 当事人违约　　D. 其他第三方原因

二、多选题

1. 施工项目实施过程中，承包工程价款的结算可以根据不同情况采取多种方式，其中主要的结算方法有（　　）等。

A. 竣工后一次结算　　B. 分部结算

C. 分段结算　　D. 分项结算

E. 按月结算

2. 根据《建设项目工程结算编审规程》中的有关规定，工程价款结算主要包括（　　）。

A. 总承包决算　　B. 竣工结算

C. 专业分包结算　　D. 分阶段结算

E. 合同中止结算

3. 具备（　　）等条件时，允许对某一项工作规定的费率或单价加以调整。

A. 此项工作实际测量的工程量比工程量表或其他报表中规定的工程量的变动超过 10%

B. 由此工程量的变更直接造成该项工作每单位工程量费用的变动超过 1%

C. 由此工程量的变更直接造成该项工作每单位工程量费用的变动超过 0.01%

D. 工程量的变更与对该项工作规定的具体费率的乘积超过接受的合同款额的 0.1%

E. 工程量的变更与对该项工作规定的具体费率的乘积超过接受的合同款额的 0.01%

4. 工程竣工结算的审查通常审查（　　）。

A. 落实设计变更签证　　B. 核对合同条款

C. 工程预付款的预付及扣回　　D. 核对工程量

E. 防止各种计算误差

5. 财政部、建设部制订的《建设工程价款结算办法》规定，可调价格合同的调整因素包括（　　）。

A. 法律、行政法规和国家有关政策变化影响合同价款

B. 工程造价管理机构的价格调整

C. 经批准的设计变更

D. 发包人更改经审定批准的施工组织设计（修正错误除外）造成费用增加

E. 双方约定的其他因素

三、简答题

1. 建设工程价款结算的主要方式有哪些？

2. 什么是建设工程预付款与保修金？

3. 工程竣工结算的前提是什么？

4. 常用的工程款动态结算的方法有哪些？

5. 建设工程竣工结算审核的主要内容有哪些？

工程模拟训练

1. 某施工单位承包某工程项目，甲、乙双方签订的关于工程价款的合同内容有：

(1) 建筑安装工程造价800万元，建筑材料及设备费占施工产值的比重为80%。

(2) 工程预付款为建筑安装工程造价的20%。工程实施后，工程预付款从未施工工程尚需的主要材料及构件的价值相当于工程预付款数额时起扣，从每次结算工程价款中按材料和设备占施工产值的比重扣抵工程预付款，竣工前全部扣清。

(3) 工程进度款逐月计算。

(4) 工程保修金为建筑安装工程造价的8%，竣工结算月一次扣留。

(5) 材料和设备价差调整按规定进行（按有关规定上半年材料和设备价差上调10%，在6月份一次调增）。

工程各月实际完成产值见表11.5。

表11.5 各月实际完成产值

万元

月份	1	2	3	4	5
完成产值	150	150	200	200	100

问题：

(1) 通常工程竣工结算的前提是什么？

(2) 工程价款结算的方式有哪几种？

(3) 该工程的工程预付款、起扣点为多少？

(4) 该工程1～4月每月拨付工程款为多少？累计工程款为多少？

(5) 5月份办理工程竣工结算，该工程结算造价为多少？甲方应付工程结算款为多少？

2. 某工程建筑安装工程费用造价为2 200万元，主要材料比重为62.5%，工期1年，施工合同中规定：①工程开工前支付25%的预付备料款，当完成工程量达到起扣点时，逐次扣还。②保修金为3%，逐次扣留。③实际完成工程量少于计划完成量10%以上时，业主按5%扣留工程款，工程如期完工，结算时还给承包商。④业主直接提供的材料款在当次工程款中扣回。⑤工程师签发进度款最低限额400万元。

工程如期完工，每次完成工程费用见表11.6。试计算该工程进度款结算金额及竣工结算金额。

表11.6 完成费用表

万元

结算次数	1	2	3	4	5	6
计划进度	300	500	500	500	260	140
实际完成	260	550	430	460	300	200
甲方供料	20	100	80	100	50	30

链接执考

一、单选题

1. 根据FIDIC施工合同条件，业主的付款时间不应超过工程师收到承包商的月度付款申请单后的（　　）天。

A. 28　　B. 42　　C. 56　　D. 84

2. 根据《建设工程价款结算暂行办法》，发包人应在一定时间内预付工程款，否则，承包人应在预付时间到期后的一定时间内发出要求预付工程款的通知，若发包人仍不预付，则承包人可在发出通知的（　　）天后停止施工。

A. 7　　B. 10　　C. 14　　D. 28

3. 关于竣工结算的编制与审查的说法中，错误的是（　　）。

A. 单位工程竣工结算由承包人编制

B. 建设项目竣工总结算经发、承包人签字盖章后有效。

C. 竣工结算的编制依据包括经批准的开、竣工报告或停、复工报告

D. 结算中的暂列金额应减去工程价款调整与索赔、现场签证金额，若有余款，则归承包人

4. 根据我国现行的关于工程预付款的规定，下列说法中正确的是（　　）。

A. 发包人应在合同签订后一个月内或开工前10天内支付

B. 当约定需提交预付款保函时则保函的担保金额必须大于预付款金额

C. 发包人不按约定预付且经催促仍不按要求预付的，承包人可停止施工

D. 预付款是发包人为解决承包人在施工过程中的资金周转问题而提供的协助

5. 按照《建设工程价款结算暂行办法》（财建〔2004〕369号），发包人应在竣工结算书确认后（　　）天内向承包人支付工程结算价款。

A. 7　　B. 10　　C. 14　　D. 15

6. 根据《建设项目工程总承包合同（示范文本）》，合同一方收到另一方关于合同价格调整的通知后，应当在收到通知后的（　　）日内以确认或提出修改意见。

A. 10　　B. 14　　C. 15　　D. 18

7. 根据《建设项目工程总承包合同（示范文本）》，下列关于预付款支付和抵扣的说法，正确的是（　　）。

A. 合同约定预付款保函的，发包人应在合同生效后支付预付款

B. 合同未约定预付款保函的，发包人应在合同生效后10日内支付预付款

C. 预付款抵扣方式和比例，应在合同通用条款中规定

D. 预付款抵扣完后，发包人无需向承包人退还预付款保函

8. 根据《标准施工招标文件》，由施工承包单位提出的索赔按程序得到了处理，且施工单位接受索赔处理结果的，建设单位应在做出索赔处理答复后（　　）天内完成赔付。

A. 14　　B. 21　　C. 28　　D. 42

二、多选题

1. 施工承包单位内部审查工程竣工结算的主要内容有（　　）。

A. 工程竣工结算的完备性

B. 工程量计算的准确性

C. 取费标准执行的严格性

D. 工程结算资料递交程序的合法性

E. 取费依据的时效性

2. 在《标准施工招标文件》中，合同条款规定的可以合理补偿承包人索赔费用的事件有（　　）。

A. 发包人要求向承包人提前交付材料和设备

B. 发包人要求向承包人提前竣工

C. 施工过程发现文物、古迹

D. 异常恶劣的气候条件

E. 法律变化引起的价格调整

三、案例分析题

1. 某工程项目业主采用工程量清单招标方式确定了承包人，双方签订了工程施工合同，合同工期为 4 个月，开工时间为 2011 年 4 月 1 日。该项目的主要价款信息及合同付款条款如下：

（1）承包商各月计划完成的分部分项工程费、措施费见 11.7 表。

表 11.7　各月计划完成的分部分项工程费、措施费

万元

月份	4	5	6	7
计划完成分部分项工程费	55	75	90	60
措施费	8	3	3	2

（2）措施项目费 160 000 元，在开工后的前两个月平均支付。

（3）其他项目清单中包括专业工程暂估价和计日工，其中专业工程暂估价为 180 000 元；计日工表中包括数量为 100 个工日的某工种用工，承包商填报的综合单价为 120 元/工日。

（4）工程预付款为合同价的 20%，在开工前支付，在最后两个月平均扣回。

（5）工程价款逐月支付，经确认的变更金额、索赔金额、专业工程暂估价、计日工金额等与工程进度款同期支付。

（6）业主按承包商每次应结算款项的 90%支付。

（7）工程竣工验收后结算时，按总造价的 5%扣留质量保证金。

（8）规费综合费率为 3.55%，税金率为 3.41%。

施工过程中，各月实际完成工程情况如下：

（1）各月均按计划完成计划工程量。

（2）5 月业主确认计日工 35 个工日，6 月业主确认计日工 40 个工日。

（3）6 月业主确认原专业工程暂估价款的实际发生分部分项工程费合计为 80 000 元，7 月业主确认原专业工程暂估价款的实际发生分部分项工程费合计为 70 000 元。

(4) 6月由于业主设计变更，新增工程量清单中没有的一分部分项工程，经业主确认的人工费、材料费、机械费之和为100 000元，措施费为10 000元，参照其他分部分项工程量清单项目确认的管理费费率为10%（以人工费、材料费、机械费之和为计费基础），利润率为7%（以人工费、材料费、机械费、管理费之和为计费基础）。

(5) 6月因监理工程师要求对已验收合格的某分项工程再次进行质量检验，造成承包商人员窝工费为5 000元，机械闲置费为2 000元，该分项工程持续时间延长1天（不影响总工期）。检验表明该分项工程合格。为了提高质量，承包商对尚未施工的后续相关工作调整了模板形式，造成模板费用增加10 000元。

问题：

1. 该工程预付款是多少？

2. 每月完成的分部分项工程量价款是多少？承包商应得工程价款是多少？

3. 若承发包双方如约履行合同，列式计算6月末累计已完成的工程价款和累计已实际支付的工程价款。

4. 填写答题纸上承包商2011年6月的工程款支付申请表见表11.8（计算过程与结果均以元为单位，结果取整）。

表11.8 工程款支付申请表

序号	名称	金额/元
1	累计已完成的工程价款（含本周期）	
2	累计已实际支付的工程价款	
3	本周期已完成的工程价款	
4	本周期已完成的计日工金额	
5	本周期应增加的变更金额	
6	本周期应增加的索赔金额	
7	本周期应抵扣的预付款	
8	本周期应扣减的质保金	
9	本周期应增加的其他金额	
10	本周期实际应支付的工程价款	

模块 12

工程造价软件的应用

【模块概述】

本模块主要介绍国内外工程造价软件的基本情况。其具体任务是了解广联达算量软件的基本操作。

【知识目标】

了解国内外造价管理软件的概况。

【课时建议】

4 课时

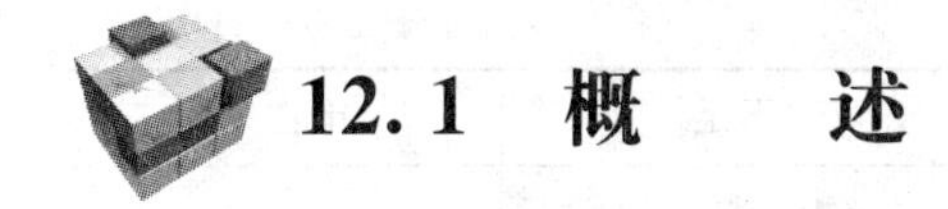

12.1 概　述

1. 国内外造价管理软件发展概况

从 20 世纪 60 年代开始，工业发达国家已经开始利用计算机做估价工作，这比我国要早 10 年左右。他们的造价软件一般都重视已完工程数据的利用、价格管理、造价估计和造价控制等方面。由于各国的造价管理具有不同的特点，造价软件也体现出不同的特点。在已完工程数据利用方面，英国的 BCIS（Building Cost Information Service，建筑成本信息服务部）是英国建筑业最权威的信息中心，它专门收集已完工程的资料，存入数据库，并随时向其成员单位提供。当成员单位要对某些新工程估算时，可选择最类似的已完工程数据估算工程成本。在价格管理方面，PSA（Property Services Agency，物业服务社）是英国的一家官方建筑业物价管理部门，在许多价格管理领域都成功地应用了计算机，如建筑投标价格管理。该组织收集投标文件，对其中各项目造价进行加权平均，求得平均造价和各种投标价格指数，并定期发布，供招标者和投标者参考。类似的，BCIS 则要求其成员单位定期向自己报告各种工程造价信息，也向成员单位提供他们需要的各种信息。由于国际间工程造价彼此关系密切，欧洲建筑经济委员会（CEEC）在 1980 年 6 月成立造价分委会（Cost Commission），专门从事各成员国之间的工程造价信息交换服务工作。在造价估计方面，英、美等国都有自己的软件，它们一般针对计划阶段、草图阶段、初步设计阶段、详细设计和开标阶段，分别开发不同功能的软件。其中预算阶段的软件开发也存在一些困难，例如在工程量计算方面，国外在与 CAD 的结合问题上，从目前资料来看，并未获得大的突破。在造价控制方面，加拿大的 Revay 公司开发的 CT4（成本与工期综合管理软件）则是一个比较优秀的代表。

我国造价管理软件的情况是，各省市的造价管理机关，在不同时期也编制了当地的工程造价软件。20 世纪 90 年代，一些从事软件开发的专业公司开始研制工程造价软件，如武汉海文公司、海口神机公司等。北京广联达公司先后在 DOS 平台和 Windows 平台上研制了工程造价的系列软件，如工程概预算软件、广联达工程量自动计算软件、广联达钢筋计算软件、广联达施工统计软件、广联达概预算审核软件等。这些产品的应用，基本上可以解决目前的概预算编制、概预算审核、工程量计算、统计报表以及施工过程中的预算问题，也使我国的造价软件进入了工程计价的实用阶段。对于我国目前存在的各种造价软件比较见表 12.1。

表 12.1　我国目前存在的各种造价软件比较

工程软件公司	开发平台	优势	不足	市占率
广联达	自主平台	在造价软件领域是产品线及功能最齐全的；开发实力最强；渠道铺设广，共计 32 家分公司、6 家子公司；有全国定额库；重视教育培训领域；在造价师、预算员群体中口碑好，有形成行业事实标准的趋势	由于专注于造价软件，其关注领域比 PKPM 窄	计价和算量，软件排名第一
PKPM	自主平台	建设部指定清单计价软件的提供商，唯一一家提供工程全过程、全方位、多层次、多领域软件产品的公司；以结构设计软件见长，市场占有率达 95%以上；有全国定额库	更专注于设计软件及建筑企业 ERP。综合营销战略方面存在不足	

续表 12.1

工程软件公司	开发平台	优势	不足	市占率
鲁班软件	CAD平台	有美国国际风险基金的支持；可以使用构件向导方便地完成钢筋输入工作	算量软件较强	算量软件，排名靠前
清华斯维尔	CAD平台	具有一些特殊功能，如可视化检验功能，具有预防多算、少扣、纠正异常错误、排除统计出错等用途	平台受限	
神机软件	CAD平台	同类软件中成立较早的公司；在清单实施前能进行充分的本地化；分公司、销售网络遍布全国	计价软件较强	计价软件，排名靠前
地方性公司 重庆鹏业 河北新奔腾公司		本地化程度好；和当地建设部门关系较好	无法开展全国性业务	在当地具有一定的市场占有率
使用方自主开发的软件		一般存在于设计院、规划研究院等单位，适用性较好	大多不存在开发能力，多用Excel和VB编写，功能简单，不适合商业化、大项目应用	消亡趋势

2. 应用工程造价管理软件的意义

目前我国工程造价管理体制是在定额管理体制的基础上逐步向工程量清单计价模式转变，基本的建筑安装工程预算定额和各种费用定额由各省、自治区和直辖市负责管理，有关专业定额由中央各部负责修订、补充和管理，形成了各地区、各行业定额的不统一。这种现状，使得全国各地的定额差异较大，且由于各地区材料价格不同、取费的费率差异较大等地方特点，工程造价通用性和专用性软件的推广应用具有十分重要的现实意义。北京广联达公司的软件解决方案正是这种思路，提供配套使用的全国各地区、各行业和各时期的定额100多套，因此一套软件可以在全国各地区、各行业使用，以供工程造价人员方便使用。

12.2 建筑装饰工程造价管理软件举例

12.2.1 广联达造价软件简介

广联达预算软件包括广联达图形算量软件和广联达清单计价软件。计价软件普及率已达90%，广联达占有53%的市场。广联达造价软件包括基本的3部分：①清单算量软件，可计算除钢筋以外的工程量，可以实现清单工程量和定额工程量的计算；②钢筋抽样软件，主要用于计算预算钢筋工程量；③清单计价软件，主要编制工程量清单，编制投标报价，计算工程总造价。

1. 广联达计价软件 GBQ4.0 介绍

计价软件 GBQ4.0 是融招标管理、投标管理、计价于一体的全新计价软件，作为工程造价管理的核心产品，GBQ4.0 以工程量清单计价为基础，并全面支持电子招投标应用，帮助工程造价单位和个人提高工作效率，实现招投标业务的一体化解决，使计价更高效、招标更快捷、投标更安全。

GBQ4.0 在保留了广联达计价系列软件强大功能的基础上，融合了招标管理、投标管理模块。

（1）招标管理。

①项目三级管理。可全面处理一个工程项目的所有专业工程数据，可自由地导入、导出专业工程，方便多人工程数据合并，使工程数据的管理更加方便和安全。

②项目报表打印。可一次性全部打印工程项目的所有数据报表，并可方便地设置所有专业工程的报表格式。

③清单变更管理。可对项目进行版本管理，自动记录对比不同版本之间的变更情况，自动输出变更结果。

④项目统一调价。同一项目自动汇总合并所有专业工程的人工、材料、机械价格和数量，修改价格后，自动重新计算工程总造价，调价方便、直观、快捷。

⑤招标清单检查。通过检查招标清单可能存在的漏项、错项、不完整项，帮助用户检查清单编制的完整性和错误，避免招标清单因疏漏而重新修改。

（2）投标管理。

①招标清单载入。招标方提供的清单完整载入（包括项目三级结构），并可载入招标方提供的报表模式，免去投标报表设计的烦恼。

②清单符合检查。可自动将当前的投标清单数据与招标清单数据进行对比，自动检查是否与招标清单一致，并可自动更正为与招标清单一致，极大地提高了投标的有效性。

③投标版本管理。可对项目进行版本管理，自动记录对比不同版本之间的变化情况，自动输出项目因变更或调价而发生的变化结果。

④自动生成标书。可一键生成投标项目的电子标书数据和文本标书，大大提高了投标书组织与编辑的效率。

（3）投标文件自检。

2. 广联达土建算量软件 GCL2013 介绍

广联达土建算量软件 GCL2013 主要解决工程造价人员在招投标、施工、结算过程中的算量及过程提量等构件工程量计算的业务问题。GCL2013 是一个准确、专业、高效的工程量计算软件，它不仅帮助使用者从繁杂的手工算量工作中解放出来，还在很大程度上提高了算量工作效率和精度。广联达土建算量软件 GCL2013 具有以下特点：

（1）广联达土建算量软件 GCL2013 是基于公司自主平台开发的一款算量软件，使用安全，放心可靠。

（2）软件内置全国各地清单、定额计算规则，第一时间响应全国各地的行业动态，确保用户及时使用。

（3）软件采用真三维建模，三维状态随意绘图、编辑，轻松处理拱、斜等复杂结构。

（4）软件运用三维计算技术、轻松处理跨层构件计算，彻底解决困扰用户难题。

（5）软件不但与公司整体解决方案数据共享，也实现了与外部三维模型的接口，是一款 BIM 算量软件。

（6）提量简单，无需套做法即可出量，分类查看构件工程量，满足不同客户不同的阶段需求。

（7）数据共享，协同合作，提供 GCL2013 与公司其他产品的数据接口，真正实现多人合做同一工程，大大提高了工作效率。

①自身：合并 GCL2013 工程，可按栋、按楼层、按构件分别绘制，最后合并成同一工程。

②钢筋：导入 GGJ2013、GGJ2009、GGJ10.0 的钢筋工程，真正实现一图两算；快速建模。

③计价：将图形中的做法及工程量直接导入 GBQ4.0、GBQ3.0 中，快速出价。

GCL2013 不仅与公司内部的其他产品有数据接口，而且跟随国家 BIM 的发展趋势与应用，也实现了与外部通用模型的数据接口，GCL2013 不但可以一键识别二维的施工图，也可以一键识别三维的设计软件的模型，真正实现了 BIM 模型全过程。

(8) 三维绘图直观易学，GCL2013 中构件的绘制和编辑都基于三维视图上进行，不仅可以按原有方式在俯视图上绘制构件，还可以在立面图、轴测图上进行绘制。同时，在原有绘图方式的基础上增加了动态输入，结合自动捕捉设置功能，可数倍提升绘图效率。

(9) 报表反查核量快捷，根据报表中提供的工程量，反查出工程量的来源、组成，方便用户对量、查量及修改。

GCL2013 操作流程符合手工算量流程：分析图纸→要算什么量→列计算公式 →同类型项整理→套用子目。

3. 广联达钢筋算量软件 GGJ2013 介绍

广联达钢筋算量软件 GGJ2013，其对 11G 新平法规则和高强钢筋的处理最全面，完全处理了 11G 三本平法规则，设置灵活，计算准确。软件 GGJ2013 提供了全新的高效智能 CAD 图纸识别以及截面配筋法轻松，处理复杂的柱配筋形式和约束边缘构件。

12.2.2 PKPM 造价软件简介

1. 建筑工程量计算软件简介

建筑工程量计算软件利用 PKPM 用户已经完成的建筑、结构模型，对预算所需的各种工程量做快速、自动、高效的统计工作。其中包括平整场地、土方和基础工程量、砌体工程量、门窗、楼地面以及内装修工程量、混凝土工程量、模板工程量、脚手架工程量、外立面工程量、钢型材工程量等。其特点有：

(1) 提供 PKPM 成熟的三维图形设计技术，快速录入建筑、结构、基础模型。

(2) 可直接利用 PKPM 系列设计软件的设计数据，直接读入模型进行工程量的统计。

(3) 可把 AutoCAD 设计图形转化成概预算模型数据，快速统计工程量。

(4) 独到的三维模型直观立体显示，便于审查校核。

(5) 依据三维建筑模型的构件属性自动套取定额子目完成土建工程量的统计。

(6) 依据工程做法库自动套取定额子目完成装修工程量的统计。

(7) 依据不同地区的计算规则和扣减规则完成工程量的计算，可实现一模多算。

(8) 多种的统计方式，按定额模式统计和按工程量清单模式统计。

(9) 软件根据构件的属性自动套取全国统一的工程量清单和当地定额。

(10) 工程量结果均有计算公式来源，同时也有图形表达以便校对、审核。

(11) 多种的输出方式，文本输出和表格输出。

(12) 楼地面、屋面、装修等配置标准做法库，该库可由用户管理扩充。

2. 钢筋自动统计软件简介

钢筋自动统计软件是围绕着所建立的模型，在已经布置好的建筑构件上进行钢筋布置。程序以这些构件为模板，只需用户输入若干钢筋参数，程序就可把用户输入的钢筋参数在构件模板内自动展开布置，依据模型尺寸算出每根钢筋的详细尺寸和数量，从而达到快速、自动、准确统计的效果。可以进行框架梁、框架柱、现浇楼板、剪力墙、砖混圈梁、过梁、构造柱、楼梯、筏板基础、地基梁、拉梁、条基、独基、承台桩以及其他零星构件的钢筋统计。其主要特点如下：

(1) 围绕模型以及用户输入的钢筋参数，程序便可智能地计算出钢筋数据，生成钢筋量详表。

(2) 直接利用 PKPM 结构设计数据，程序自动生成全楼的钢筋详表。

(3) 利用 AutoCAD 的平法钢筋图，直接计算出钢筋工程量并生成钢筋量详表。

(4) 提供单根构件钢筋的快速录入、修改功能，快速生成全楼钢筋库。

(5) 结合层间拷贝、钢筋拷贝等快捷功能，使得钢筋计算工作变得更加轻松。

(6) 方便的钢筋修改功能，包括平法改筋、梁表改筋以及连梁、连柱改筋。

(7) 自动处理钢筋搭接、锚固、弯钩、构造、定尺长度等，用户也可以根据实际情况对这些参数进行修改。

(8) 简便的钢筋校核功能，快速、准确地校核所布置的钢筋，并列出钢筋校核图和校核表。

(9) 输出方式多种多样，如文本方式、CELL 表方式等。

3. 概预算报表软件简介

概预算报表软件拥有 30 多个省市区定额，可完成土建、安装、市政、园林等各专业的套价报表，准确、方便、快捷地打印输出全套的概预算书。其主要功能如下：

(1) 预算子目可直接从图形算量软件读取，也可以从模板导入，或从其他工程导入。

(2) 实现子目拖拽、子目智能输入功能，以最快方式输入工程子目。

(3) 子目顺序既可按章排序，也可按录入顺序，排序可随时插入小计。

(4) 对规定的调整换算，程序都做了智能化处理，此外还可以任意进行调整换算，并能自由恢复。

(5) 提供多种市场价组价的方式，以最快速度实现市场价报标。

(6) 软件提供已订制好的取费表，同时允许用户自定义取费表的模式及取费费率等。

(7) 提供多种经济指标分析方式，具有多种费用反算和“工程量”清单功能。

(8) 提供多种报表样式，并能自行设计，软件可将报表转成 Excel 或 Word 文件。

(9) 支持子目的综合基价。

(10) 友好的界面，向导式的流程。

4. 工程量清单软件简介

PKPM 工程量清单软件为建设部标准定额研究所（工程量清单计价规范编制单位）与中国建筑科学研究院建筑工程软件研究所（建筑行业最大软件开发实体）合作推出。其编制规范、功能强大，已经成为我国所有实施清单地区造价人员的必备工具。

5. 国际投标及援外工程报价软件简介

中国建筑科学研究院建筑工程软件研究所通过听取广大用户的宝贵意见，吸收国内外计算机程序设计方面的先进思想，融合当前概预算发展潮流，推出了针对国际工程和援外工程报价的 PKPM 国际/援外工程报价软件。PKPM 系列国际/援外报价软件充分发挥了用计算机进行估价可使工作方便、灵活的特点，使造价师在报价中不仅可更为快速、准确、可靠地进行投标报价，而且准备多种报价方案以备更灵活地进行投标报价，是造价工程师不可多得的好帮手。其主要特点如下：

(1) 完善的操作界面。

(2) 可以按工程特征和性质进行工程结构分解（WBS），组织工程数据，用户可随意对 WBS 结构进行增、删及组合选择操作。

(3) 可根据资源的采购渠道灵活计算资源的工地价，能自由设计海运费、保险费等项目的计算公式。

(4) 丰富的子目调整功能，可通过多种途径完成对定额子目中的材料进行增加、删除、换算等操作。

(5) 资源组价结果及企业补充定额等数据能保存积累，需要时能灵活选择调用。

(6) 有多种非直接费用的计算方式，如单独列项、分项计算和按权重分摊，用户可权衡实际情况灵活选用。

(7) 资源分类详细明确，管理方便。

(8) 可通过从模板中导入的方式快速生成工程量子目。

(9) 灵活的组价功能，并提供了多种货币报价的模式。

(10) 动态的报表设计功能，可非常方便地根据实际需要自己设计调整报表，所有报表均可所见，即转化成 Word 或 Excel 等格式。

6. 主打三合一——三合一概预算软件

(1) 软件可以方便、快捷地进行子目录入、编辑、复制功能，并同时完成上海 93 、2000 定额及工程量清单的计价工作。

(2) 采用国际通用的 WBS 工程结构，分级管理，能最大限度地利用投标报价生成数据，为成本、进度、物资等管理提供有效参考。

(3) 便捷的工程量计算式及定额查询功能；费用计算模式开放、灵活，可根据工程参数设置、招标方要求及各种实际情况决定费用项目、计算公式或费率。既能与传统方式衔接，又能与国际惯例接轨。

(4) 报表输出方式与 Excel 类似，用户可在报表中修改，并可以根据实际需要自己设计不同类型的报表格式，修改结果可保存。

(5) 独特的审核对比功能，可实现审核部门对工程报价审核：总公司或总承包商对分公司（项目部）或分包商上报数据审核：实现预算一目了然，做到心中有数。

(6) 用户长期积累，可对企业定额和人工、材料、机械价格库进行补充和完善。

12.2.3 神机妙算造价软件简介

1. 神机妙算工程量清单计价系统

“神机妙算－清单专家”计价软件，是建设部贯彻实施《建设工程工程量清单计价规范》指定配套软件之一。清单专家软件设计先进、格式标准、数据权威，轻松实现各专业工程量清单与投标报价编制。同时，软件提供的内置清单项目指引数据库，为工程量清单报价编制人员提供智能化组价指引，极大提高了用户工作的质量和效率。其主要特点如下：

(1) 一套软件、两种模板，轻松面对各种计价。它是国内第一套将工程量清单报价与传统定额计价巧妙融合在一个窗口内的工程造价软件。完全轻松实现清单计价与定额计价的完美过度与组合。

(2) 权威打造，配套研发。软件内置中华人民共和国国家标准《建设工程工程量清单计价规范》(GB 50500—2013) 清单报表格式和河南专用的全费用清单格式。企业可以根据每个地区的情况做出适合该地区的招投标清单取费设置程序表。

(3)“组价”是清单计价的核心，快速、准确的组价功能是清单计价软件的核心技术。国内首创清单 1、2、3 输入法，不用输入清单项目的标准编码，只需分别输入 3 个数字 1、2、3，通过鼠标选择，就可以完成清单工程，比传统的输入方法提高数十倍，是迄今为止最简便的一种清单输入方式。“神机妙算清单计价 123 输入法”必将为国家标准《建设工程工程量清单计价规范》在全国的推广普及做出自己的贡献。

(4) 国内首创，与投标系统无缝挂接。清单项目和传统计价的计算结果自动生成网络计划图，自动生成人力资源分布图，各种材料的使用分布情况及资源分布情况，实现了清单专家和招投标整体解决方案，提高了企业的招投标竞争力。

(5) 导入导出电子标书、Excel 等通用格式。导入导出电子标书、Excel 等通用格式时响应当前电子招投标模式的推广应用，在软件中设置了多种招投标软件接口，并且还可以导入 Excel 等主流软件制作的招标文件。

2. 神机妙算四维工程量钢筋计算平台

瞄准国际最先进软件（如 AutoCAD），秉承神机妙算“技术领先，精益求精”的宗旨，开发并创新具有自主知识产权的四维图形算量平台，领先国内其他软件，追赶国际一流软件。

(1) 平台。软件支持二次开发，用户可以通过软件提供的模板功能、图标制作与宏语言功能实现工程量钢筋的自定义计算，自主开发算量图标，满足自定义计算要求。神机妙算四维算量平台不依附于其他任何绘图软件，使软件具备了优异的性价比。

(2) 导入 CAD 图档。将设计院的电子文档直接导入本系统，智能识别工程设计图的电子文档，可以高效识别出轴网、柱、梁、墙、板、门窗洞口、柱筋、梁筋、墙筋、板筋等。利用智能识别技术，可以极大地提高用户的工作效率。

(3) 图纸扫描功能。图形算量软件隆重推出强大的图纸扫描输入功能，从图纸扫描到智能识别、矢量化转换将整套工图纸直接扫入软件系统，解决很多客户拿不到 CAD 图档的实际困难，大大提高了建模工作效率。

(4) 编程技术。采用面向对象技术和软件工程规范进行设计编程，因此系统稳定可靠。整个系统只有一个：EXE 程序，便于维护和升级。同时支持 Win95/98/2000/XP/NT 等各种软硬件系统。

(5) 层中层的概念。即楼层中的“图层”概念，在同一个楼层里面，可以同时画出多个不同标高的图层，彻底解决错层、复式楼层、小别墅等工程计算难的问题。

(6) 动态轴线调整。通过调整轴线的间距，轴线上的构件随轴线而智能调整，解决了由于轴线尺寸变化带来的需要重复建立模型的问题，极大地提高了工作效率。

(7) 多视角多色彩显示。在三维图形显示中，通过双击鼠标，任意确定三维旋转圆点；用户可以自行设置构件的三维显示颜色。

(8) 构件插页任意设置。根据工程或爱好任意设置显示构件，或者做完工程以后，采用过滤的功能，桌面上只显示画过构件的页面，便于检查核对。页面插页支持快捷键，调用灵活方便。

(9) 三维实体显示。逼真的三维立体效果，多视觉缩放，用户可直观地查看和检查各构件相互间的三维空间关系。清晰显示单构件、多构件三维扣减关系，其效果是平面图形算量所无法比拟的。画图时，三维可以同步显示，整体三维显示时，通过快捷键可以任意隐藏和显示构件的图形算量软件，扣除关系一目了然。

(10) 逼真的三维钢筋。钢筋三维模拟显示功能，效果逼近现场仿真。钢筋三维显示直观、形象，方便用户检查、校验输入钢筋数据的正确性，同时方便核对钢筋的计算结果。构件图标可以随意建立，图标库完全开放，任何人都能创建三维构件。

(11) 快速钢筋计算。支持钢筋平面标注法和表格录入法计算，定义构件属性时，同时录入配筋信息，图上标注计算钢筋，直观、形象、快捷。初学者可用图标法，形象直观，一目了然；熟练者可用表格法，快速盲打，高效快捷。钢筋算量采用整体抽筋的概念，软件自动判断钢筋断点、延伸、弯折、增减、锚固、搭接等，从单一构件逐步选择手工判断，极大地提高了算量的效率。

(12) 三维审计概念。图形算量软件显示的三维模型，可以按要求切换多种状态，可以显示扣减前的全部构件交叉的模型，也可以显示被扣减后的构件三维模型，还可以显示扣减掉的相交构件模型，所有扣减严格按计算规则进行。每种构件可以通过热键显示或隐藏。对于工程审计人员，将来不再需要一行一行地核对计算式，只要检查三维图形的扣减情况就可得知结果，真所谓工程量计算所见即所得。

(13) 算量模板。开放式的图形算量模板管理，方便用户增加定额或图集，自定义工程量计算规则，适合全国各地的定额要求和各种特殊情况处理，同时模板中还内置门窗、预制构件、屋面、楼地面等标准图集库。工程文件中的构件属性，通过自定义存档，可以保存到模板，在不同的工程中调用，省去了重复定义构件属性过程。通过把工程及经验积累到算量模板，可提高工作效率 10

倍以上。

(14) 支持协同作业。楼层的“节点管理”功能，使楼层的复制、粘贴、移动、删除操作有如搭积木似的方便，整个工程可按楼层为单位水平分割，由多人分工完成；轴线的“原点定位功能可将多个单元、裙楼结构、整个小区等的模型进行定点拼接，即一个项目可按垂直分割同时分配给多个人完成。拼接到一起后汇总计算，三维显示精确无误，彰显团队力量。

(15) 强大的画图功能。除了提供常规的画法，还提供了强大的智能布置功能、20 余种捕捉方式、快捷的热键功能，确保建模过程高效、快捷。并使软件具备娱乐性，让工作变成享受。

(16) 门窗的人性化定义。弧形门窗在弧形墙体上三维显示非常美观；门窗的硬定位功能；通过点击右键，输入门窗的宽度，便可迅速画出尺寸有变化的门窗；通过尺寸的变化，轴线交点自动捕捉，可以很快地处理拐角门窗；门窗图集的管理；在门窗属性中定义完所有与门窗有关的项目，画图计算以后，一次计算完成。

(17) 多种布置方法。快速布置所有柱子；通过点击右键，系统自动确定所画单个柱子的旋转角度；还可以任意指定参照物，确定多个柱子的旋转角度；可以快速地确定所有类型柱子的边对齐功能，避免了在定义属性时偏心距和硬定位等操作。通过右键输入尺寸的功能，交点自动捕捉，可以处理任意形式的暗柱，大大提高画暗柱的速度。快度布置构造柱的功能，可以按轴线、墙或梁的交叉点快速布置所有构造柱，并且在平面图形上和三维图形上显示出马牙槎的尺寸和靠边情况（两面靠墙还是三面、四面靠墙等情况）。

(18) 装饰效果震撼。房间装饰自动生成，软件提供了强大的标准图集，如果工程中采用图集做法，那么通过调用图集可以一次性将墙面、天棚、楼地面、墙裙、踢脚的清单项目编号和定额编号全部定义完成；同时支持贴图功能，三维显示装饰情况（如墙裙、踢脚、墙面等），效果直逼 3D 渲染。

(19) 多文档操作。可同时打开多个工程文件，工程之间可以任意拖拉、复制、粘贴楼层节点，充分发挥资料共享优势。

(20) 多媒体教学。软件及网站提供了内容丰富的多媒体教学课件，并且教学内容不断更新；如果客户哪里不懂，只要观看多媒体教学文件即可得到解决。

(21) 多专业算量。可以同时计算建筑、装饰、安装、市政等工程的工程量。

(22) 统筹法算量。保留传统、经典的统筹法计算功能，软件算量实现 100%。统筹法算量，在算量软件中计算出来的结果与套价软件无缝连接，统筹计算公式可以打印出来，对决算非常方便。

(23) 计算公式自定义。计算公式的列写方式可由用户定义，并可加中文注解，使它符合手工习惯。计算公式及工程图形均可显示和打印输出，便于审核和校对，并满足不同用户的需求。

(24) 在定义构件属性时，可以同时把该项目的项目特征等定义修改好，发标的时，可以不通过清单套价软件就可以发标，如果还想做标底，把该项目下的工作内容对应的定额子目选中，拖拉到清单套价软件里面，就可以做标底了。

(25) 成本核算。成本核算模块，通过图形计算就能了解工程的工程直接费，了解整个工程的直接成本，便于成本核算。

(26) 一图多算。根据用户在构件属性设置中录入的清单项目及参与清单组价的定额子目，系统自动计算出清单工程量和定额工程量，做到一图两算。

(27) 工程量统计。可按不同楼层统计不同构件的工程量，生成清单工程量明细表和传统地方定额工程量明细表，生成的工程量数据通过“工程量自动套定额”的导入功能，直接用来编制工程量清单及计算投标报价，实现工程造价动态管理。

(28) 计算结果准确。严格按照工程量计算规则，进行三维实体精确扣减计算；模板按实际接触面积（现浇构件）、按构件体积（预制构件）分别计算，并对规则中超高的部分进行单独统计。

（29）工程文件自动备份。图形算量软件只用单个文件保存所有工程模型信息，易于管理与维护。关闭工程时软件可以自动备份当前的工程文件，并且是压缩备份，大大提高了工程文件的安全性。

12.2.4 鲁班预算软件简介

1. 鲁班土建（预算版）软件

鲁班土建（预算版）是鲁班软件公司基于 AutoCAD 图形平台开发的工程量自动计算软件，它利用 AutoCAD 强大的图形功能，充分考虑了我国工程造价模式的特点及未来造价模式的发展变化。软件易学、易用，内置了全国各地定额的计算规则，可靠、细致，与定额完全吻合，不需再做调整。由于软件采用了三维立体建模的方式，使得整个计算过程可视，工程均可以三维显示，最真实地模拟现实情况。智能检查系统，可智能检查用户建模过程中的错误。强大的表报功能，可灵活多变地输出各种形式的工程量数据，满足不同的需求。产品具有以下特点：

（1）CAD 转化，引爆算量速度新纪元。

利用 CAD 转化功能，大大提高预算的速度。只要建好算量模型，工程量计算自动完成非常快捷。现在设计院出图全部采用 CAD 电子图，且很多造价工程师都可以拿到 CAD 图纸，利用 CAD 转化功能不但能加快建模速度，还能省去偏心定位等复杂情况的手工调整。同时，对于图纸中一些表格类型的数据也能直接转化到软件中，生成对应的构件属性，节省了人工打字录入的时间。

（2）自定义断面，灵活处理任何复杂构件。

现代工程的整体特点归纳起来无非有三点：高、大、难。外立面上的各种复杂造型的腰线、异型梁、异形柱、檐沟、女儿墙、异型洞口。任何一个复杂的断面出现在面前，都是对手算能力的一次考验。一旦遇到弧形断面，平面中也是按弧形布置，还有相交的异型构件，也只能大致估算。

（3）立面装饰，把复杂的三维空间简化成二维图形。

现代社会里的建筑，不但造型上独特美观，立面上的装饰效果也是让人赏心悦目。这样的建筑虽然美化了环境，但对于手算却要花费不少心思。传统的手算也好，电算也好，都要靠人为去考虑复杂装饰在空间中上面、侧边、底面的装饰情况，既费神又不能保证精确。但是软件的立面装饰功能就可以非常轻松地处理这样的问题。软件可以自动识别立面装饰的空间整体布置情况，还可以通过展开装饰功能，将三维造型的装饰展开成平面效果，直接便于我们进行修改和布置其他复杂装饰。

（4）形成井，任何复杂的井坑都能轻松应对。

预算工程最怕算节点，除了难以快速计算以外，还难以判断在平面中甚至三维空间中的整体造型，以集水井为例子最具代表性。鲁班土建（预算版）软件，针对集水井这块拥有国内最先进的技术处理，简单快捷。只需将复杂的多孔集水井按单孔集水井的方法来思考和布置，三维空间扣减关系由软件帮客户考虑，轻轻松松就可以得出最精确的工程量。

（5）批量布置，效率提升。

做完主体框架，剩下来就是二次结构了。基本上所有的图纸针对构造柱、过梁圈梁这些二次结构都是只凭一张结构说明中短短的一段话，一张表，或者几张节点详图就笼统地涵盖了整个工程的二次结构情况。本软件不仅要通过说明，更要用经验去人为判断二次结构的位置及个数，还要考虑和墙柱之间的扣减关系。少考虑一点，工程量结果可能就存在巨大偏差，正所谓差之毫厘，失之千里。

在软件里，可以轻松地利用结构说明中的条件，通过批量布置功能准确快速地直接形成二次结构。

（6）LBIM 互导，充分利用 BIM 模型实现分工合作。

针对预算中不同专业的划分越来越细，很多造价工程师开始只做一个专业的预算，那么就出现了重复工作的现象。做钢筋的造价工程师看了结构图算好了钢筋量，做土建的造价工程师为了计算混凝土量还要再看一次结构图，效率更没有提升。

通过鲁班系列软件中的 LBIM 导入功能，可以实现全专业的数据互导。将做好的钢筋工程导入到土建软件中，做土建预算的造价工程师就可以省去翻看结构图的步骤，直接进行建筑部分的建模和计算，提高了效率，节省了时间。

(7) 条件统计、区域校验，以秒速统计客户需要的报表。

项目利润流失的真相，除了前面说的“算不准”外，还有很重要的一点是数据能否实时调用管理。手算稿完全是“死”的，要快速精确地统计某部分的工程量，几乎是不可能的。软件不仅仅是算量的工具，更是项目数据的管理专家。

①区域工程量校验。想要将部分数据随时都可框选计算出量，施工到哪，数据就能同步到哪，一切都变都可以控制。

②条件统计功能。支持统计任意楼层任意的工程量，可以实现实物量的短周期三算对比，这对于控制“飞单”这一利润漏洞、实现精细化管理起到非常大的作用。

(8) 合法性检查，为用户的数据保驾护航。

利用软件的合法性检查功能，可以智能检查未套项目的构件以及建模中的常见错误，并能反查到出错的位置，保证数据准确。

(9) 可视化校验，扣减关系一目了然。

对有怀疑的地方直接用“小眼镜”命令查看，扣减关系一目了然，结合公式更一目了然，连手算中没有考虑到的位置，软件都考虑到了。

(10) 工程量全图标注，工程对量施工指导都方便。

业内领先的工程量全图标注功能让用户的计算结果直接标注在图中，结合图形显示控制想看哪边就看哪边。

①对账方便。对账是造价工程师必须面对的工作，使用全图标注把工程量标注出来给对方看，非常明了。

②指导施工。由项目部直接把安装全图标注的平面图打印出来挂在墙上，施工员、材料员随时查看比对，核算材料用量，一旦有出入，立刻制定措施进行控制，让项目知道该花多少材料（钱），杜绝了浪费。

2. 鲁班钢筋软件

鲁班钢筋软件是基于国家规范和平法标准图集，采用 CAD 转化建模、绘图建模、辅以表格输入等多种方式，整体考虑构件之间的扣减关系，解决造价工程师在招投标、施工过程钢筋工程量控制和结算阶段钢筋工程量的计算问题。软件自动考虑构件之间的关联和扣减，用户只需要完成绘图即可实现钢筋量计算，内置计算规则并可修改，强大的钢筋三维显示，使得计算过程有据可依，便于查看和控制，报表种类齐全，满足各多方面需求。其产品特点如下：

(1) 内置钢筋规范，降低用户专业门槛。

鲁班钢筋软件内置了现行的钢筋相关的规范，对于不熟悉钢筋计算的预算人员来说非常有用，可以通过软件更直观地学习规范，可以直接调整规范设置，适应各类工程情况。

(2) 强大的钢筋三维显示。

可完整显示整个工程的三维模型，可查询构件布置是否出错。同时提供了钢筋实体的三维显示，为计算结果检验及复核带来极大的便利性，可以真实模拟现场钢筋的排布情况，减轻造价工程师往返于施工现场的痛苦。

(3) 特殊构件轻松应对，提高工作效率，减轻工作量。

只要建好钢筋算量模型，工程量计算速度可成倍甚至数倍提高。特殊节点（集水井、放坡等）手工计算非常繁琐，而且准确度不高，软件提供各种模块，计算特殊构件，只需要按图输入即可。

（4）CAD 转化，掀起钢筋算量革命。

传统的钢筋算量方式：看图→标记→计算并草稿→统计→统计校对→出报表。软件的钢筋算量方式：导入图纸→CAD 转化→计算→出报表（用时仅为传统方式的 1/50）。

（5）LBIM 数据共享。

鲁班各系列软件之间的数据实现完全共享，在钢筋软件中可以直接调入土建算量的模型，给定钢筋参数后即可计算钢筋量。且各软件之间界面、操作模式、数据存储方式相同，学会了一个软件就等于掌握了所有软件，提高了用户的竞争力。

（6）钢筋工程量计算结果有多种分析统计方式，可应用于工程施工的全过程管理。

软件的计算结果以数据库方式保存，可以方便地以各种方式对计算结果进行统计分析，如按层、按钢筋级别、按构件、按钢筋直径范围进行统计分析。将成果应用于成本分析、材料管理和施工管理日常工作中。

（7）计算结果核对，简单方便。

利用三维显示，可以轻松检查模型的正确性和计算结果的正确性。另外，建设方、承包方、审价顾问之间核对工程量，只需要核对模型是否有不同之处即可。

（8）报表功能强大，满足不同需求。

大型工程手工计算钢筋工程量，计算书长达数百页乃至上千页。如果其中有错或设计变更，修改计算书非常痛苦，核对时，手写字体识别困难。利用软件，全部结果计算机打印，漂亮清晰，若某些数据修改只要在算量模型修改几个数据，就可方便地得到新的计算结果，打印出新的计算书。

3. 鲁班造价软件

解决建筑企业全过程造价管理有两大难题：①如何快速调用精确的量、价及企业定额数据来组价，高效精准投标。②如何与 ERP 协同，实现基于 BIM 的可按两套 WBS 3 个维度的八算对比，实现真正成本管控。两套 WBS：WBS－T，投标 WBS；WBS－D，执行 WBS。三个维度：时间、工序、楼层（位置区域）。八算对比：合同承包价、项目承包预算、计划成本、实际成本、业主确认、结算造价、收款及付款。其主要特点如下：

（1）强大的实时远程数据库支持。

计算数据网络调用；“鲁班通”数据库等价格数据库远程支持；企业定额库及造价指标网络远程支持。

（2）基于 BIM 四维工程量和造价视图。

国内首款图形可视化造价产品；完全兼容鲁班算量工程文件；生成工程形象进度预算书，按进度反映材料的使用情况。

（3）项目群管理。

对标段、单项工程、单位工程进行统一管理；支持多个工地同时管理。

（4）全过程造价管理。

可对投标书、进度审核预算书、结算书进行统一管理，并形成数据对比；提供施工合同、支付凭证、施工变更等工程附件管理；成本测算、招投标、签证管理、支付等全过程管理云应用。

（5）云应用。

云智能推送清单定额库、市场价、工程模板、取费模板；可调用云价格库中的市场价；更多工程模板可直接通过云应用下载。

12.2.5 深圳清华斯维尔清单计价软件简介

清单计价结合清华斯维尔多年建设工程造价信息领域的技术研发和行业应用的先进经验，针对工程量清单计价的需求实现全面技术升级，以“实用、易用、通用”作为软件开发的指导思想，以CMMI3规范软件开发过程，保证软件质量。该软件主要适用于发包方、承包方、咨询方、监理方等单位建设工程造价管理，编制工程预、决算以及招投标文件。通用性强，可实现多种计价方法，挂接多套定额，能满足不同地区及不同定额专业计价的特殊要求，操作方便，界面人性简洁，报表设计美观，输出灵活。软件具有以下功能：

(1) 预算编制。该模块是系统的核心部分，主要功能有：新建预算书、设置工程属性、编制分部分项、措施项目、其他项目、进行相关换算和造价调整。

(2) 报表打印。提供报表文件分类管理，Word文档编辑、报表设计、打印、输出到Excel格式文件等功能。

(3) 文件管理。包括工程文件的备份、恢复，导入、导出其他软件或电子辅助评标的接口数据。

(4) 建设项目编制。由建设项目、单项工程、单位工程构造的树型目录结构组织和管理预算文件。

(5) 系统设置。设置预算编制操作界面、操作习惯，功能选项和相关标识。

(6) 数据维护。提供系统数据的维护功能，包括定额库、清单库、工料机库、清单做法库、取费程序等数据的维护功能。

软件具有以下特点：

(1) 与现行预算定额有机结合，既包含国家标准工程量清单，同时又能挂接全国各地区、各专业的社会基础定额库和企业定额库。

(2) 同时支持定额计价、综合计价、清单计价等多种计价方法，实现不同计价方法的快速转换。

(3) 提供二次开发功能，可由全国各地服务分支机构或企业，定制取费程序，设计报表，使产品更符合当地实际需求，或满足个别项目的招投报价需要。

(4) 支持多文档、多窗体、多页面操作，能同时操作多个项目文件，不同项目文件之间可通过拖拽或“块操作”的方式实现项目数据的交换。

(5) 具有自动备份功能，打开项目文件前系统自动备份本项目文件，系统保留最后八次备份记录，即可恢复到项目文件打开倒数第八次操作前数据。

(6) 提供清单做法库（清单套价经验库包含清单套价历史中，某清单的项目特征、工作内容、套价定额、相关换算等信息），在预算编制过程中，可保存或使用清单做法库。

(7) 多种数据录入方式，可录入最少的字符，智能生成相应的清单或定额编码，并自动判定相关联定额，提示选择输入。也可以通过查询等操作，从清单库、定额库、清单做法库、工料机库录入数据。

(8) 提供多种换算操作，可视化的记录换算信息和换算标识，可追溯换算过程。

(9) 提供“工料机批量换算”功能，可批量替换或修改多个定额子目的工料机构成。

(10) 提供系统设置功能，可设置预算编制操作界面、操作习惯，功能选项和相关标识。

(11) 提供清单子目项目特征复制功能；可自定义三材分类，自动计算三材用量。

(12) 可快速调整工程造价，并且提供取消调价功能，恢复至调整前价格。

(13) 分部分项数据可按“章节顺序”和“录入顺序”切换显示方式；章节顺序：按“册、章、节、清单、定额”树形结构显示和输出分部分项数据；录入顺序：不显示“册、章、节”等，数据按录入顺序显示和输出分部分项数据。

(14) 含简单构件工程量计算功能，可参照简单构件图形或借用系统函数，输入参数计算工程量。

(15) 采用口令授权的方式，可以对项目文件设置口令，加强文件的保密性。

(16) 用户补充的定额、清单，工、料、机子目可选择保存到补充库，修改后的取费文件、单价分析表、措施项目可另存为模板文件，供其他项目使用。

(17) 按目录树结构分类管理报表文件，提供 Word 文档编辑、报表设计、打印、输出到 Excel 格式文件等功能；可导入 Excel 格式工程量清单。

(18) 可直接导入清华斯维尔三维算量软件的工程量计算结果，形成招投标文件。

(19) 数据维护功能范围包括定额库、清单库、工料机库、清单做法库、取费程序等。

(20) 定额库、工料机库分章节、分类管理。章节说明以及计价说明完整、查询方便，使用户可以完全摆脱对定额书的依赖。

【重点串联】

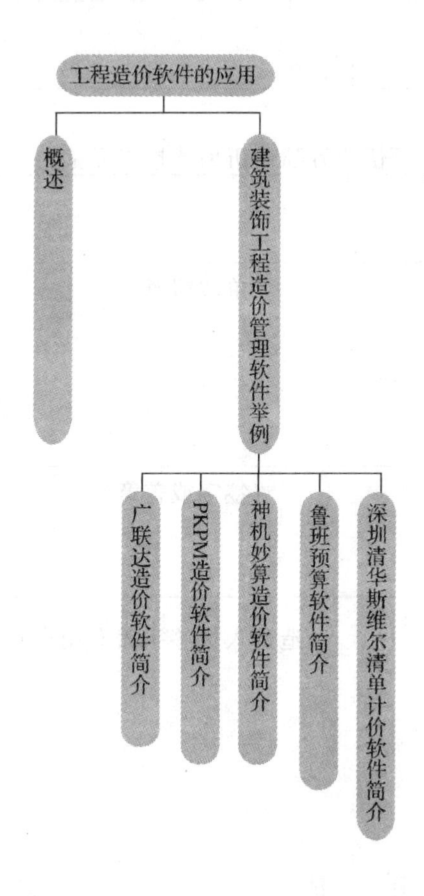

附录　某汽车专营店工程量清单计价编制示例

附表1.1　投标总价

招　标　人：×××开发商

工程名称：×××汽车专营店土建工程

投标总价(小写)：9 506 521.20

(大写)：玖佰伍拾万陆仟伍佰贰拾壹元贰角

投　标　人：

(单位盖章)

法定代表人
或其授权人：

(签字或盖章)

编　制　人：

(造价人员签字盖专用章)

编制时间：　年　月　日

附表 1.2 单位工程投标报价汇总表

工程名称：×××汽车专营店土建工程 标段：

序号	项目名称	金额	其中：暂估价/元
1	分部分项工程量清单计价合计	7 014 421.42	
1.1	4S店土建工程	5 656 186.66	
1.2	附属楼土建工程	1 358 234.76	
2	措施项目清单计价合计	1 691 055.87	
3	其他项目清单计价合计		
4	合计	8 705 477.29	
5	规费	484 895.1	
5.1	工程排污费		
5.2	社会保障费	476 189.62	
5.2.1	养老失业保险	304 691.71	
5.2.2	基本医疗保险	59 197.25	
5.2.3	住房公积金	78 349.3	
5.2.4	工伤保险	10 446.57	
5.2.5	危险作业意外伤害保险	16 540.41	
5.2.6	生育保险	6 964.38	
5.3	水利建设基金	8 705.48	
6	合计	9 190 372.39	
7	税金	316 148.81	
	招标控制价合计=1+2+3+4+5	9 506 521.20	

附表 1.3　分部分项工程量清单计价表

工程名称：×××汽车专营店土建工程　　　　标段：

序号	项目编码	项目名称	项目特征描述	计量单位	工程量	金额/元		
						综合单价	合价	其中：暂估价
	4S店土建工程							
1	010101001001	平整场地	1. 土壤类别：三类土 2. 弃土运距：3 km 3. 取土运距：3 km	m^2	2 918.9	4.37	12 755.59	
2	010101003001	挖独立基础土方	1. 土壤类别：三类土 2. 基础类型：挖独立基础土方（桩间挖土） 3. 挖土深度：2 m以内 4. 弃土运距：10 km	m^3	2 874.95	15.72	45 194.21	
3	010101003002	挖基础梁基础土方	1. 土壤类别：三类土 2. 基础类型：挖带型基础土方 3. 挖土深度：2 m以内 4. 弃土运距：3 km	m^3	103.19	27.32	2 819.15	
4	010103001002	土（石）方回填	土壤类别：三类土	m^3	2 001.9	13.55	27 125.75	
5	010401002001	独立基础	1. 混凝土强度等级：C30 2. 商混凝土、汽车泵输送	m^3	632.26	346.07	218 806.22	
6	010403001002	基础梁	1. 混凝土强度等级：C30 2. 商混凝土、汽车泵输送	m^3	127.47	355.02	45 254.4	
7	010401006001	垫层	1. 混凝土强度等级：C15 2. 商混凝土、汽车泵输送	m^3	176.03	299.26	52 678.74	
8	010402001001	矩形柱	1. 混凝土强度等级：C45 2. 商混凝土、汽车泵输送	m^3	558.44	429.23	239 699.2	
9	010405001001	有梁板	1. 混凝土强度等级：C35 2. 商混凝土、汽车泵输送	m^3	1 408.44	386.48	544 333.89	
10	010416001001	现浇混凝土钢筋	钢筋种类、规格：圆钢 ф6.5	t	5.26	6 289.15	33 080.93	
11	010416001002	现浇混凝土钢筋	钢筋种类、规格：圆钢 ф8	t	36.407	5 795.65	211 002.23	
12	010416001003	现浇混凝土钢筋	钢筋种类、规格：圆钢 ф10	t	55.965	5 547.97	310 492.14	
13	010416001004	现浇混凝土钢筋	钢筋种类、规格：圆钢 ф12	t	1.059	5 601.34	5 931.82	
14	010416001005	现浇混凝土钢筋	钢筋种类、规格：二级钢筋ф10	t	6.633	5 708.52	37 864.61	
15	010416001005	现浇混凝土钢筋	钢筋种类、规格：二级钢筋ф12	t	107.856	5 993.93	646 481.31	

续附表 1.3

序号	项目编码	项目名称	项目特征描述	计量单位	工程量	金额/元		
						综合单价	合价	其中：暂估价
16	010416001005	现浇混凝土钢筋	钢筋种类、规格：二级钢筋ф14	t	1.447	5 883.28	8 513.11	
17	010416001006	现浇混凝土钢筋	钢筋种类、规格：二级钢筋ф16	t	15.022	5 828.74	87 559.33	
18	010416001007	现浇混凝土钢筋	钢筋种类、规格：二级钢筋ф18	t	21.574	5 775.61	124 603.01	
19	010416001008	现浇混凝土钢筋	钢筋种类、规格：二级钢筋ф20	t	2.663	5 736.73	15 276.91	
20	010416001009	现浇混凝土钢筋	钢筋种类、规格：二级钢筋ф22	t	2.654	5 685.82	15 090.17	
21	010416001010	现浇混凝土钢筋	钢筋种类、规格：二级钢筋ф25	t	1.591	5 662.64	9 009.26	
22	010416001011	现浇混凝土钢筋	钢筋种类、规格：三级钢筋ф12	t	11.283	5 993.93	67 629.51	
23	010416001012	现浇混凝土钢筋	钢筋种类、规格：三级钢筋ф16	t	1.962	5 828.74	11 435.99	
24	010416001013	现浇混凝土钢筋	钢筋种类、规格：三级钢筋ф18	t	5.921	5 775.61	34 197.39	
25	010416001014	现浇混凝土钢筋	钢筋种类、规格：三级钢筋ф20	t	10.089	5 736.73	57 877.87	
26	010416001015	现浇混凝土钢筋	钢筋种类、规格：三级钢筋ф22	t	16.242	5 685.82	92 349.09	
27	010416001016	现浇混凝土钢筋	钢筋种类、规格：三级钢筋ф25	t	95.829	5 662.64	542 645.13	
28	010416001017	现浇混凝土钢筋	钢筋种类、规格：三级钢筋ф28	t	2.315	5 654.25	13 089.59	
29	010416001018	现浇混凝土钢筋	钢筋种类、规格：三级钢筋ф32	t	106.086	5 629.09	597 167.64	
30	010302004001	加气混凝土砌块墙（100厚加气混凝土砌块）	空心砖、砌块品种、规格、强度等级：600 mm×300 mm×100 mm；砂浆强度等级、配合比：混合砂浆M7.5；部位：内墙	m^3	87.02	241.65	21 028.38	
31	010302004002	加气混凝土砌块墙（200厚加气混凝土砌块）	空心砖、砌块品种、规格、强度等级：600 mm×300 mm×200 mm；砂浆强度等级、配合比：混合砂浆M7.5；部位：内墙	m^3	472.51	241.65	114 182.04	

续附表 1.3

序号	项目编码	项目名称	项目特征描述	计量单位	工程量	金额/元		
						综合单价	合价	其中：暂估价
32	010302004003	加气混凝土砌块墙（300 厚加气混凝土砌块）	空心砖、砌块品种、规格、强度等级：350 厚；砂浆强度等级、配合比：混合砂浆 M7.5；部位：内墙	m^3	581.13	241.65	140 430.06	
33	020203001002	钢丝网	内外墙 500 宽钢丝网（D0.9 风丝网，网眼 12.7×12.7）盖缝粉刷	m^2	1 716.8	20.4	35 022.72	
34	010402001002	构造柱	混凝土强度等级：C20；混凝土拌合料要求：商品混凝土	m^3	29.9	345.03	10 316.4	
35	010403005001	过梁	混凝土强度等级：C20；混凝土拌合料要求：商品混凝土	m^3	12.6	335	4 221	
36	010302006001	砌体加筋	1. 钢筋种类、规格：圆钢Φ 6.5	m^3	1.06	6 289.15	6 666.5	
37	010407002002	散水（散 1 水泥砂浆散水100 mm）	1. 50 厚 C15 混凝土，撒 1∶1水泥砂子压实赶光，与墙体连接处、转折处及每 6 m 设缝，密封胶嵌缝 2. 150 厚卵石灌浆 25 号混合砂浆 3. 300 厚中砂防冻胀层 4. 素土夯实 5. 垫层模板	m^2	158.72	107.89	17 124.3	
38	010407002001	坡道（坡 1 薄板石材坡道，厚度 600 mm，参做法 05J9－1－59－3）	1. 25 厚 1∶2 水泥砂浆抹面做出 60 宽 7 深锯齿 2. 素水泥砂浆结合层一道 3. 100 厚 C15 混凝土 4. 300 厚卵石灌浆 M5 混合砂浆 5. 素土夯实 6. 基层模板	m^2	108.94	111.55	12 152.26	
39	010702001001	屋面卷材防水（混凝土有保温）不上人屋面：标高，8 m/17 m	1. 2.0 厚合成高分子防水卷材 2. 20 厚 1∶3 水泥砂浆找平层 3. 30 厚（最薄处）1∶8 加气混凝土碎块、找平层	m^2	635.14	70.42	44 726.56	

续附表 1.3

序号	项目编码	项目名称	项目特征描述	计量单位	工程量	金额/元		
						综合单价	合价	其中：暂估价
40	010702003001	屋面刚性防水	1. 40 厚 C20 细石混凝土，掺减水剂，内设Φ 4@150 双向钢筋，每 6 m 设缝，密封胶嵌缝，随打随抹光 2. 点粘一层 350 号石油沥青沙毡 3. 40 厚挤塑聚苯乙烯泡沫板	m^2	635.14	75.6	48 016.58	
41	010702004001	屋面排水管	1. 雨水管采用公称直径为 DN100 焊接钢管 2. 雨水管做法参见 05J5—1—62—12	m	445.46	76.47	34 064.33	
42	010702005001	内天沟	大样做法参见 01J925—1—57—5	m	176.1	144.61	25 465.82	
43	010702005002	屋面天沟	1. 20 厚 1：2 水泥砂浆加纤维保护 2. 附加增强层，加铺有胎体增强的防水胎膜 3. 4 mm 厚 SBS 改性沥青防水卷材，基层处理剂 4. 15 厚（最薄处）水泥砂浆找平，找坡层，找坡 1%，坡向雨水口。	m^2	24.3	111.23	2 702.89	
44	010404001001	女儿墙	大样做法详见 01J925—1—62—18	m	158	137.68	21 753.44	
45	010803001001	保温隔热屋面（内檐沟及内天沟）	1. 聚苯保温板（最薄处50 mm） 2. 找坡向雨水口找坡 5%	m^2	70.44	45.51	3 205.72	
46	010803003001	保温隔热墙	1. 40 厚聚苯颗粒保温浆料 2. 满挂镀锌钢丝网（标称直径 0.8 mm，两格 20×20） 3. 细石水泥砂浆掺 108 胶甩毛 4. 墙体基层	m^2	2 386.14	91.74	218 904.48	
47	020406003001	天窗	1. 上层为钢化玻璃，底层夹层玻璃，做法参见 01J925—1 2. 普通铝合金 LOW—E 中空玻璃 6+9A+6	m^2	128.4	586.85	75 351.54	
48	020406005001	铝合金窗	1. 铝合金窗制安 2. 普通铝合金 LOW—E 中空玻璃 6+9A+6	m^2	102.51	586.85	60 157.99	

续附表 1.3

序号	项目编码	项目名称	项目特征描述	计量单位	工程量	金额/元		
						综合单价	合价	其中：暂估价
49	020406005002	门联窗	门帘窗安装，中空 LOW－E 玻璃 6＋9A＋6	m^2	5.04	604.46	3 046.48	
50	020406005003	甲级防火窗	成品甲级防火窗制安	m^2	10.8	586.85	6 337.98	
51	010501004002	特种门	特殊工艺门制安	m^2	64.44	509.63	32 840.56	
52	020403003001	防火卷帘门	防火卷帘门制安	m^2	21	655.66	13 768.86	
53	020402007001	乙级钢质防火门	成品乙级防火门制安	m^2	2.52	968.94	2 441.73	
54	020402001001	金属平开门	金属平开门制安	m^2	21	938.19	19 701.99	
55	020404006001	全玻自由门（无扇框）	全玻璃自由门制安	m^2	86.04	614.65	52 884.49	
56	020404001001	玻璃感应门	玻璃感应门制安	m^2	56.88	2 609.76	148 443.15	
57	020209001001	100 厚坚强板	填充 100 厚坚强板	m^2	329.86	63.36	20 899.93	
58	010605001002	压型钢板楼板	210 厚玻璃丝棉复合夹芯保温板	m^2	1 994.9	175.63	350 364.29	
	分部小计						5 656 186.66	
	附属楼土建工程							
59	010101001001	平整场地	1. 土壤类别：三类土 2. 弃土运距：3 km 3. 取土运距：3 km	m^2	278.8	4.37	1 218.36	
60	010101003001	挖独立基础土方	1. 土壤类别：三类土 2. 基础类型：挖独立基础土方（桩间挖土） 3. 挖土深度：2 m 以内 4. 弃土运距 3 km	m^3	133.56	28.24	3 771.73	
61	010101003002	挖基础梁基础土方	1. 土壤类别：三类土 2. 基础类型：挖带型基础土方 3. 挖土深度：2 m 以内 4. 弃土运距：3 km	m^3	32	27.32	874.24	
62	010101003003	挖基础土方	土壤类别：类土；基础类型：土方大开挖；挖土深度：2 m 以内；运距：3 km	m^3	2 038.45	21.38	43 582.06	
63	010103001003	土（石）方回填	夯实	m^3	791.72	13.55	10 727.81	
64	010401005002	筏板基础	1. 混凝土强度等级 C30 P6 防水混凝土 2. 混凝土拌合料要求：商品混凝土	m^3	123.63	347.1	42 911.97	

续附表 1.3

序号	项目编码	项目名称	项目特征描述	计量单位	工程量	金额/元		
						综合单价	合价	其中：暂估价
65	010401005003	带型基础	1. 混凝土强度等级 C30 P6 防水混凝土 2. 混凝土拌合料要求：商品混凝土	m^3	26.56	312.85	8 309.3	
66	010401005004	桩承台基础	1. 混凝土强度等级 C30 P6 防水混凝土 2. 混凝土拌合料要求：商品混凝土	m^3	134.67	315.76	42 523.4	
67	010401006002	垫层	1. 混凝土强度等级 C15 2. 混凝土拌合料要求：商品混凝土	m^3	57.27	284.19	16 275.56	
68	010404001002	直形墙	1. 混凝土强度等级 C30 2. 混凝土拌合料要求：商品混凝土	m^3	81	337.24	27 316.44	
69	010402001004	矩形柱	1. 混凝土强度等级 C30 2. 混凝土拌合料要求：商品混凝土	m^3	124.92	370.1	46 232.89	
70	010405001002	有梁板	1. 混凝土强度等级 C30 2. 混凝土拌合料要求：商品混凝土	m^3	310.69	340.24	105 709.17	
71	010406001002	直形楼梯	1. 混凝土强度等级 C30 2. 混凝土拌合料要求：商品混凝土	m^2	53.08	121.95	6 473.11	
72	010403002001	矩形梁	1. 混凝土强度等级 C30 2. 混凝土拌合料要求：商品混凝土	m^3	3.45	345.03	1 190.35	
73	010407001001	其他构件	1. 混凝土强度等级 C25 2. 混凝土拌合料要求：商品混凝土	m^3	0.12	403.07	48.37	
74	010403004001	圈梁	1. 混凝土强度等级 C25 2. 混凝土拌合料要求：商品混凝土	m^3	12.63	362.12	4 573.58	
75	010403004002	卫生间返坎	1. 混凝土强度等级 C25 2. 混凝土拌合料要求：商品混凝土	m^3	3.52	362.12	1 274.66	
76	010407001002	拦板	1. 混凝土强度等级 C25 2. 混凝土拌合料要求：商品混凝土	m	88	138.46	12 184.48	
77	010703004001	止水钢板	钢板止水带	m	89	42.59	3 790.51	

续附表 1.3

序号	项目编码	项目名称	项目特征描述	计量单位	工程量	金额/元		
						综合单价	合价	其中：暂估价
78	010416001001	现浇混凝土钢筋圆钢筋ф6.5	钢筋种类、规格：圆钢筋 ф6.5	t	3.238	6 289.15	20 364.27	
79	010416001002	现浇混凝土钢筋圆钢筋ф8	钢筋种类、规格：圆钢筋 ф8	t	16.704	5 795.65	96 810.54	
80	010416001003	现浇混凝土钢筋圆钢筋ф10	钢筋种类、规格：圆钢筋 ф10	t	10.941	5 547.97	60 700.34	
81	010416001004	现浇混凝土钢筋圆钢筋ф12	钢筋种类、规格：圆钢筋 ф12	t	14.518	5 601.34	81 320.25	
82	010416001005	现浇混凝土钢筋圆钢筋ф14	钢筋种类、规格：圆钢筋 ф14	t	1.09	5 517.26	6 013.81	
83	010416001006	现浇混凝土钢筋螺纹二级钢筋ф12	钢筋种类、规格：螺纹 ф12	t	10.941	5 993.93	65 579.59	
84	010416001007	现浇混凝土钢筋螺纹二级钢筋 ф14	钢筋种类、规格：螺纹 ф14	t	10.437	5 883.28	61 403.79	
85	010416001008	现浇混凝土钢筋螺纹二级钢筋ф16	钢筋种类、规格：螺纹 ф16	t	3.689	5 828.74	21 502.22	
86	010416001009	现浇混凝土钢筋螺纹二级钢筋ф18	钢筋种类、规格：螺纹 ф18	t	1.87	5 775.61	10 800.39	
87	010416001010	现浇混凝土钢筋螺纹二级钢筋ф20	钢筋种类、规格：螺纹 ф20	t	0.769	5 736.76	4 411.57	
88	010416001011	现浇混凝土钢筋螺纹二级钢筋ф22	钢筋种类、规格：螺纹 ф22	t	0.936	5 685.82	5 321.93	
89	010416001012	现浇混凝土钢筋螺纹二级钢筋ф25	钢筋种类、规格：螺纹 ф25	t	0.484	5 662.63	2 740.71	
90	010416001013	现浇混凝土钢筋螺纹二级钢筋	钢筋种类、规格：螺纹 ф12	t	3.637	5 993.93	21 799.92	
91	010416001014	现浇混凝土钢筋螺纹二级钢筋	钢筋种类、规格：螺纹 ф14	t	5.542	5 883.28	32 605.14	
92	010416001015	现浇混凝土钢筋螺纹二级钢筋	钢筋种类、规格：螺纹 ф16	t	8.138	5 828.74	47 434.29	
93	010416001016	现浇混凝土钢筋螺纹二级钢筋	钢筋种类、规格：螺纹 ф18	t	1.062	5 775.61	6 133.7	

续附表 1.3

序号	项目编码	项目名称	项目特征描述	计量单位	工程量	金额/元		
						综合单价	合价	其中：暂估价
94	010302004001	加气混凝土砌块墙 200 厚加气混凝土砌块，M7.5 混合砂浆砌筑，部位内墙	空心砖、砌块品种、规格、强度等级；600×300×200；砂浆强度等级、配合比：混合砂浆 M5.0	m^3	126.98	241.51	30 666.94	
95	010302004004	加气混凝土砌块墙 300 厚加气混凝土砌块，5 混合砂浆砌筑，部位内墙	空心砖、砌块品种、规格、强度等级；600×300×300；砂浆强度等级、配合比：混合砂浆 M5.0	m^3	115.8	241.51	27 966.86	
96	020203001003	钢丝网	内外墙 500 宽钢丝网（D0.9 风丝网，网眼 12.7×12.7）盖缝粉刷	m^2	182.56	20.4	3 724.22	
97	010402001002	现浇商品混凝土构造柱 C25	混凝土强度等级：C25；混凝土拌合料要求：商品混凝土	m^3	8.15	360.18	2 935.47	
98	010403005001	现浇商品混凝土过梁 C25	混凝土强度等级：C25；混凝土拌合料要求：商品混凝土	m^3	3.16	350.15	1 106.47	
99	010407002003	散水（散 1 水泥砂浆散水 100 mm）	1. 50 厚 C15 混凝土，撒 1∶1 水泥砂子压实赶光，与墙体连接处、转折处及每 6 m 设缝，密封胶嵌缝 2. 150 厚卵石灌浆 25 号混合砂浆 3. 300 厚中砂防冻胀层 4. 素土夯实，向外找坡 4%	m^2	48.6	113.52	5 517.07	
100	010407002004	坡道（坡 1 薄板石材坡道，厚度 600 mm，做法参见 05J9－1－59－3）	1. 20 厚花岗岩石板铺面，背面及四周边满涂防污剂，灌水泥浆擦缝。 2. 撒素水泥面（撒适量清水） 3. 30 厚 1∶3 干硬性水泥砂浆结合层 4. 水泥浆一道（内掺建筑胶） 5. 250 厚 C25 混凝土随打随抹光，强度达标后，表面打磨，内配 ф 12 双向钢筋@150（双层钢筋） 6. 300 厚级配碎石，压实系数大于 95%	m^2	60.66	155.07	9 406.55	

续附表 1.3

序号	项目编码	项目名称	项目特征描述	计量单位	工程量	金额/元		
						综合单价	合价	其中：暂估价
101	010702001002	屋面卷材防水	1.2.0厚合成高分子防水卷材，黏结层 2.20厚1∶3水泥砂浆找平层 3.30厚（最薄处）1∶8加气混凝土碎块、找平层 4.钢筋混凝土屋面板	m^2	280.54	322.02	90 339.49	
102	010702003003	屋面刚性防水	1.40厚C20细石混凝土，掺减水剂，内设φ4@150双向钢筋，每6 m设缝，密封胶嵌缝，随打随抹光。 2.点粘一层350号石油沥青沙毡 3.40厚挤塑聚苯乙烯泡沫板	m^2	280.54	75.3	21 124.66	
103	010702004002	屋面排水管	直径为DN100焊接钢管	m	71.25	72.59	5 172.04	
104	010803003002	保温隔热墙	1.40厚聚苯颗粒保温浆料 2.满挂镀锌钢丝网（标称直径为0.8 mm，两格20×20） 3.细石水泥砂浆掺108胶甩毛 4.墙体基层	m^2	919.64	113.68	104 544.68	
105	020406005004	铝合金窗	1.铝合金窗制安 2.普通铝合金LOW－E中空玻璃6＋9A＋6	m^2	175.75	586.85	103 138.89	
106	020402007001	成品金属防火门	成品金属防火门制安	m^2	22.68	968.95	21 975.79	
107	020401001001	镶板木门	木门制安	m^2	54.81	121.97	6 685.18	
	分部小计						1 358 234.76	
	合　计						7 014 421.42	

附表 1.4　措施项目清单计价表（一）

工程名称：×××汽车专营店土建工程　　　　标段：

序号	项目名称	计算基础	费率/%	金额/元
1.1	安全文明施工	分部分项人工费＋分部分项机械费	3	24 654.51
1.2	临时设施	分部分项人工费＋分部分项机械费	4	32 872.69
1.3	夜间施工			
1.4	材料及产品质量检测			21117.14
1.5	冬雨季施工	分部分项人工费＋分部分项机械费	0.3	2 465.45
1.6	已完、未完工程及设备保护	分部分项人工费＋分部分项机械费	0.5	4 109.09
1.7	地上地下设施、建筑物的临时保护设施			
2.1	井点降水			
2.4	预制混凝土构件运输及安装			
2.5	金属构件运输及安装			
2.6	大型机械进出场及安拆			13 873.53
2.7	垂运超高及其他措施			339 701.7
合计				438 794.11

附表 1.5　规费、税金项目清单与计价表

工程名称：×××汽车专营店土建工程　　　　　　　　　　　　　　　　　　　　　　　　　　　　　标段：

序号	项目名称	计算基础	费率/%	金额/元
1	规费	工程排污费＋社会保障费＋水利建设基金		484 895.1
1.1	工程排污费			
1.2	社会保障费	养老失业保险＋基本医疗保险＋住房公积金＋工伤保险＋危险作业意外伤害保险＋生育保险		476 189.62
1.3	养老失业保险	合计	3.5	304 691.71
1.4	基本医疗保险	合计	0.68	59 197.25
1.5	住房公积金	合计	0.9	78 349.3
1.6	工伤保险	合计	0.12	10 446.57
1.7	危险作业意外伤害保险	合计	0.19	16 540.41
1.8	生育保险	合计	0.08	6 964.38
1.9	水利建设基金	合计	0.1	8 705.48
2	税金	合计	3.44	316 148.81
合计				801 043.91

附表1.6 投标总价

招　标　人：______________________________

工程名称：　×××汽车专营店

投标总价(小写)：　1 839 449.68

(大写)：　壹佰捌拾叁万玖仟肆佰肆拾玖元陆角捌分

投　标　人：______________________________

(单位盖章)

法定代表人
或其授权人：______________________________

(签字或盖章)

编　制　人：______________________________

(造价人员签字盖专用章)

编制时间：　　年　　月　　日

附表 1.7 单位工程投标报价汇总表

工程名称：×××汽车专营店　　　　标段：

序号	项目名称	金额	其中：暂估价/元
1	分部分项工程量清单计价合计	1 602 683.9	
1.1	4S店粗装修	1 253 151.01	
1.2	附属楼粗装修	349 532.89	
2	措施项目清单计价合计	81 769.03	
3	其他项目清单计价合计		
4	合计	1 684 452.93	
5	规费	93 824.02	
5.1	工程排污费		
5.2	社会保障费	92 139.57	
5.2.1	养老失业保险	58 955.85	
5.2.2	基本医疗保险	11 454.28	
5.2.3	住房公积金	15 160.08	
5.2.4	工伤保险	2 021.34	
5.2.5	危险作业意外伤害保险	3 200.46	
5.2.6	生育保险	1 347.56	
5.3	水利建设基金	1 684.45	
6	合计	1 778 276.95	
7	税金	61 172.73	
招标控制价合计		1 839 449.68	

附表 1.8 分部分项工程量清单计价表

工程名称：×××汽车专营店装修　　　　　　　　　　　　　　　　　　　　标段：

序号	项目编码	项目名称	项目特征描述	计量单位	工程量	金额/元		
						综合单价	合价	其中：暂估价
	4s 店粗装修							
1	010703002001	涂膜防水（卫生间、厨房、茶水间地面）	1.2.5 厚聚氨酯防水层 2. 施工图所示内容，详见图纸	m²	288.98	44.07	12 735.35	
2	010703002002	涂膜防水（卫生间、厨房、茶水间墙面）	1.1.5 厚聚氨酯防水层 2. 施工图所示内容，详见图纸	m²	531.06	46.37	24 625.25	
3	020101003001	细石混凝土楼地面（机械车间、备件库、办公室地面）	1.50 厚 C15 细石混凝土随打随抹光，强度达标后，表面打磨，内配φ3钢丝网片，中间配乙稀散热管 2.20 厚聚苯板保温层，上铺真空镀铝聚酯薄膜 3.20 厚 1：3 水泥砂浆找平层 4. 无机铝盐防水素浆 5. 建筑物周边 2 m 范围内铺 70 厚聚苯板 6.150 厚卵石灌 M2.5 混合砂浆平板振捣器振捣密实	m²	1 787.63	91.46	163 496.64	
4	020101003002	细石混凝土楼地面（卫生间地面）	1.60 厚 C20 细石混凝土上下配φ3@150 钢筋，从门口向地漏找坡，最低处 40 厚。表面随打随抹 2.20 厚聚苯板保温层 3. 无机铝盐防水素浆 4. 建筑物周边 2 m 范围内铺 70 厚聚苯板 5.150 厚卵石灌 M2.5 混合砂浆平板振捣器，振捣密实	m²	46.07	85.15	3 922.86	

续附表 1.8

序号	项目编码	项目名称	项目特征描述	计量单位	工程量	金额/元		
						综合单价	合价	其中：暂估价
5	020101003003	细石混凝土楼地面（展厅、IT机房）	1.50厚C15细石混凝土随打随抹平，内配ϕ3@50钢丝网片，中间配乙稀散热管 2.20厚聚苯板保温层，上铺真空镀铝聚酯薄膜 3.20厚1：3水泥砂浆找平层 4.无机铝盐防水素浆 5.建筑物周边2 m范围内铺70厚聚苯板 6.150厚卵石灌M2.5混合砂浆平板振捣器，振捣密实	m^2	771.26	91.46	70 539.44	
6	020101003004	细石混凝土楼地面（卫生间楼面）	1.50厚C15细石混凝土随打随抹平，内配ϕ3@50钢丝网片，中间配乙稀散热管 2.20厚聚苯板保温层，上铺真空镀铝聚酯薄膜 3.20厚1：3水泥砂浆找平层 4.现浇混凝土楼板	m^2	242.91	66.48	16 148.66	
7	020101003005	细石混凝土楼地面（机修车间、备件库楼面）	1.60厚C20细石混凝土上下配ϕ3@150钢筋，中间配乙烯散热管 2.铺真空镀铝聚酯薄膜（或铺玻璃布基铝箔铁面层）绝缘层 3.80厚聚苯乙烯挤塑泡沫板 4.聚氨酯防水涂膜层1.5厚（两道） 5.1：3水泥砂浆找平层20厚	m^2	2 710.02	173.96	471 435.08	

续附表 1.8

序号	项目编码	项目名称	项目特征描述	计量单位	工程量	金额/元		
						综合单价	合价	其中：暂估价
8	020101003006	细石混凝土楼地面（办公室楼面）	1.50 厚 C15 细石混凝土随打随抹光，强度达标后，表面打磨，内配ϕ 3@50 钢丝网片，中间配乙烯散热管 2.20 厚聚苯板保温层，上铺真空镀铝聚酯涂膜 3.20 厚 1∶3 水泥砂浆找平层	m^2	1 298.96	66.48	86 354.86	
9	020101001001	水泥砂浆楼地面（楼梯地面）	1.20 厚 1∶2.5 水泥砂浆找平 2.20 厚复合铝箔挤塑聚苯乙烯保温板	m^2	371.47	29.93	11 118.1	
10	020201001002	墙面一般抹灰（楼梯间）	1.3 厚外加剂专用砂浆抹基底刮糙（抹前用水喷湿墙面） 2.8 厚 1∶1∶6 水泥石灰膏砂浆打底扫毛或划出纹道 3.6 厚 1∶2.5 水泥砂浆压实抹平	m^2	996	22.05	21 961.8	
11	020201001002	墙面一般抹灰（卫生间）	1.1.5 厚聚合物防水涂料防水层 2.7 厚 1∶0.3∶2.5 水泥石膏砂浆找平扫毛 3.8 厚 1∶1∶6 水泥石灰砂浆打底扫毛 4.3 厚外加剂专用砂浆抹基层刮糙 5. 聚合物水泥砂浆修补墙面	m^2	1 151.24	46.02	52 980.06	
12	020201001003	墙面一般抹灰（其他房间）	1.3 厚外加剂专用砂浆抹基底刮糙（抹前用水喷湿墙面） 2.8 厚 1∶1∶6 水泥石灰膏砂浆打底扫毛或划出纹道 3.6 厚 1∶2.5 水泥砂浆压实抹平 4. 施工图所示内容，详见图纸	m^2	7 397.23	22.05	163 108.92	

续附表 1.8

序号	项目编码	项目名称	项目特征描述	计量单位	工程量	金额/元		
						综合单价	合价	其中：暂估价
13	020201001004	墙面一般抹灰（电梯井壁、竖井、管道井等）	1.1∶2.5 水泥砂浆随砌随抹光 2. 施工图所示内容，详见图纸	m^2	958.32	22.05	21 130.96	
14	020201001005	墙面一般抹灰（外墙 1 白色外墙涂料墙面）	1.1∶2.5 水泥砂浆随砌随抹光 2. 施工图所示内容，详见图纸	m^2	2 423.95	42.78	103 696.58	
15	020202001001	柱面一般抹灰	1.3 厚外加剂专用砂浆抹基底刮糙（抹前用水喷湿墙面） 2.8 厚 1∶1∶6 水泥石灰膏砂浆打底扫毛或划出纹道	m^2	422.16	25.66	10 832.63	
16	020107001001	玻璃栏杆	1.1.05 m 栏杆，做法详见 05J7—1—76 2. 施工图所示内容，详见图纸	m	14.6	328.31	4 793.33	
17	020107001002	楼梯玻璃栏杆	1. 楼梯栏杆做法详见 05J8—43—2，竖向栏杆间距不应大于 110 2. 施工图所示内容，详见图纸	m	79.59	179.3	14 270.49	
		分部小计					1 253 151.01	
		附属楼粗装修						
18	010703002001	涂膜防水（卫生间、厨房、茶水间地面）	1.2.5 厚聚氨酯防水层 2. 施工图所示内容，详见图纸	m^2	126.76	44.07	5 586.31	
19	010703002002	涂膜防水（卫生间、厨房、茶水间墙面）	1.1.5 厚聚氨酯防水层 2. 施工图所示内容，详见图纸	m^2	215.46	46.37	9 990.88	
20	020101001001	水泥砂浆楼地面（地下室）	1.20 厚 1∶2 水泥砂浆抹面压光 2. 素水泥浆结合层一遍 3.60 厚 C15 混凝土	m^2	224.96	33.21	7 470.92	
21	020101001002	水泥砂浆楼地面（楼梯面）	1.20 厚 1∶2.5 水泥砂浆找平 2.20 厚复合铝箔挤塑聚苯乙烯保温板	m^2	78	29.93	2 334.54	

续附表 1.8

序号	项目编码	项目名称	项目特征描述	计量单位	工程量	金额/元		
						综合单价	合价	其中：暂估价
22	020101003001	细石混凝土楼地面（停场）	1.60 厚细石防水混凝土（设分隔间距不大于 6 m，缝宽 20～30 mm，缝内填粗砂。混凝土强度等级不低于 C20，内配ф 6 双向@150钢筋网片，网片分格处应断开，其保护层厚度不小于 10） 2. 隔离层，干铺沥青油毡一层或塑料薄膜一层，搭接宽度 100，做法连片平整 3.4 厚 2＋2SBS 改性沥青防水卷材，上面保护膜不揭 4.20 厚找平层 1∶3 水泥砂浆，砂浆中掺聚丙烯或棉纶－6 纤维 0.75～0.9 kg/m^3 5.100 厚聚苯板保温层 6.1∶8 水泥膨胀珍珠岩找 2％坡 7.1.2 厚聚氨酯防水涂料隔气层 8.20 厚找平层 1∶3 水泥砂浆，砂浆中掺聚丙烯或棉纶－6 纤维 0.75～0.9 kg/m^3	m^2	260.35	281.76	73 356.22	
23	020102002001	块料楼地面（宿舍）	1.10 厚铺地砖，稀水泥擦缝 2. 撒素水泥面（洒适量清水） 3.20 厚干硬性水泥砂浆结合层 4.50 厚 C15 细石混凝土随打随抹平（上配ф 3@50 钢丝网片，中间配乙烯散热管） 5.20 厚聚苯板保温层（保温层密度大于等于 22 kg/m^3）上铺真空镀铝聚酯薄膜 6.20 厚水泥砂浆找平层	m^2	381.95	112.66	43 030.49	

续附表 1.8

序号	项目编码	项目名称	项目特征描述	计量单位	工程量	金额/元		
						综合单价	合价	其中：暂估价
24	020102002002	块料楼地面（走道）	1.10 厚铺地砖，稀水泥擦缝 2. 撒素水泥面（洒适量清水） 3.20 厚干硬性水泥砂浆结合层 4.50 厚 C15 细石混凝土随打随抹平（上配ф3@50 钢丝网片，中间配乙烯散热管） 5.20 厚聚苯板保温层（保温层密度大于等于 22 kg/m^3）上铺真空镀铝聚酯薄膜 6.20 厚水泥砂浆找平层	m^2	137.41	112.66	15 480.61	
25	020102002003	防滑地砖防水楼面（卫生间）	1.10 厚铺地砖，稀水泥擦缝 2. 撒素水泥面（洒适量清水） 3.20 厚干硬性水泥砂浆结合层 4.1.5 厚聚氨酯三遍涂膜防水层（地面与墙面），竖管转角处附加 300 宽一布二涂，四周卷起高 1 800 mm 5.50 厚 C20 细石混凝土上下配ф3@50 钢丝网片，从门口向地漏找坡，最低处 40 厚，表面随打随抹（内含地热） 6.20 厚聚苯板保温层（保温层密度大于等于 22 kg/m^3）上铺真空镀铝聚酯薄膜 7. 无机铝盐防水素浆 8. 建筑物周边 2 m 范围内铺 70 厚聚苯板 9.20 厚找平层 1：3 水泥砂浆 10. 结构楼板	m^2	126.76	302.8	38 382.93	

续附表 1.8

序号	项目编码	项目名称	项目特征描述	计量单位	工程量	金额/元		
						综合单价	合价	其中：暂估价
26	020201001001	墙面一般抹灰（宿舍）	1.3厚外加剂专用砂浆抹基底刮糙（抹前用水喷湿墙面） 2.8厚1∶1∶6水泥石灰膏砂浆打底扫毛或划出纹道 3.6厚1∶2.5水泥砂浆压实抹平	m^2	1 238.45	22.05	27 307.82	
27	020201001002	墙面一般抹灰（楼梯间）	1.3厚外加剂专用砂浆抹基底刮糙（抹前用水喷湿墙面） 2.8厚1∶1∶6水泥石灰膏砂浆打底扫毛或划出纹道 3.6厚1∶2.5水泥砂浆压实抹平	m^2	216.85	22.05	4 781.54	
28	020201001003	墙面一般抹灰（走道）	1.3厚外加剂专用砂浆抹基底刮糙（抹前用水喷湿墙面） 2.8厚1∶1∶6水泥石灰膏砂浆打底扫毛或划出纹道 3.6厚1∶2.5水泥砂浆压实抹平	m^2	133.68	22.05	2 947.64	
29	020204003001	釉面砖墙面（卫生间）	1. 白水泥擦缝 2.5厚釉面砖 3.5厚建筑胶水泥砂浆黏结层 4.1.5厚聚合物防水涂料防水层 5.7厚1∶0.3∶2.5水泥石膏砂浆找平扫毛 6.8厚1∶1∶6水泥石灰砂浆打底打毛 7.3厚外加剂专用砂浆抹基层刮糙 8. 聚合物水泥砂浆修补墙面	m^2	465.48	133.94	62 346.39	

续附表 1.8

序号	项目编码	项目名称	项目特征描述	计量单位	工程量	金额/元		
						综合单价	合价	其中：暂估价
30	020201001004	墙面一般抹灰（外墙1白色外墙涂料墙面）	1. 1：2.5水泥砂浆随砌随抹光 2. 施工图所示内容，详见图纸	m^2	1 063.25	42.78	45 485.84	
31	020201001005	地下室墙面	施工图所示内容，详见图纸	m^2	377.16	10.8	4 073.33	
32	020107001001	楼梯栏杆	楼梯栏杆做法详见05J8—43—2，竖向栏杆间距不应大于110 mm	m	82.62	84.21	6 957.43	
		分部小计					349 532.89	
合计							1 602 683.9	

附表 1.9 措施项目清单计价表

工程名称：×××汽车专营店及附属楼装修　　　　标段：

序号	项目名称	计算基础	费率/%	金额/元
1.1	安全文明施工	分部分项人工费＋分部分项机械费	2	9 613.89
1.2	临时设施	分部分项人工费＋分部分项机械费	2	9 613.89
1.3	夜间施工			
1.4	材料及产品质量检测			8 462.33
1.5	冬雨季施工	分部分项人工费＋分部分项机械费	0.3	1 442.08
1.6	已完、未完工程及设备保护	分部分项人工费＋分部分项机械费	0.7	3 364.87
1.7	地上地下设施、建筑物的临时保护设施			
2.1	垂直运输、超高及其他措施			20 347.46
2.2	二次搬运及完工清理			28 924.51
合计				81 769.03

附表 1.10　规费、税金项目清单与计价表

工程名称：×××汽车专营店　　　　　　　　　　　　　　　　　标段：

序号	项目名称	计算基础	费率/%	金额/元
1	规费	工程排污费＋社会保障费＋水利建设基金		93 824.02
1.1	工程排污费			
1.2	社会保障费	养老失业保险＋基本医疗保险＋住房公积金＋工伤保险＋危险作业意外伤害保险＋生育保险		92 139.57
1.3	养老失业保险	合计	3.5	58 955.85
1.4	基本医疗保险	合计	0.68	11 454.28
1.5	住房公积金	合计	0.9	15 160.08
1.6	工伤保险	合计	0.12	2 021.34
1.7	危险作业意外伤害保险	合计	0.19	3 200.46
1.8	生育保险	合计	0.08	1 347.56
1.9	水利建设基金	合计	0.1	1 684.45
2	税金	合计	3.44	61 172.73
合计				154 996.75

参考文献

[1] 谭大璐．工程估价［M］．北京：中国建筑工业出版社，2008.

[2] 沈祥华．建筑工程概预算［M］．武汉：武汉理工大学出版社，2009.

[3] 张晓梅．建筑工程计量与计价［M］．武汉：武汉理工大学出版社，2010.

[4] 全国造价工程师执业资格考试培训教材编审委员会．建设工程计价［M］．北京：中国计划出版社，2013.

[5] 全国造价工程师执业资格考试培训教材编审委员会．建设工程造价管理［M］．北京：中国计划出版社，2013.

[6] 尚梅．工程估价与造价管理［M］．北京：化学工业出版社，2008.

[7] 齐宝库，黄昌铁．工程估价［M］．大连：大连理工大学出版社，2009.

[8] 袁建新．建筑工程估价［M］．重庆：重庆大学出版社，2012.

[9] 郑文新．建筑工程估价［M］．北京：北京大学出版社，2012.

[10] 马楠，张国兴，韩英爱．工程造价管理［M］．北京：机械工业出版社，2012.

[11] 周国恩，陈华．工程造价管理［M］．北京：北京大学出版社，2012.